高等学校计算机类专业系列教材

Android应用开发

主　编　史梦安　张伟华

副主编　王志勃　王勇刚　罗　颖　蒋固金

参　编　冯　刚　刘长荣　陈阳子　邢海霞

西安电子科技大学出版社

内容简介

本书将理论与实践相结合，较为全面、系统地讲解了 Android 的开发特点及应用技术。全书共十三章。第一、二章介绍了 Android 应用开发基础，包括开发环境的搭建、使用以及 Android 应用程序运行的基本原理。第三至十二章全面讲解了 Android 应用开发技术和开发方案，其中第十二章介绍了 Android 位置服务及常见传感器应用，以满足有特殊开发需求的读者。第十三章通过两个综合案例，从社交应用和游戏应用两种需求角度详细讲解了 Android 应用程序的开发方式，涵盖了前面所讲解的主要知识点。

本书适合作为高等学校相关专业的教材，也可作为 Android 应用开发爱好者的参考用书。

图书在版编目(CIP)数据

Android 应用开发 / 史梦安，张伟华主编. —西安：西安电子科技大学出版社，2023.1
(2024.1 重印)
ISBN 978-7-5606-6664-8

Ⅰ. ①A…　Ⅱ. ①史…　②张…　Ⅲ. ①移动终端—应用程序—程序设计—高等学校—教材　Ⅳ. ①TN929.53

中国版本图书馆 CIP 数据核字(2022)第 185101 号

策　　划　高　樱
责任编辑　高　樱
出版发行　西安电子科技大学出版社(西安市太白南路 2 号)
电　　话　(029)88202421　88201467　　邮　　编　710071
网　　址　www.xduph.com　　电子邮箱　xdupfxb001@163.com
经　　销　新华书店
印刷单位　咸阳华盛印务有限责任公司
版　　次　2023 年 1 月第 1 版　2024 年 1 月第 2 次印刷
开　　本　787 毫米×1092 毫米　1/16　印　张　23
字　　数　548 千字
定　　价　62.00 元
ISBN 978-7-5606-6664-8 / TN
XDUP 6966001-2

前　言

在当今的智能互联时代，智能手机、平板电脑、机顶盒、智能电视、智能穿戴设备等各类智能设备在人类生产生活中扮演着越来越重要的角色，随之而来的是基于智能平台的应用软件开发需求日益旺盛。在国内市场，基于 Android 系统的各类智能设备发展迅猛，Android 系统在各类智能设备中的占有率已超过 90%，具有绝对优势。Android 应用开发几乎已经成为相关专业学生掌握移动应用开发原理及技术的必备技能，同时也是 IT 企业招聘人才的重要测试内容。众多高校计算机、软件、电子信息等相关专业纷纷开设 Android 应用开发类课程。

为了帮助读者在学习 Android 应用开发相关技术时，能够系统性地掌握有关移动开发的基本理念和思想，作者结合多年的教学、开发经验和心得体会编撰了本书，希望帮助读者在提高 Android 应用开发技能水平的同时，还能领会智能移动应用开发的相关理念和思想。

本书全面系统地讲解了 Android 应用开发方式方法，注重理论与实践相结合，各章知识点的讲解深入浅出，在解决问题的过程中逐步引入相关概念和理论知识，使读者不仅能掌握“如何做”，还能了解“为何做”。本书基于 Android Studio IDE，使用主流的 Java 面向对象程序设计语言进行案例开发演示。

本书主要有以下特色：

(1) 内容全面系统。本书内容紧凑且较为全面，不但包含了相关基础知识，而且涵盖了目前移动开发方面较为流行的技术。

(2) 理论实践相结合，案例驱动。本书以学为主，重视基础知识点，强调应用，使读者在知识点到案例练习再到应用项目开发的学习过程中能够顺畅过渡。

(3) 讲解深入浅出。本书从基础知识及概念开始讲解，前面章节采用基础案例，后面章节逐渐加大学习深度，促使读者逐步提升分析和应用开发的能力。

(4) 贯穿大量开发实例和技巧。本书采用大量典型实例，给出较多的开发思路及技巧，以便让读者更好地理解各种概念和开发技术，迅速提高开发水平。

(5) 增加典型项目案例。本书除了在前面各章采用丰富的基础案例外，还在最后一章采用表白墙、扫雷游戏这两个完整的项目案例将 Android 应用开发核心知识点联系起来，便于读者整体把握开发技术，系统提升开发水平。

本书可作为高等学校相关专业的教材，也可作为相关培训班的教材，还可作为计算机应用开发人员或具有一定Java编程基础的爱好者的参考用书。

本书由史梦安、张伟华担任主编，王志勃、王勇刚、罗颖、蒋固金担任副主编，冯刚、刘长荣、陈阳子、邢海霞参与编写整理。史梦安承担第1～3、6～9章内容的编写和全书的统稿审核工作，张伟华承担第4、5、10章内容的编写工作，王志勃承担第11章内容的编写工作，罗颖、王勇刚承担第12章内容的编写及全书课件统稿工作，蒋固金承担第13章内容编写及全书代码统稿审核工作，冯刚、刘长荣、陈阳子、邢海霞承担了本书的课件制作及校对工作。

由于作者水平有限，书中难免存在不足之处，恳请广大读者批评指正。

史梦安

2022年12月

目　录

第一章 开发环境搭建

Android 一词的本义指“机器人”，同时也是 Google 于 2007 年 11 月 5 日宣布的基于 Linux 平台的开源手机操作系统的名称。该平台由操作系统、中间件、用户界面和应用软件组成。本章主要介绍 Android 的基本组件与架构，通过 Android Studio 完成开发环境的搭建并完成第一个 Android 项目。

本章学习目标：

1. 了解 Android 应用及其特点；
2. 了解 Android 系统的体系架构及应用程序的构成；
3. 掌握 Android 开发环境所需软件环境及安装配置方法；
4. 掌握 Android 项目结构及各文件夹的作用。

1.1 Android 开发简介

Android 是一种基于 Linux 的自由及开放源代码的操作系统，主要应用于移动设备(如智能手机和平板电脑)，由 Google 公司和开放手机联盟合作开发。2008 年 10 月第一部 Android 智能手机发布，此后 Android 逐渐扩展到平板电脑及其他领域(如电视、数码相机、游戏机等)。现阶段，智能手机操作系统的两大阵营分别为 Android 和 iOS。相较于 iOS，Android 的学习成本较低，是绝大多数程序员或初学者的选择。

1.1.1 Android 简介

Android 应用主要采用 Java 语言编写。Android SDK 工具将应用程序的代码连同数据和资源文件编译成一个 APK(Android 软件包，即带有 .apk 后缀的存档文件)。APK 文件用来在 Android 系统中安装该应用，其中包含了 Android 应用的所有内容。

安装到设备后，每个 Android 应用都将在自己的安全沙箱内运行。具体而言，Android 有以下特征：

(1) Android 操作系统是一种多用户 Linux 系统，其中的每个应用都是一个不同的用户。

(2) 默认情况下，系统会为每个应用分配一个唯一的 Linux 用户 ID(该 ID 仅由系统使用，应用并不知晓)。系统为应用中的所有文件设置了权限，使得只有分配给该应用的用户 ID 才能访问这些文件。

(3) 每个进程都具有自己的虚拟机(Virtual Machine，VM)，因此应用代码是在与其他应用隔离的环境中运行的。

(4) 默认情况下，每个应用都在其自己的 Linux 进程内运行。Android 会在需要执行任何应用组件时启动该进程，然后在不需要或系统必须为其他应用恢复内存时关闭该进程。

(5) 可以安排两个应用共享同一 Linux 用户 ID，在这种情况下，它们能够相互访问彼此的文件。为了节省系统资源，可以安排具有相同用户 ID 的应用在同一 Linux 进程中运行，并共享同一 VM(应用还必须使用相同的证书签署)。

(6) 应用可以请求访问设备数据(如用户的联系人、短信、蓝牙等)的权限。用户必须明确授予这些权限。

1.1.2 Android 的系统架构

Android 是一种基于 Linux 的开放源代码软件栈，是为广泛的设备和机型而创建的。Android 系统架构如图 1.1 所示。

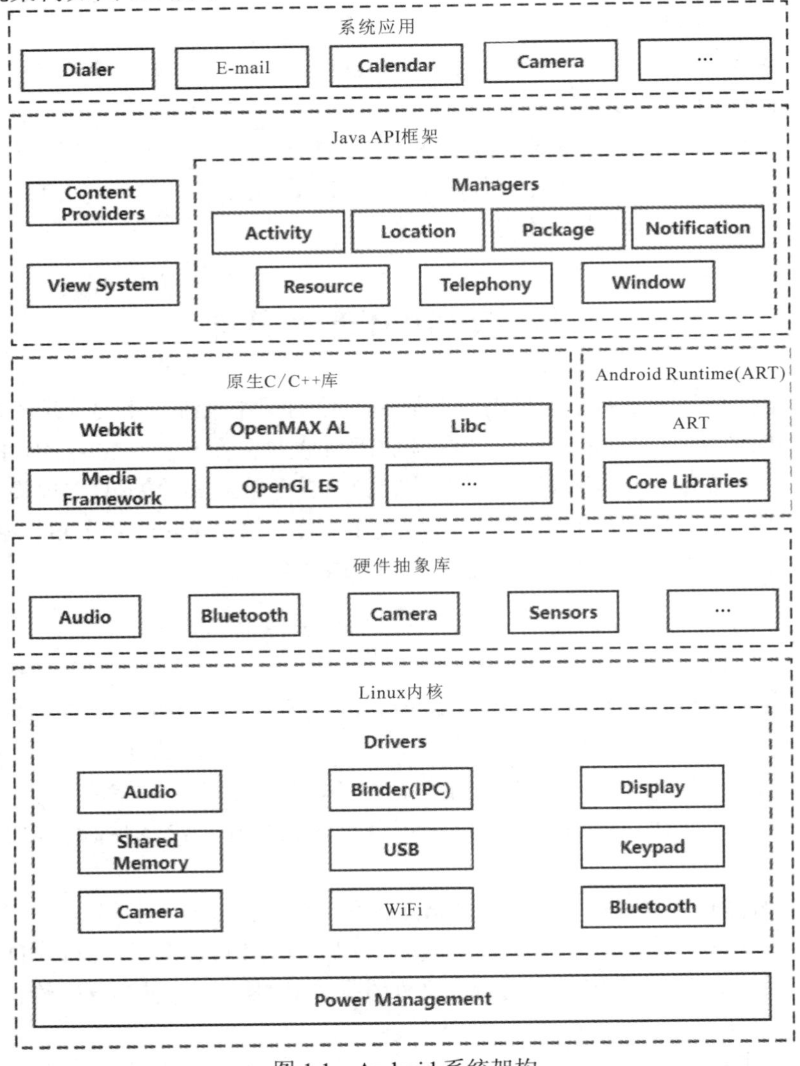

图 1.1　Android 系统架构

Android 系统的主要组件如下：

(1) Linux 内核：Android 平台的基础是 Linux 内核。Android Runtime(ART)依靠 Linux

内核来执行线程和低层内存管理等底层功能，并利用 Linux 内核提供主要安全功能。

(2) 硬件抽象层(Hardware Abstraction Layer，HAL)：硬件抽象层提供标准界面，向更高级别的 Java API 框架显示设备硬件功能。HAL 包含多个库模块，其中每个模块都为特定类型的硬件组件实现一个界面，如相机或蓝牙模块。当框架 API 要求访问设备硬件时，Android 系统将为该硬件组件加载库模块。

(3) Android Runtime(ART)：在运行 Android 5.0(API 级别 21)或更高版本的设备中，每个应用都在自己的进程中运行，并且有自己的 ART 实例。ART 旨在通过执行 DEX 文件在低内存设备上运行多个虚拟机，DEX 文件是一种专为 Android 设计的字节码格式，经过优化，使用的内存很少。编译工具链将 Java 源代码编译为 DEX 字节码，可使其在 Android 平台上运行。ART 的部分功能包括预先(AOT)和即时(JIT)编译、优化的垃圾回收(GC)和更好的调试支持(包括专用采样分析器、详细的诊断异常和崩溃报告)，并且能够设置监视点以监控特定字段。

(4) 原生 C/C++库：许多核心 Android 系统组件和服务(如 ART 和 HAL)构建自原生代码，需要以 C 和 C++编写的原生库。Android 平台提供 Java 框架 API 以向应用显示其中部分原生库的功能。例如，可以通过 Android 框架的 Java OpenGL API 访问 OpenGL ES，以支持在应用中绘制和操作 2D 和 3D 图形。

(5) Java API 框架：通过以 Java 语言编写的 API，使用 Android OS 的整个功能集。这些 API 形成创建 Android 应用所需的构建块，可简化核心模块化系统组件和服务的重复使用。

(6) 系统应用：Android 随附一套用于电子邮件、短信、日历、互联网浏览和联系人等的核心应用。平台随附的应用与用户可以选择安装的应用一样，没有特殊状态。因此，第三方应用可成为用户的默认网络浏览器、短信甚至默认键盘(有一些例外，如系统的“设置”应用)。系统应用可用作用户的应用，以及提供开发者可从其自己的应用访问的主要功能。例如，如果应用要发短信，则无须自己构建该功能，可以改为调用已安装的短信应用向指定的接收者发送消息。

1.1.3 Android 应用组件

应用组件是 Android 应用的基本构建基块。每个组件都是一个不同的入口点，系统可以通过它进入应用。并非所有组件都是用户的实际入口点，有些组件相互依赖，但每个组件都以独立实体形式存在，并发挥特定作用。每个组件都是唯一的构建基块，有助于定义应用的总体行为。

Android 共有四种不同的应用组件类型。每种类型都服务于不同的目的，并且具有定义组件的创建和销毁方式的不同生命周期。这四种组件类型具体如下。

(1) 活动(Activity)：提供了一个可以与用户进行交互的界面，以便实现某种功能(如拨打电话、拍照、发送电子邮件等)。每个活动都有一个窗口来绘制用户界面。窗口通常填充在屏幕上，但可能比屏幕小，浮动在顶部的其他窗口。活动是一个应用的门面。

(2) 服务(Service)：一种在后台运行的组件，可以在后台长时间运行，不提供用户界面。另一个应用程序组件启动后，服务也可以继续在后台运行。服务可以处理网络通信、播放音乐、执行文件等。

(3) 内容提供程序(ContentProvider)：管理着一组共享的应用数据。可以将数据存储在文件系统、SQLite 数据库、网络上或用户的应用可以访问的任何其他永久性存储位置。其他应用可以通过内容提供程序查询数据，甚至修改数据(如果内容提供程序允许)。

(4) 广播接收器(BroadcastReceiver)：一种用于响应系统范围广播通知的组件。

Android 系统设计的独特之处在于，任何应用都可以启动其他应用的组件。例如，用户要使用设备的相机拍摄照片时，如果有另一个应用可以执行该操作，那么就可以利用该应用，而不必开发一个 Activity 来自行拍摄照片。当系统启动某个组件时，会启动该应用的进程(如果尚未运行)，并实例化该组件所需的类。由于系统在单独的进程中运行每个应用，且其文件权限会限制对其他应用的访问，因此应用无法直接启动其他应用中的组件，但 Android 系统却可以。如果想要启动其他应用中的组件，必须向系统传递一则消息，说明想启动特定组件的 Intent(意图)，系统随后便会启动该组件。

1.2 Android 环境搭建

1.2.1 Android 开发准备

在搭建开发环境之前，需要准备环境所需的开发工具。因为 Android 是基于 Java 语言的，所以需要 Java 的运行环境。目前，Android 主流的开发工具为 Eclipse 和 Android Studio。Eclipse 是老牌的 Java 开发工具，插件丰富，市场占有率较高，而 Android Studio 是 Google 公司基于 IDEA(全称为 IntelliJ IDEA，是 Java 编程语言的集成开发环境)开发的 Android 专属的开发工具。该开发工具虽然起步较晚，但是得到了广大程序员的喜爱，也是官方推荐的开发工具。Google 已经不再对 Eclipse 提供 ADT(Android Developer Tools，安卓开发工具)支持，因此在本书中，将以 Android Studio 作为开发环境。

1.2.2 Android Studio 安装和配置

Android Studio 是本书主要的开发工具，以下介绍其安装过程。

进入 Android 开发者平台下载最新版 Android Studio，如图 1.2 所示。

图 1.2 Android 开发者平台

双击运行程序，按照提示，完成 Android Studio 的安装设置，并等待程序安装完成，如图 1.3 所示。

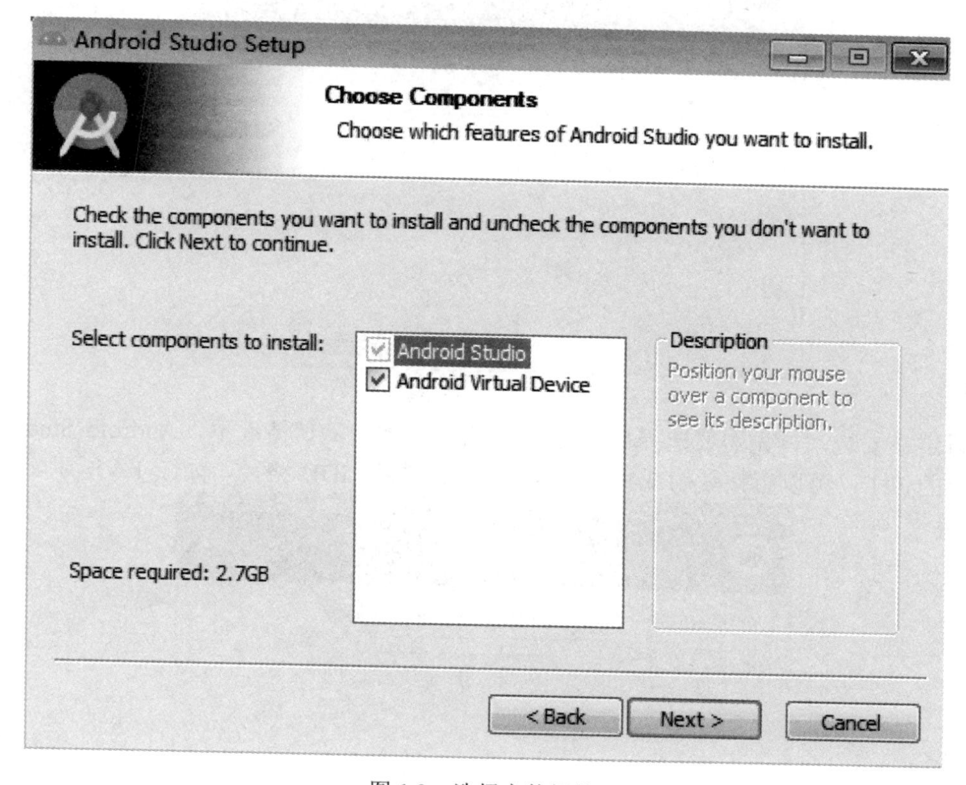

图 1.3　选择安装组件

程序安装完成后，启动 Android Studio，配置 Android Studio 运行所必需的信息(如 SDK 路径等)。安装过程中会提示是否导入配置，首次安装可以选择不导入配置，直接单击“OK”按钮进入下一步，如图 1.4 所示。

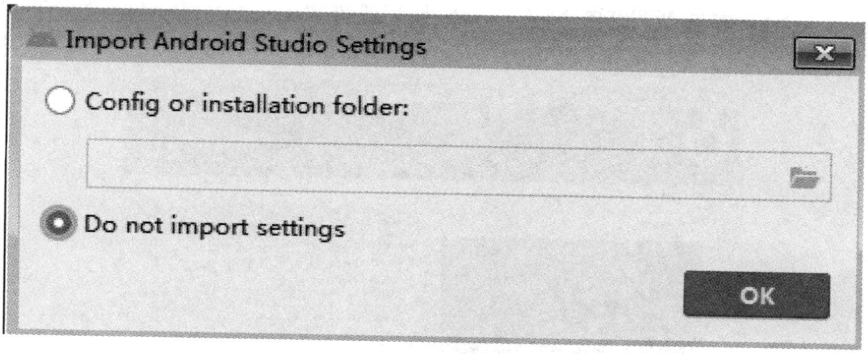

Import Android Studio Settings
Config or installation folder:
Do not import settings
OK

图 1.4　配置运行信息

Android Studio 有两种安装类型：Standard 模式和 Custom 模式。使用 Standard 模式可以选择常用的配置和选项，使用 Custom 模式可以自己配置所需配置和组件。这里选择 Custom，然后继续下一步，如图 1.5 所示。

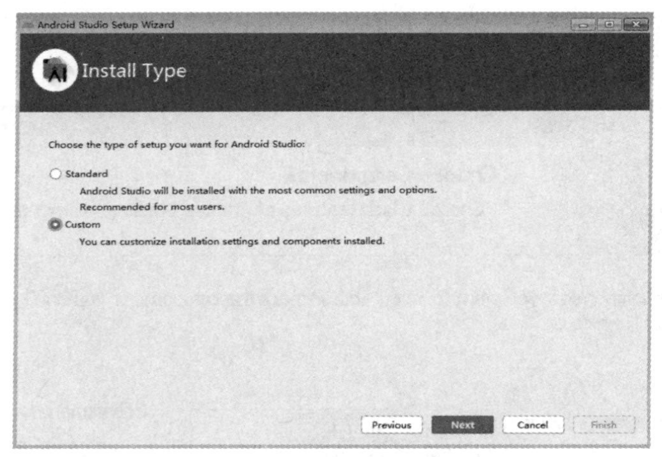

图 1.5　选择安装类型

自定义安装，首先需要选择默认的 JDK 安装位置。默认情况下，Android Studio 会选择内置的 JRE，可以直接使用或将其更换为自己安装的 JDK 路径，如图 1.6 所示。

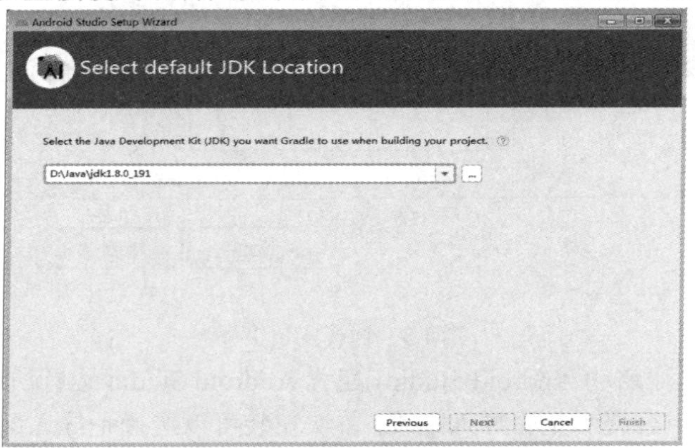

图 1.6　选择默认 JDK 位置

Android Studio 内置两种 UI 主题，分别为暗黑模式(Darcula)和明亮模式(Light)，可根据个人喜好进行选择，不影响工具使用，如图 1.7 所示。

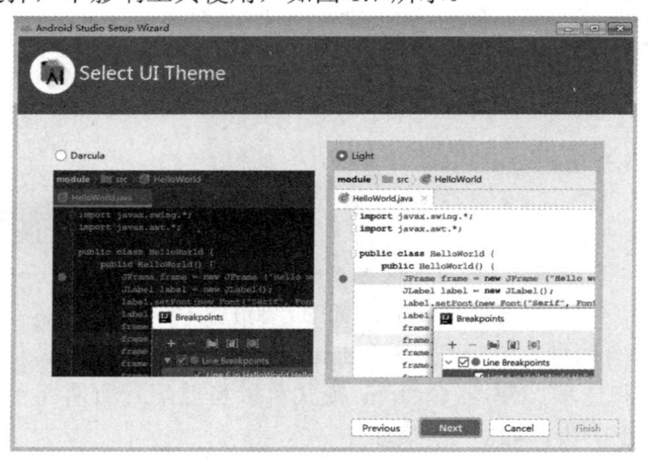

图 1.7　选择 UI 主题

Android Studio 是开发工具，但是其需要依赖 Android 的开发工具包，如图 1.8 所示。选择需要安装的 SDK 组件以及安装位置，Android Studio 会自动下载相关组件。

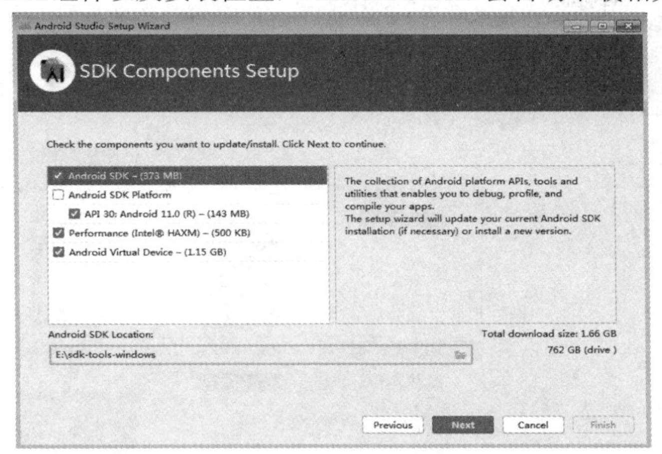

图 1.8　SDK 组件配置

最后，Android Studio 会选择安装 HAXM。HAXM 是一个跨平台的硬件辅助虚拟化引擎(Hypervisor)，可以帮助用户在使用模拟器时加速运行。只需要按照默认的参数设置，依照提示安装即可。后续安装程序会显示安装进度等信息，只需等待安装配置完成。随着 Android Studio 的升级，安装过程会有所调整，需要按照实际情况进行操作。

1.3　第一个 Android 项目

完成环境搭建后，就可以编写 Android 程序。大部分的编程语言在编写第一个项目时都使用“Hello World”程序，这里也不例外。下面就来创建第一个 Android 程序。

1.3.1　创建项目

首次运行 Android Studio 时，会显示如图 1.9 所示的对话框。

图 1.9　首次运行 Android Studio

单击“Create New Project”选项，可以开始创建项目。在弹出的创建项目对话框中，Android

Studio 列出了一些可以使用的模板，方便用户选择。这里选择“Empty Activity”按钮，单击“Next”按钮，如图 1.10 所示。

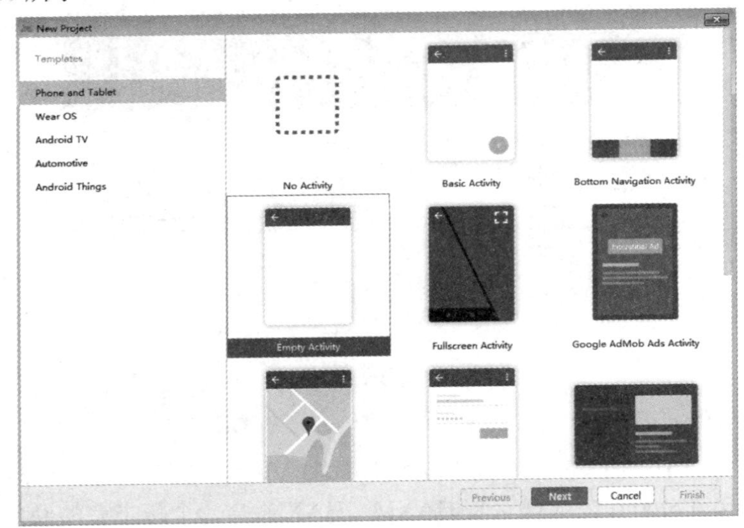

图 1.10 创建项目对话框

选择完需要的模板后，需要配置项目基本信息，填写完成后单击“Finish”按钮完成项目的创建，如图 1.11 所示。

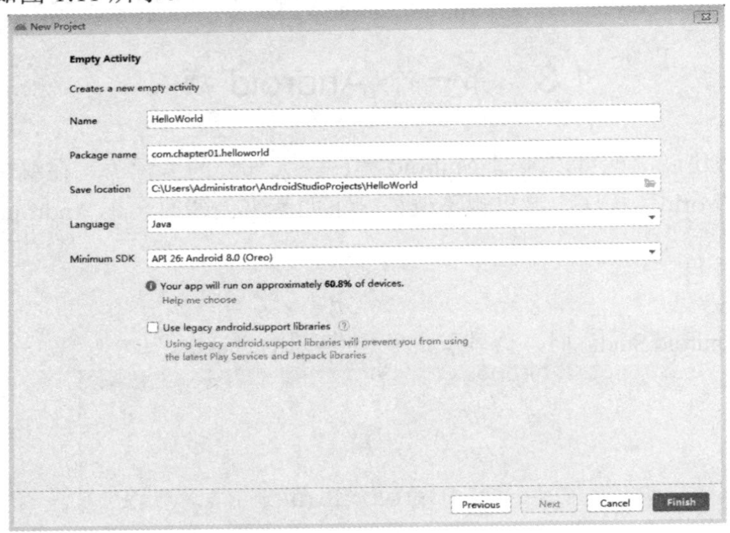

图 1.11 项目基本信息

图 1.11 中各选项的含义如下：

- Name：Android 项目名称。
- Package name：包名，也是 Android 应用的唯一标识，不同的 Android 应用的 Package name 不同。
- Save location：项目保存位置。
- Language：项目语言，可选 Java、Kotlin，这里使用 Java。
- Minimun SDK：最小 SDK 版本，该配置用于设置 Android 应用兼容的最小版本号，可以按照实际需要进行选择。通过单击“Help me choose”来查看不同版本的 API 的支持情况。本书所有源码基于 Android 8.0 编写，因此此处选择 8.0 版本。

首次使用 Android Studio 创建项目时会对项目进行构建，根据网络情况和机器配置的不同，该过程所需要的时间也会有所不同，图 1.12 所示为完整的项目界面。

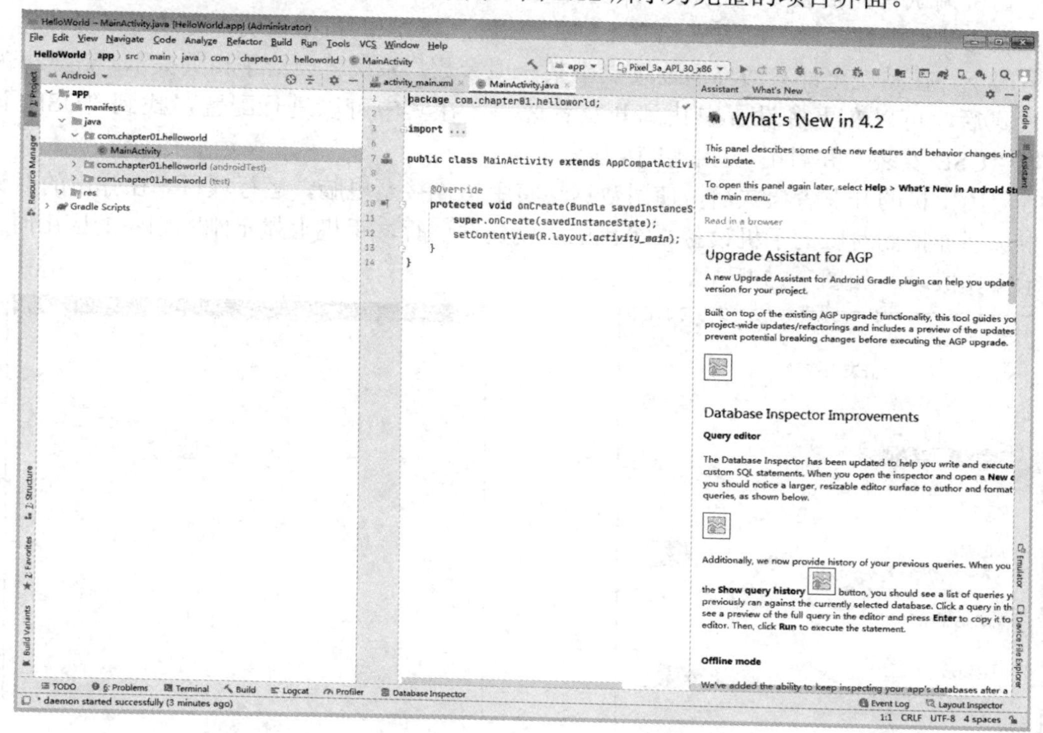

图 1.12 项目界面

通常情况，首次运行时，Android Studio 会配置 Gradle，然后进行编译，需要较长的时间，可以通过底部的 Build 面板查看进度，如图 1.13 所示。

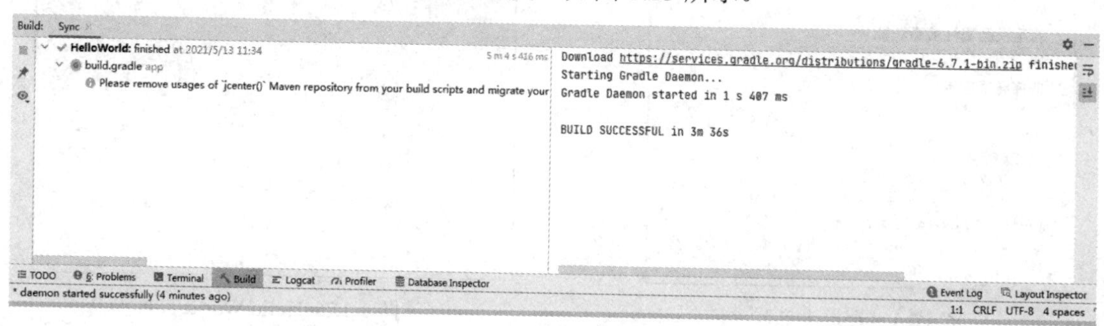

图 1.13 项目创建进度

一切准备就绪后，第一个 Android 项目就创建完成了。

1.3.2 运行项目

项目创建完成后，就可以使用快捷键“Shift + F10”或单击工具栏的运行按钮运行程序。

需要注意的是：由于环境是全新的，还没有为其创建虚拟机，如果不是通过真机来运行程序，那么就需要创建虚拟设备，而虚拟机在调试时存在一些问题，不建议在实际开发中使用，因此后续本书中会使用真机进行调试。

真机调试首先需要开启手机的开发者模式，由于国内系统很多是基于原版系统定制的，因此开启开发者模式的方式略有不同，可以搜索对应的机型说明，完成开启操作。一般情况下，在系统全部参数界面连续点击某一项参数，系统就会给予相关提示。进入开发者模式后，可以在更多设置中找到开发者选项，在其中可以进行配置，找到“USB 调试”“USB 安装”并启用，如图 1.14 所示。

启用手机的开发者模式后，使用数据线将手机连接至电脑，运行项目。在弹出的对话框中选择连接到对应的手机设备，等待应用创建并运行，手机上显示刚刚创建的应用时，表示操作成功，如图 1.15 所示。

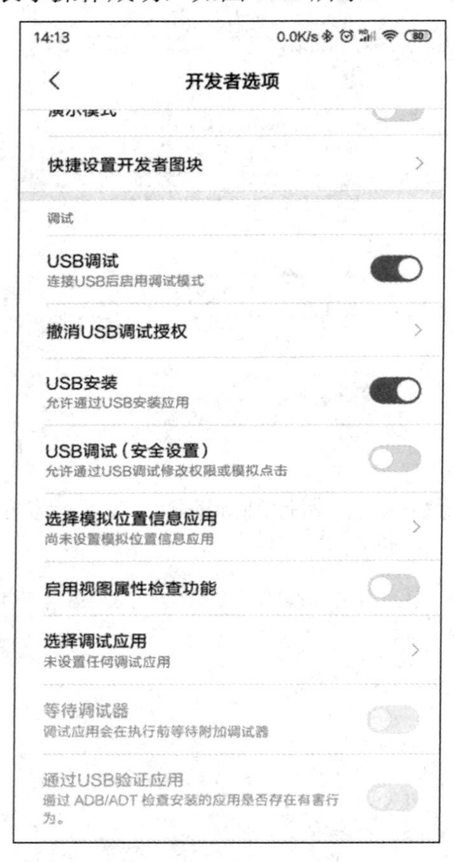

图 1.14　开发者选项

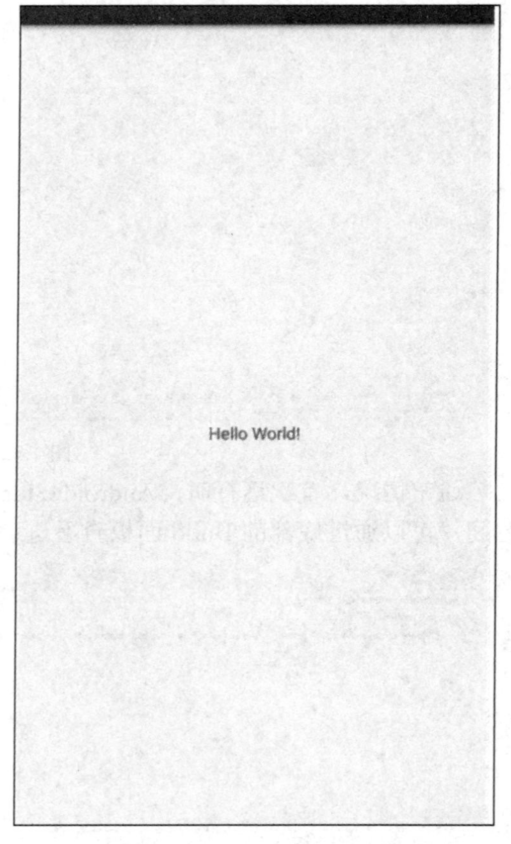

图 1.15　Hello World 界面

注意：手机连接至电脑和运行过程中会有授权提示，需要允许授权，否则无法继续运行。

1.3.3　项目结构

下面介绍项目创建生成的项目结构，如图 1.16 所示。

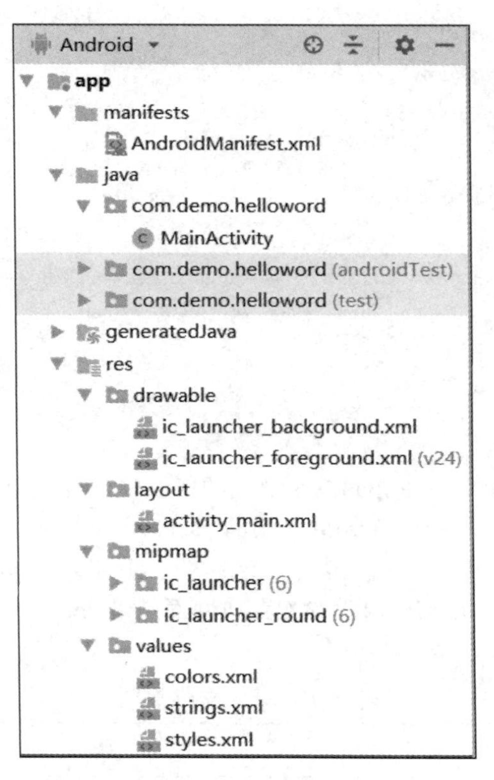

图 1.16　项目结构

默认情况下，Android Studio 会在 Android 项目视图中显示项目文件。该视图按模块组织结构，方便快速访问项目的关键源文件。

主要的项目文件有：

(1) manifests：该文件夹存放 Android 项目的配置清单，即 AndroidManifest.xml 文件。

(2) java：包含 Java 源代码文件，包括 JUnit 测试代码。

(3) res：包含所有非代码资源，如 XML 布局、界面字符串和位图图像。

在实际项目开发过程中，还会用到一些其他的文件夹，比如 assets、libs 等，这些文件夹在用到的时候再介绍。

下面简单地分析一下这个项目。既然 AndroidManifest.xml 是项目的配置清单文件，那么就从 AndroidManifest.xml 文件开始，打开 AndroidManifest.xml。代码如下：

```
<?xml version="1.0" encoding="utf-8"?>
 <manifest
  xmlns:android="http://schemas.android.com/apk/res/android"
  package="com.chapter01.helloworld">
   <application android:allowBackup="true"
     android:icon="@mipmap/ic_launcher"
     android:label="@string/app_name"
     android:roundIcon="@mipmap/ic_launcher_round"
```

```
        android:supportsRtl="true"
        android:theme="@style/Theme.HelloWorld">
        <activity android:name=".MainActivity">
            <intent-filter>
                <action android:name="android.intent.action.MAIN" />
                <category
                    android:name="android.intent.category.LAUNCHER" />
            </intent-filter>
        </activity>
    </application>
</manifest>
```

这个文件的内容很简单，在 manifest 节点的属性中，有一个 package 属性，该属性为 Android 应用的唯一标识。每个 Android 应用的 package 属性都是不同的，如果不同的应用使用了相同的 package 属性，那么在应用安装时会发生冲突。application 节点用于配置应用信息，在属性配置中，Android 自带的配置属性都是以 android:开头的。一些常用的清单文件属性的介绍见表 1.1。

表 1.1 清单文件属性

属 性 名	说 明
android:allowBackup	是否可以备份和恢复
android:icon	应用的图标
android:label	应用的标签，即在桌面上显示的应用名称
android:supportsRtl	支持从右向左布局
android:theme	应用样式

清单文件的配置图标、标签等信息使用了形如@mipmap/ic_launcher、@string/app_name 的配置，这表明此处引用资源文件中的内容。其中，@表示引用资源，@mipmap/ic_launcher 表示引用 mipmap 资源中的 ic_launcher 资源(无文件后缀)，同理，@string/app_name 表示引用 values 资源中的字符串资源，且资源名为 app_name。打开 values 文件夹下的 strings.xml 文件，可以找到相关的字符串配置。

```
<resources>
    <string name="app_name">HelloWorld</string>
</resources>
```

Activity 是配置活动的节点，应用中所有的活动都应该在这里进行注册，否则无法使用。android:name 属性表示该活动对应的 java 类，这里配置的是.MainActivity，代表 application 节点中 package 属性的包路径下面的 MainActivity 类，等价于 com.chapter01.helloworld.MainActivity，这是需要特别注意的。在 Activity 节点下面有 intent-filter 子节点，表示意图过滤器，当系统接收到对应的意图请求后就会启动这个活动。这里意图过滤器配置的意思为应用的主活动，应用启动时应打开此活动。找到了应用的入口，就可以进入MainActivity 类中看看有哪些内容。代码如下：

```
import androidx.appcompat.app.AppCompatActivity;
import android.os.Bundle;
public class MainActivity extends AppCompatActivity {
    protected void onCreate(Bundle savedInstanceState) {
        super.onCreate(savedInstanceState);
        setContentView(R.layout.activity_main);
    }
}
```

上述代码中，MainActivity 继承了 AppCompatActivity 类，这个类是 androidx 中的类。Android 的 API 在升级后，为了兼容之前的版本，使低版本 Android 系统也可以运行新的特性，因此提供了一些支持包(如 v4、v7 支持包)，但是随着 Android 的发展，这些支持包的内容较为混乱，现在统一为 androidx。Android Studio 在创建活动时会默认继承 androidx 包中的 AppCompatActivity 类。AppCompatActivity 实际上继承了 Activity 类，Activity 类是所有活动的基类。 在 MainActivity 中只有一个 onCreate 方法，这个方法会在活动创建时执行。在方法体内通过 setContentView(R.layout.activity_main)设置活动的布局资源，这里使用的布局资源文件就是“activity_main.xml”。代码如下：

```
<?xml version="1.0" encoding="utf-8"?>
<androidx.constraintlayout.widget.ConstraintLayout
  xmlns:android="http://schemas.android.com/apk/res/android"
  xmlns:app="http://schemas.android.com/apk/res-auto"
  xmlns:tools="http://schemas.android.com/tools"
  android:layout_width="match_parent"
  android:layout_height="match_parent"
  tools:context=".MainActivity">
 <TextView
    android:layout_width="wrap_content"
    android:layout_height="wrap_content"
    android:text="Hello World!"
    app:layout_constraintBottom_toBottomOf="parent"
    app:layout_constraintLeft_toLeftOf="parent"
    app:layout_constraintRight_toRightOf="parent"
    app:layout_constraintTop_toTopOf="parent" />
</androidx.constraintlayout.widget.ConstraintLayout>
```

在这个布局文件中，使用了 TextView 显示“Hello World!”。TextView 的具体作用将在后面详细介绍。

1.4 日志打印

在 Java 开发中，如果需要使用日志追踪应用的运行状态，可以使用 System.out.println()打印信息或者通过一些日志框架输出打印(如 log4j、commons-logging 等)。在 Android 开发中，System.out.println()也是可以使用的，但是体验并不好。Android 提供了专用的日志类——android.util.Log，并且开发工具集成了针对日志显示、过滤的 Logcat，方便进行查看。在 Log 类中提供了如下方法供用户打印日志：

(1) Log.v()：用于打印最为琐碎，意义最小的日志信息。其对应级别为 verbose，是 Android 日志里级别最低的一种。

(2) Log.d()：用于打印一些对调试程序和分析问题有帮助的调试信息。其对应级别为 debug，比 verbose 高一级。

(3) Log.i()：用于打印一些可以帮助分析用户行为的重要的数据。其对应级别为 info，比 debug 高一级。

(4) Log.w()：用于打印提示程序可能会有潜在风险，需要修复的警告信息。其对应级别为 warn，比 info 高一级。

(5) Log.e()：用于打印程序中的错误信息，如程序进入到了 catch 语句当中。当有错误信息打印出来时，一般表示程序出现了严重问题，必须尽快修复。其对应级别为 error，比 warn 高一级。

在使用 Log 类时一般需要两个参数，第一个参数为 TAG，第二个参数为具体的日志信息 msg。通常使用当前类的类名作为 TAG，这样便于在调试时查看与过滤输出的日志。例如：

```
public class MainActivity extends AppCompatActivity {
    protected void onCreate(Bundle savedInstanceState) {
        super.onCreate(savedInstanceState);
        Log.i("MainActivity", "onCreate");
        setContentView(R.layout.activity_main);
    }
}
```

简单地对刚刚创建的示例项目进行改造。在 MainAcivity 中添加一条日志打印语句，切换底部面板到 Logcat，运行程序，观察控制台打印的日志信息，如图 1.17 所示。

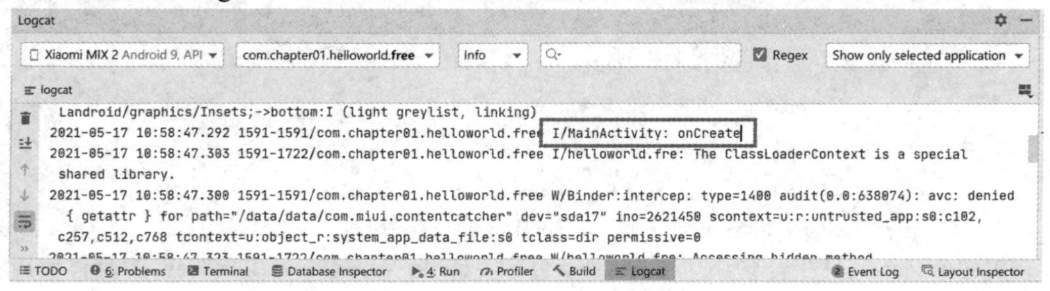

图 1.17 控制台打印的日志信息

以上为 Log 类配合 Logcat 工具的简单用法。通过 Logcat 可以设置打印的日志级别、文本过滤查找。如果有复杂的显示要求，还可以添加自己的过滤器以满足个性化需求，如图 1.18 所示。

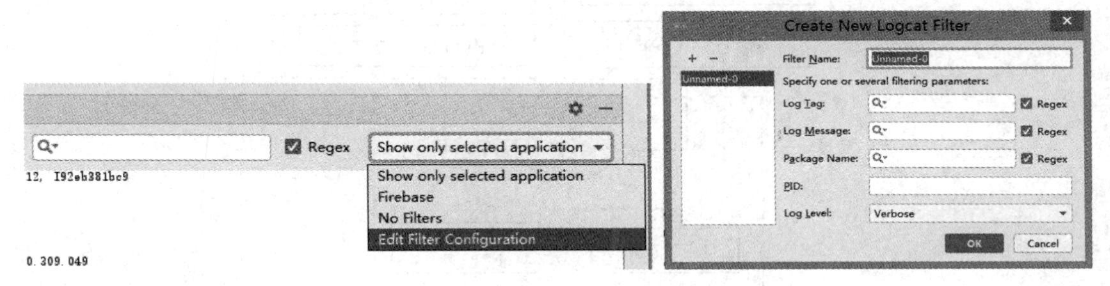

图 1.18 添加个性化过滤器

1.5 Gradle 介 绍

Android Studio 使用 Gradle 作为编译构建工具。Gradle 是一个基于 Apache Ant 和 Apache Maven 概念的项目自动化建构工具。它使用基于 Groovy 的特定领域语言(DSL)来声明项目设置，抛弃了基于 XML 的各种烦琐配置。在刚才创建的项目中，可以看到 Gradle 的相关配置文件，如图 1.19 所示。

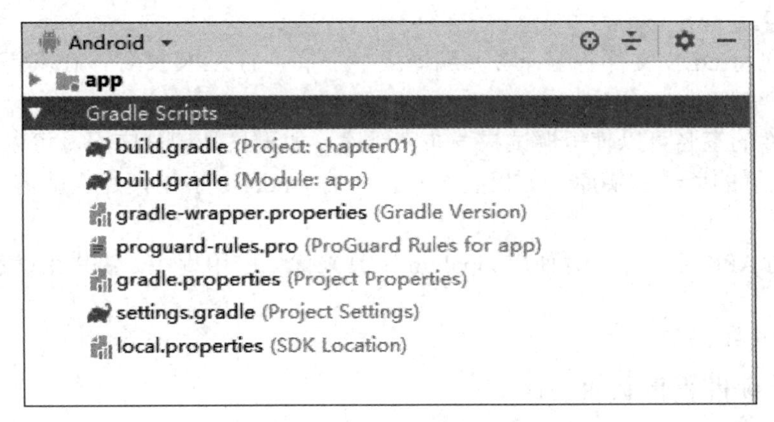

图 1.19 Gradle 配置

1.5.1 配置构建

Android 构建系统编译应用程序资源和源代码，并封装成应用程序，可以进行测试、部署等。

Android Studio 使用 Gradle 作为构建工具。Gradle 是一个先进的、自动化管理的构建过程，允许灵活地自定义生成配置。每一个构建配置都可以定义自己的代码和资源集，同时重用应用程序所有版本的部分与构建工具包提供的流程和可配置的设置。一个典型的安卓应用程序模块的生成过程如图 1.20 所示。

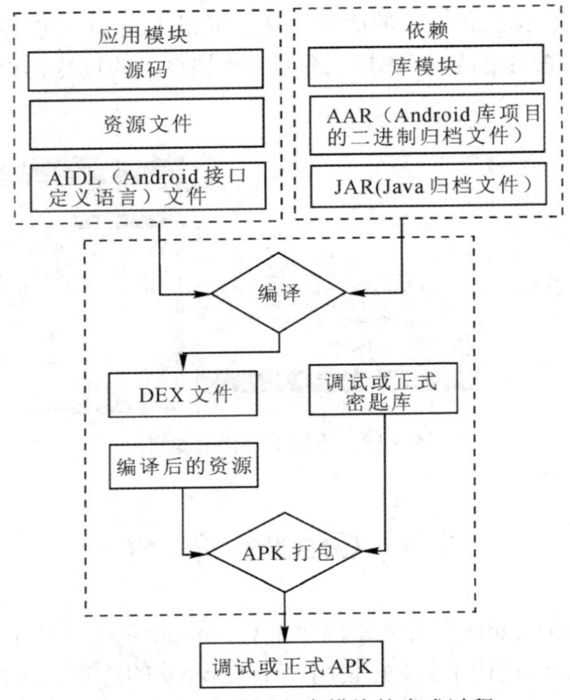

图 1.20　安卓应用程序模块的生成过程

编译器将源代码转化为 DEX(Dalvik 执行)文件，其中包括安卓设备上运行的字节码和其他编译资源。

APK 打包将 DEX 文件和编译资源编译成一个单一的 APK 文件，在真正使用文件前，需要对其进行签名。

APK 文件的签名可以使用调试或发布密钥库。如果只是调试应用，可以使用 Android Studio 自动配置的调试密钥库。如果要发布自己的 Android 应用，那么就需要使用自己的发布密钥库。

在最终的 APK 生成前，会使用 zipalign 工具来优化应用程序，使其在设备上运行时使用较少的内存。

1.5.2　设置应用程序标识

每一个 Android 程序都有一个类似包名的应用标识，这个唯一标识用于在设备上区分应用程序。如果要对应用程序进行升级，那么升级后的应用标识必须与原标识一致。应用程序标识一旦设置，最好不要再对其进行修改。打开 Module 的 build.grade 文件，可以看到如下配置信息：

```
android {
  defaultConfig {
    applicationId "com.chapter01.helloworld"
    minSdkVersion 26
    targetSdkVersion 29
```

```
        versionCode 1
        versionName "1.0"
        testInstrumentationRunner "androidx.test.runner.AndroidJUnitRunner"
    }
}
```

上述代码中，applicationId 配置的就是应用程序标识，而 applicationId 的值和清单文件中 package 的值是一致的。除了应用程序标识外，还可以配置当前应用程序使用的 Android 系统的最小版本、目标版本以及应用程序的版本信息。

1.5.3 构建变种版本

在程序发布自己的 Android 应用时，用户需要构建变种版本，希望开发工具生成一些不同的安装包以满足不同渠道的需求，即多渠道打包。使用 Gradle 可以很方便地完成这项工作，可以摆脱传统手动修改相关文件的方式。

要想实现这种效果，可以使用 productFlavors 配置。举个简单的例子，假设应用有免费版和专业版两种，而这两种应用标识是不同的，可以这样配置：

```
android {
  productFlavors{
    free {
      applicationIdSuffix ".free"
    }
    pro{
      applicationIdSuffix ".pro"
    }
  }
}
```

修改完成后，Android Studio 会提示让我们同步，这时只需要单击“Sync Now”按钮即可。但是当构建应用时并不能正常运行，这是因为在 3.0.0 版本后仅仅这样做是不够的，错误信息为“All flavors must now belong to a named flavor dimension”。

解决这个问题，需要在 defaultConfig 中添加 flavorDimensions 的配置信息：

```
android {
  defaultConfig {
    ...
    flavorDimensions "versionCode"
  }
}
```

修改完成后，再尝试同步一次即可解决问题。这样就添加了两个变种版本，可以通过 Android Studio 左侧的 Build Variants 切换所需要的版本，如图 1.21 所示。

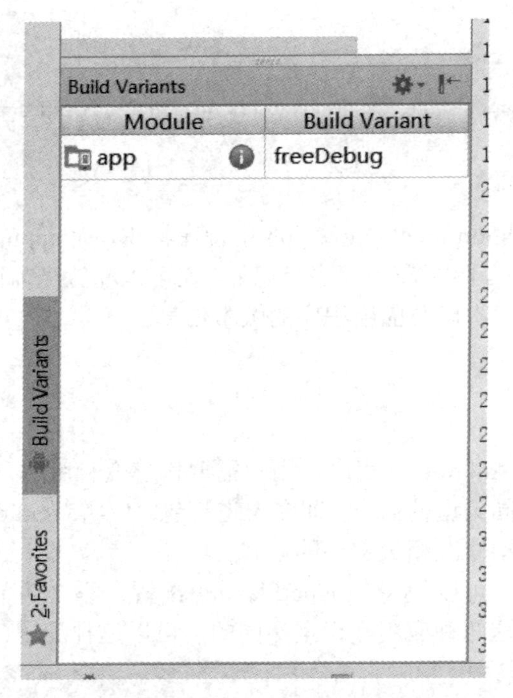

图 1.21 Build Variants

applicationIdSuffix 表示应用标识后缀。编译时会将该值拼接在应用标识后面，也可以直接使用 applicationId 来配置应用标识。除了使用 productFlavors 外，还可以在 buildTypes 中进行配置，上面的配置等价配置如下：

```
android {
    buildTypes {
        free {
            applicationIdSuffix ".free"
        }
        pro{
            applicationIdSuffix ".pro"
        }
    }
}
```

以上只是构建变种版本中最简单的方式。在实际应用中，需要根据实际情况进行选择，比如代码混淆、签名证书等信息都可以使用变种版本进行配置，这样可以极大地提高工作效率。

1.5.4 配置依赖

网络上，有很多优秀的开源包可以方便地集成到项目中。传统的开发方式是将下载的 JAR 包放在项目的 libs 文件夹中，但这样会导致工作空间有大量的重复包，不便于管理。

Gradle 是一个基于 JVM、通用灵活的构建工具，支持 maven、Ivy 仓库和传递性依赖管理，而不需要远程仓库或者 pom.xml 和 ivy.xml 配置文件。很多开源包都会发布到中央仓库供用户使用，用户只需要在 Gradle 中添加相应的依赖即可。例如：

```
dependencies {
    implementation 'androidx.appcompat:appcompat:1.1.0'
    testImplementation 'junit:junit:4.+'
    androidTestImplementation 'androidx.test.ext:junit:1.1.1'
}
```

Android Studio 会默认添加一些依赖，当需要添加自己的包依赖时，仅需要在后面添加即可。Gradle 会自动下载相关的 JAR 文件并添加到 classpath 中。常用依赖配置说明如下：

(1) implementation：将指定的依赖添加到编译路径，并将依赖打包输出，如 APK 中，但是这个依赖在编译时不能暴露给其他模块(如依赖此模块的其他模块)。这种方式指定的依赖在编译时只能在当前模块中访问。

(2) api：将对应的依赖添加到编译路径，并将依赖打包输出。这个依赖是可以传递的，比如模块 A 依赖模块 B，B 依赖库 C，模块 B 在编译时能够访问到库 C。与 implemetation 不同的是，在模块 A 中库 C 也可以访问。

(3) compileOnly：compileOnly 修饰的依赖会添加到编译路径中，但是不会打包到 APK 中，因此只能在编译时访问，并且 compileOnly 修饰的依赖不会传递。

(4) runtimeOnly：与 compileOnly 相反，它修饰的依赖不会添加到编译路径中，但是可以被打包到 APK 中，运行时使用。

(5) annotationProcessor：用于注解处理器的依赖配置。

除了上面五种，还有 testImplementation 和 androidTestImplementation 两种，用于指定在测试阶段代码的依赖。某些情况中央仓库无法获取三方包，还是需要将 JAR 放入项目中，这时可以添加如下配置引用项目中 libs 文件夹下面的所有 JAR。

```
implementation fileTree(dir: 'libs', include: ['*.jar'])
```

1.6 案例与思考

开发 Android 应用时，为了快速预览实现效果，可以通过 Android Studio 直接将程序安装在模拟器和真机设备上。在前面几节中，分别介绍了 Android 项目的创建流程和项目基本结构，使用 Android Studio 进行 Android 开发时，项目的创建以及运行的过程与其是一致的。对于一个 Android 应用，开发完成并安装在用户的手机上才是最终需要实现的结果。在开发环境对应用调试完成后，需要将应用导出为设备可直接安装的文件，即常见的以 APK 结尾的文件。本节将通过案例生成一个标准的可安装的 Android 应用。

首先参考 1.3 节的内容完成一个 Android 项目创建，项目名称命名为“FirstApp”，如图 1.22 所示。

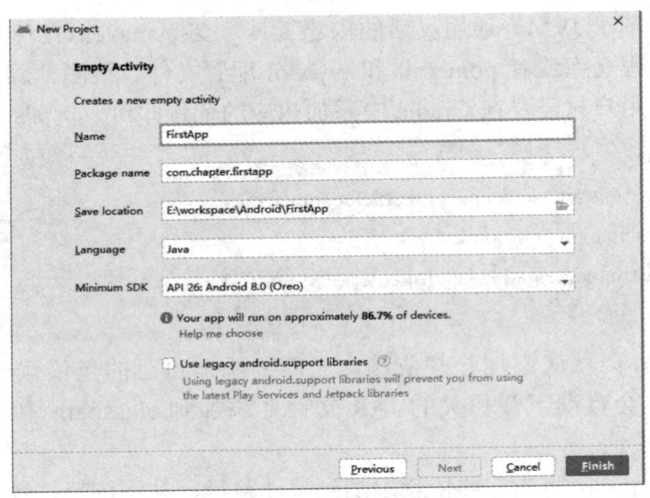

图 1.22 新建 Android 项目

项目创建完成后，不需要对项目中的内容进行修改，可以直接对项目进行导出操作。依次选择 Android Studio 菜单栏中的“Build”→“Build Bundle(s)/APK(s)”→“Build APK(s)”，如图 1.23 所示。

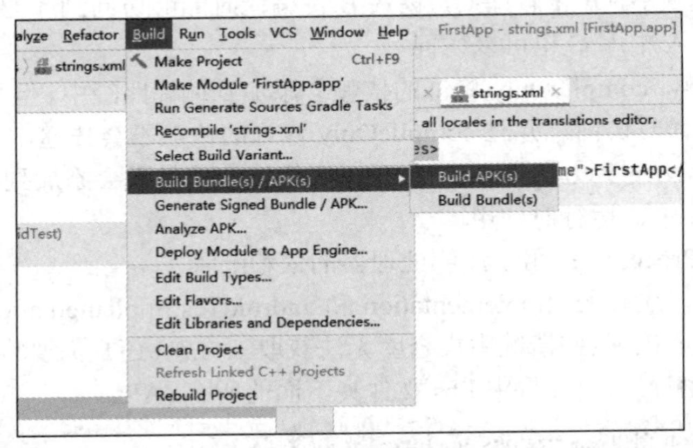

图 1.23 构建项目

操作完成后，Android Studio 会对项目进行编译，编译完成后通过底部的 Build 面板可以查看编译结果信息，如图 1.24 所示。

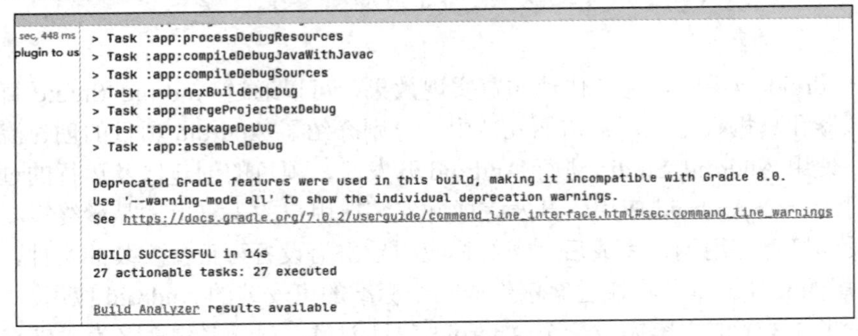

图 1.24 构建结果

使用这种方式对项目进行构建，可以得到一个 debug 模式的安装包，如图 1.25 所示。

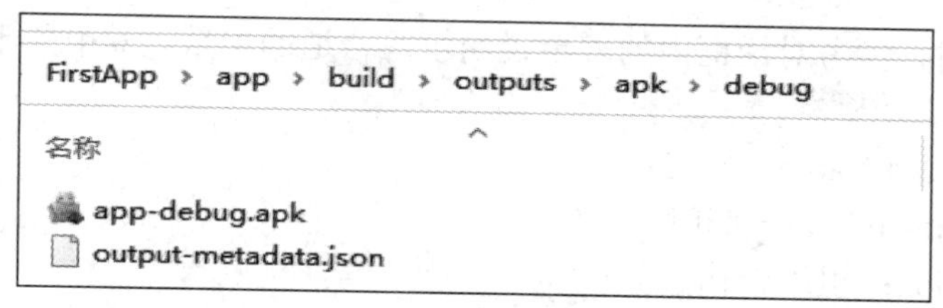

图 1.25　debug 安装包

debug 模式下生成的安装包可以直接安装在 Android 设备中，但是在实际开发中，因为 debug 模式生成的文件相对于正式发布的文件未进行有效的签名处理且安装包的体积较大，所以开发者最终发布的文件一般不会采用 debug 模式进行发布。接下来将使用 Android Studio 生成正式发布的安装包，和 debug 构建方式类似，依次选择 Android Studio 菜单栏中的“Build”→“Generate Signed Bundle/APK...”，在弹出的对话框中选择“APK”，如图 1.26 所示。

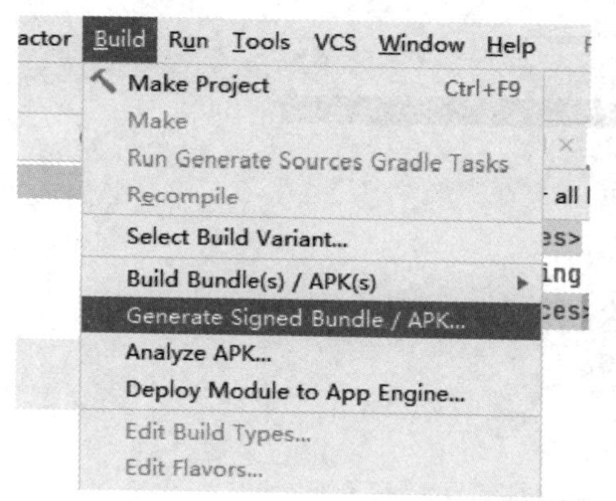

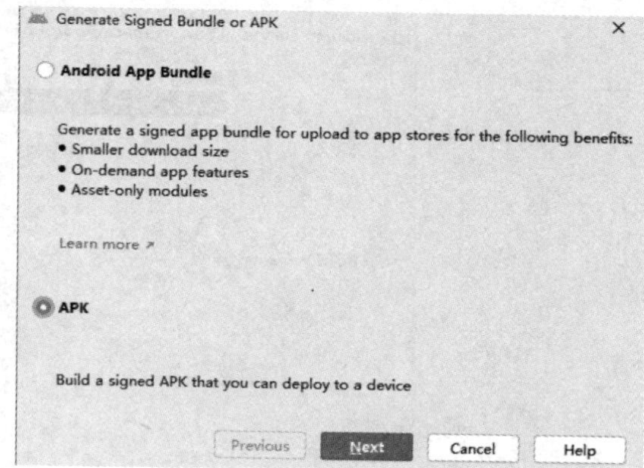

图 1.26　生成签名安装包

选择完成后，单击“Next 按钮”，此时需要选择签名所需的密钥库文件，第一次生成时可以单击“Create New”按钮创建新的密钥库文件。如果已有密钥库文件可以单击“Choose existing”按钮直接选择使用。此处第一次进行签名操作，尚未生成密钥库文件，因此需要创建一个新的密钥库文件，如图 1.27 所示。

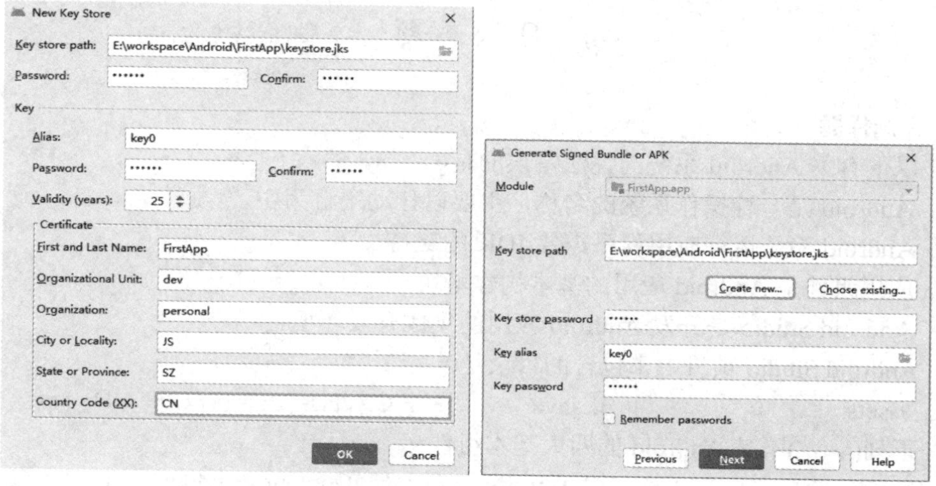

图 1.27　创建密钥库文件

创建密钥库时，参考对话框内的表单说明填写合适的参数，其中关于证书相关输入项的说明如下：

(1) First and Last Name：姓名。

(2) Organizational Unit：部门。

(3) Organization：组织机构。

(4) City or Locality：城市。

(5) State or Province：省份。

(6) Contry Code：国家。

密钥库信息编辑完成，单击“Next”按钮，选择“release”模式，最后单击“Finish”按钮，如图 1.28 所示。

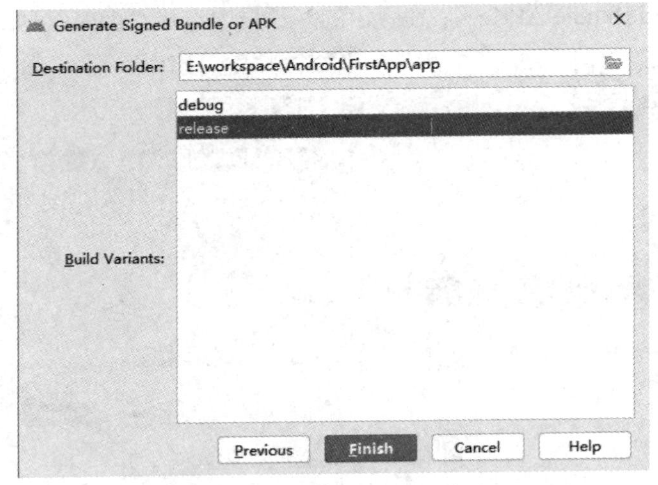

图 1.28 正式发布安装包构建

构建完成后，可以在项目的 app\release 路径下看到刚刚构建成功的安装包。至此，一个正式可发布的安装包就构建完成了。

习　　题

一、选择题

1. 以下有关 Android 系统的说法错误的是(　　)。

A. Android 是一种操作系统的名称，主要以移动平台为主

B. Android 系统运行应用程序需要 JDK 的支持

C. 应用组件是 Android 应用的基本构建基块

D. Android Studio 是开发 Android 应用的集成开发环境

2. Android Studio 项目中未包含的目录是(　　)。

A. assets　　B. java　　C. class　　D. res

3. 下列(　　)不是 Android 的四大基本组件。

A. Service　　B. Activity　　C. Content Provider　　D. Handler

4. 在 Android 程序中，Log.w 用于输出(　　)级别的日志信息。

A. 调试　　B. 信息　　C. 警告　　D. 错误

5. 创建的活动需要在(　　)文件中进行注册。

A. Android Manifest.xml　　B. build.gradle　　C. settings.gradle　　D. 不用注册

二、简答题

1. 简述什么是 Android 系统，Android 系统的特点是什么？
2. 在 Android Studio 集成开发环境中，Gradle 起到什么作用？
3. 简述构建变种版本的方法及意义。

三、应用题

1. 下载安装并配置 AndroidStudio 集成开发环境。
2. 在 Android Studio 中创建项目，并分别尝试在虚拟设备和真机上调试应用程序。

第二章 活 动

第一章介绍了如何使用 Android Studio 创建并运行项目，对 Android 的开发有了整体的认识。虽然看上去很烦琐，但是环境的搭建是开发的基础，有了良好的基础，才能更加愉快轻松地学习。本章将学习 Android 四大基本组件中最基本的活动。

本章学习目标：

1. 熟练掌握 Android Studio 创建项目的过程；
2. 理解并掌握活动的基本用法；
3. 理解并掌握活动的生命周期；
4. 理解并掌握意图(Intent)的用法。

2.1 活动简介

活动(Activty)是一个应用组件，用户可与其提供的界面进行交互，以执行拨打电话、拍摄照片、发送电子邮件或查看地图等操作。每个活动都会获得一个用于绘制其用户界面的窗口。窗口可以充满屏幕，也可以小于屏幕并浮动在其他窗口之上。

一个应用通常由多个彼此松散联系的活动组成。一般将应用首次启动时呈现给用户的活动称为“主活动”，每个活动均可启动另一个活动，以便执行不同的操作。每次新活动启动时，前一个活动便会停止，但系统会在堆栈(“返回栈”)中保留该活动。返回栈遵循基本的“后进先出”堆栈机制，因此，当用户完成当前活动并按“返回”按钮时，系统会从堆栈中将其弹出(并销毁)，然后恢复前一个活动。

2.2 活动的基本用法

在第一章创建的项目中，已经对活动有了了解，下面介绍活动的具体用法。

2.2.1 创建活动

虽然前面已经用过活动，但都是开发工具自动生成的。要学习活动的用法，还需要手动创建活动并完成代码的编写。

下面首先创建一个项目，需要注意的是，在选择活动模板时，需要选择“No Activity”选项，以便手动完成活动的创建，如图 2.1 所示。

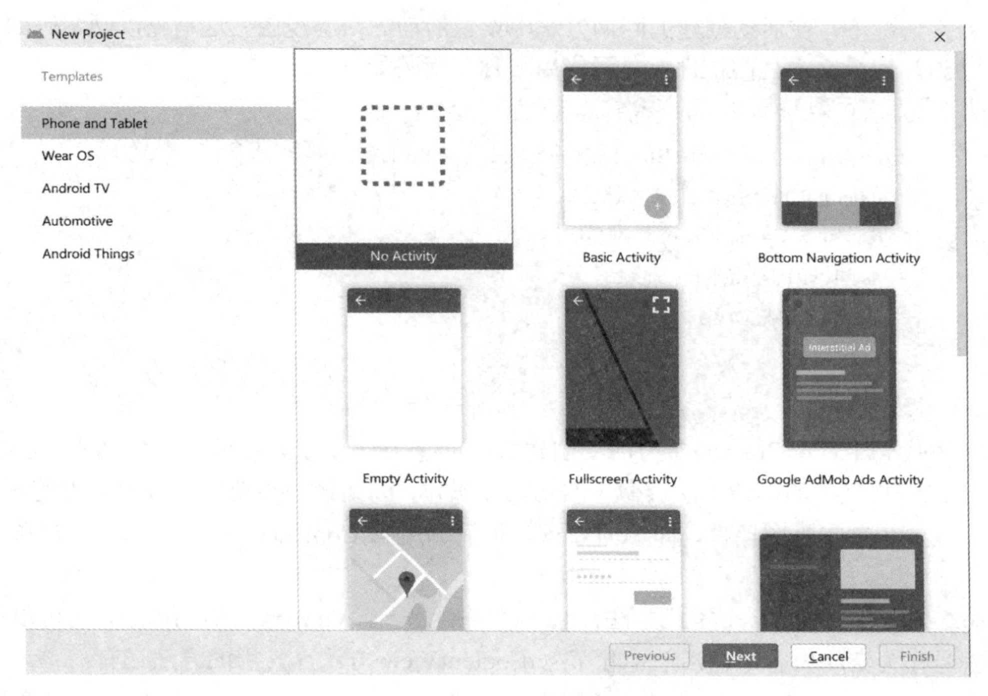

图 2.1　选择活动模板

提示：Android Studio 再次启动时，如果之前创建过项目，Android Studio 会自动打开之前的项目。这时可以通过“File”菜单下的“New”→“New Project”创建新的项目，项目创建完成后，Android Studio 会打开一个新的窗口。

项目创建完成后，打开 Android 项目视图，右击“包名”，依次选择“New”“Java Class”按钮。在该目录结构下，可以发现 java 目录有 3 个相同的包，这里使用的是第一个，其余两个都是测试使用的包，这里不需关心，如图 2.2 所示。

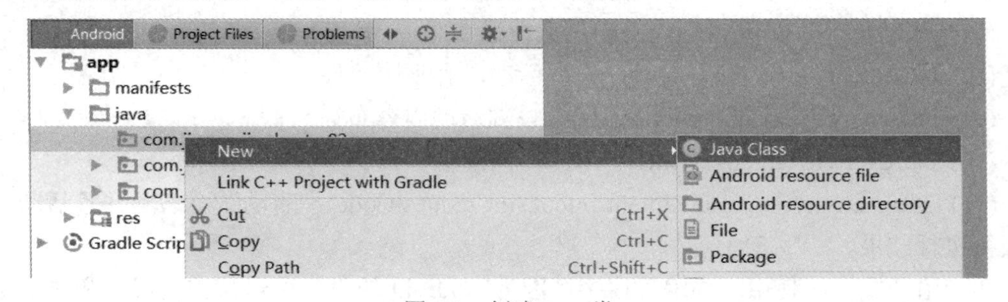

图 2.2　创建 Java 类

在弹出的对话框中输入类名，单击“OK”按钮，Android Studio 会创建文件并打开编辑器。在 Android 中活动的基类是 Activity，因此如果需要将一个普通类变成一个 Activity，那么就需要继承 Acitvity。这样一个最基本的活动类就创建完成了。

2.2.2 设置活动内容

在活动的整个生命周期中，会有创建、暂停、销毁等状态，具体的内容将在下一节介绍。通常情况下，在活动创建的回调方法中设置活动的内容视图。这里先以硬编码的方式为活动添加一个文本视图控件，显示应用名称。代码如下：

```
public class MainActivity extends Activity {
    protected void onCreate(Bundle savedInstanceState) {
        super.onCreate(savedInstanceState);
        TextView v = new TextView(this);
        v.setText(R.string.app_name);
        setContentView(v);
    }
}
```

上述代码中，onCreate()即为活动创建时的回调方法。在方法体内首先调用父类中的 onCreate 方法(父类的创建方法会做一些初始化操作，因此一定不要忘记调用父类的方法)，然后创建一个文本视图控件，即 TextView，最后调用 setContentView 方法为活动设置内容视图。

setContentView 是一个重载方法，可以直接接受一个 View 作为活动内容，也可以通过布局编号作为活动内容。在活动中除了 setContentView 方法，常用的方法还有：

(1) addContentView(View view, ViewGroup.LayoutParams params)：添加一个内容控件到活动。

(2) findViewById(int id)：通过 ID 查找视图控件。

(3) finish()：结束活动。

(4) getIntent()：获得启动活动的意图。

(5) getLayoutInflater()：获得布局泵。

(6) getPreferences(int mode)：获得偏好设置对象。

(7) getSystemService(String name)：获得系统服务。

(8) setContentView(View view)：设置活动内容视图控件。

(9) setContentView(int layoutResID)：设置活动内容布局。

(10) startActivity(Intent intent)：启动一个活动。

(11) startActivityForResult(Intent intent, int requestCode)：启动一个活动并且活动结束后获得执行结果。

在应用开发中，使用布局编号居多，因为 Android 的设计逻辑是控制代码和显示布局分离，所以应该将要显示的界面布局放在布局文件中，而不应该直接在活动类中编码，最后将活动与布局文件联系在一起展示给用户。

本章主要介绍活动的用法，这里就直接通过编码的方式创建视图组件。如果要创建布局资源，需要右击“res”文件夹，依次选择“New”“XML”“Layout XML File”按钮，在弹出的对话框中输入布局文件的名字，最后单击“Finish”按钮。Android Studio 会自动创建布局文件，如果布局文件的文件夹不存在，Android Studio 也会完成创建，如图 2.3 所示。

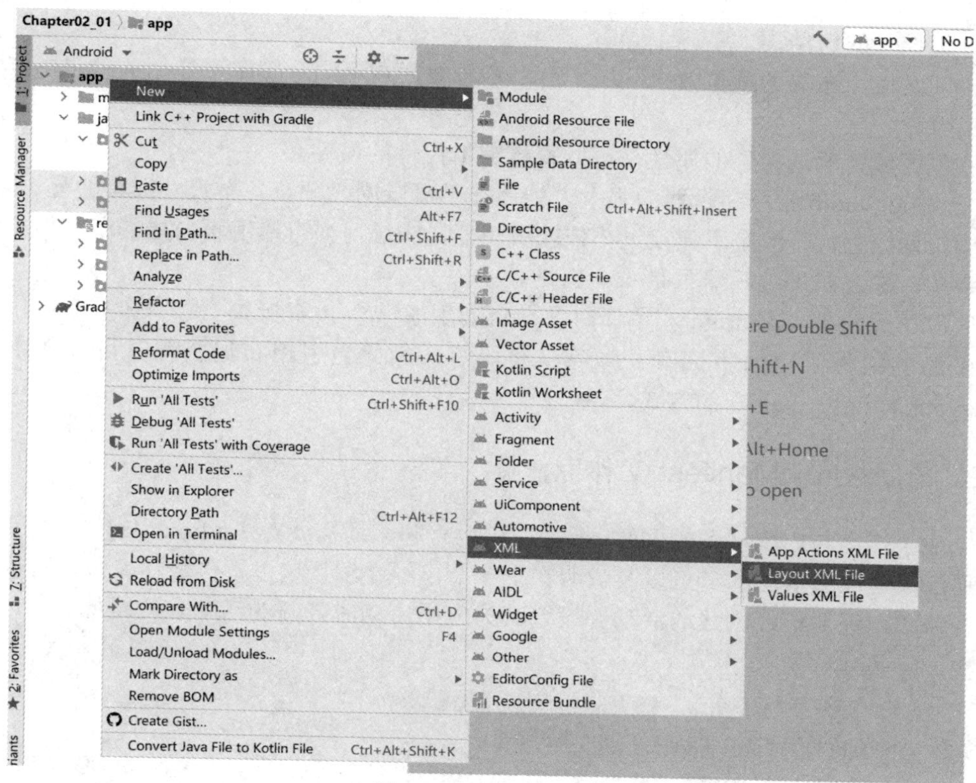

图 2.3 创建布局文件

布局文件创建完成后，可以看到布局编辑器，如图 2.4 所示。

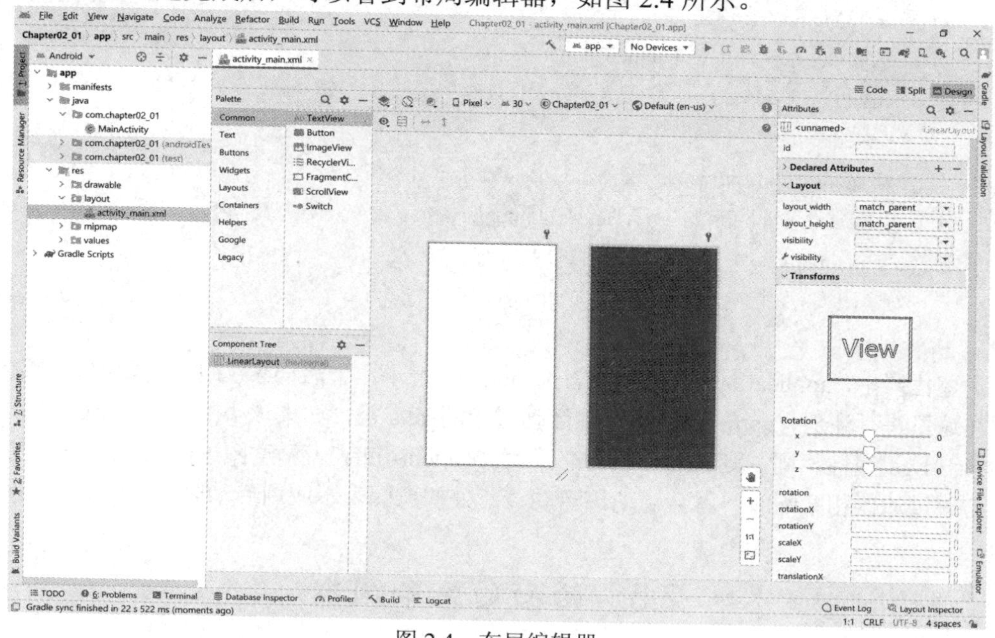

图 2.4 布局编辑器

Android Studio 的布局编辑器分为三个区域。

左侧分为上、下两部分，上部分为可用控件区，可以直接拖拽控件到布局的指定位置，下部分为控件的树结构。

中间区域为布局的预览效果区域，可以查看布局在不同分辨率下显示的效果，方便及时作出调整。

右侧区域为所选控件的属性，可以直接编辑控件的属性。

Android Studio 布局编辑器的强大之处还在于可以同时预览各个尺寸屏幕的显示效果。虽然编辑器很强大，但是不建议过分依赖编辑器，应该习惯直接编辑布局的源文件来修改布局资源，毕竟布局编辑器只是一个工具。

值得一提的是，Android 在编译时，会自动生成一个 R 资源类。该类中存有应用中用到的资源的编号，比如字符串、颜色、布局等，因此当引用布局资源时可以使用形如“R.layout.activity_main”的方式。

2.2.3 在 AndroidManifest 文件中注册

完成了活动与内容视图的关联，要把应用运行起来还需要在 AndroidManifest.xml 文件中注册活动。注册活动的节点以及说明在上一节已经介绍，这里不再赘述。可以直接对文件进行修改，注册已经创建的活动并设置其为应用启动时打开的活动。代码如下：

```
<application
  android:allowBackup="true"
  android:icon="@mipmap/ic_launcher"
  android:label="@string/app_name"
  android:roundIcon="@mipmap/ic_launcher_round"
  android:supportsRtl="true"
  android:theme="@style/Theme.Chapter02_01" >
  <activity android:name=".MainActivity">
    <intent-filter>
      <action android:name="android.intent.action.MAIN" />
      <category android:name="android.intent.category.LAUNCHER" />
    </intent-filter>
  </activity>
</application>
```

上述代码中，application 表示应用程序，activity 表示一个活动。应用中需要用到的活动都需要在这里进行注册，name 属性指定了活动对应的 java 类，如果该类的包名与 manifest 节点中的 package 属性相同，则包名可以省略不写。 intent-filter 表示意图过滤器，当系统发现有意图与该过滤器相匹配时，就会启动该活动，此处的意图表示应用启动时需要打开的活动。

2.3 活动的生命周期

Android 是使用任务(Task)来管理活动的，一个任务就是一组存放在栈里的活动的集合，这个栈被称为返回栈(Back Stack)。每当创建一个活动时，该活动就会在返回栈中入栈，同理，被销毁的活动就会在返回栈中出栈，另一个活动占据栈顶的位置，系统总是会显示处于栈顶的活动给用户。每个活动在其生命周期中最多有四种状态，分别为：运行状态、暂停状态、停止状态和销毁状态。在 Activity 中共有七个回调方法，涵盖活动生命周期的每个状态。图 2.5 描述了活动整个生命周期的状态变化过程。

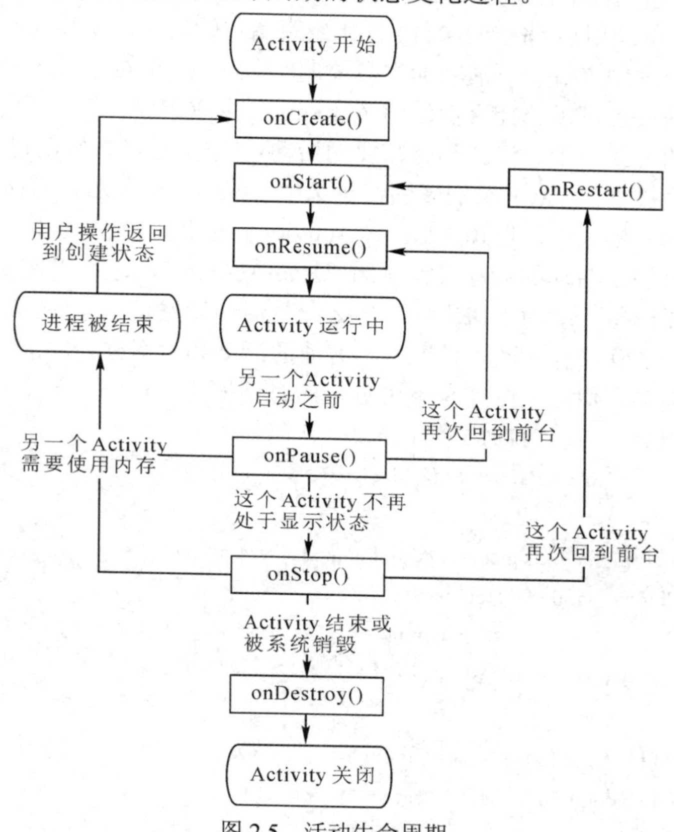

图 2.5 活动生命周期

活动生命周期的七个状态分别为：

(1) onCreate()：这个方法在前面已经见到很多次，每个活动中，都需要重写这个方法，它会在活动第一次被创建时调用，通常情况下，会在该方法中做初始化操作。

(2) onStart()：活动在刚创建时是不可见的，当活动由不可见变为可见时会调用 onStart()方法。

(3) onResume()：当活动准备就绪时会调用 onResume()方法，这时活动位于返回栈的栈顶并且是运行状态，可以与用户进行交互。

(4) onPause()：当系统要启动或恢复另一个活动时，另一个活动会占据栈顶的位置，当前活动会移到后台，这时会调用 onPause()方法。

(5) onStop()：当活动处于完全不可见时会调用 onStop()方法，需要注意的是，该方法和 onPause()方法的主要区别在于：如果启动的新活动是一个对话框式的活动，那么会执行 onPause()方法而不会执行 onStop()方法。

(6) onDestory()：在活动将要被销毁时调用，之后活动将变为销毁状态。

(7) onRestart()：当活动由停止状态变为运行状态之前会调用该方法，活动会被重新启动。

当一个活动位于返回栈的栈顶时，活动处于运行状态，系统最不愿意回收的就是处于运行状态的活动，这样会影响用户的体验。当活动不再处于返回栈栈顶的位置，但是仍然可见时，活动就处于暂停状态。当活动既不处于返回栈栈顶位置又完全不可见时，活动就处于停止状态。当活动从返回栈中移除后，活动就变成了销毁状态，这种状态下的活动也更容易被系统回收，可以主动调用活动的 finish()方法来结束指定的活动，使其进入销毁状态。

下面通过一个示例来看一下活动的生命周期。首先，需要创建活动和布局文件(已经熟悉活动创建方式的读者可以选择直接创建 Activity 并生成布局文件，不熟悉的读者建议继续采用上一节中的方式一步一步地创建需要的活动)。这里选择直接创建活动与布局文件，使用该种方式与直接创建 Java 类的区别在于选中“New”菜单后，直接选择“Activity”菜单，在显示活动的模板中，选择“Empty Activity”按钮。

先来创建一个用于启动的活动类，名为“BootActivity”，之所以需要一个启动的活动类，是因为既然要模拟活动的生命周期，那么一个活动显然是不够的，还需要打开其他的活动。而新打开的活动又存在两种情况，即普通的活动和对话框式的活动，二者的区别在于，打开普通的活动，原活动则完全不可见，而对话框式的活动，原活动会部分可见。

活动创建完成后，可以对布局进行更改。代码如下：

```
<?xml version="1.0" encoding="utf-8"?>
<LinearLayout
  xmlns:android="http://schemas.android.com/apk/res/android"
  android:layout_width="match_parent"
  android:layout_height="match_parent"
  android:orientation="vertical">
  <Button
    android:id="@+id/openNormalActivity"
    android:layout_width="match_parent"
    android:layout_height="wrap_content"
    android:text="打开普通活动" />
  <Button
    android:id="@+id/openDialogActivity"
    android:layout_width="match_parent"
    android:layout_height="wrap_content"
    android:text="打开对话框式活动" />
</LinearLayout>
```

为了演示的方便，这里将按钮要显示的文本直接硬编码在了布局文件中。在实际开发中不建议这么做，应该将字符串单独定义在资源文件中，在布局文件中通过@string/name的方式引用。

在布局中，使用 Button。Button 就表示一个按钮。通过 text 属性，可以为其设置要显示的文本。在定义按钮时为其添加 ID 属性，该属性就是控件的标识，同一布局中，ID 必须唯一，在活动中可以通过 findViewById 方法获得控件。android:id="@+id/openNormalActivity"就表示新增一个资源 ID，如果写成 android:id="@id/openNormalActivity"则表示引用现有的资源 ID，因为没有定义资源 ID，所以这里采用新增的方式。修改完启动活动的布局，接着创建普通活动与对话框活动，分别起名为："NormalActivity"和"DialogActivity"，最后，补充启动活动的代码，在对应的生命周期回调方法内添加日志信息。代码如下：

```
public class BootActivity extends AppCompatActivity {
  private final String TAG = "BootActivity";
  protected void onCreate(Bundle savedInstanceState) {
    super.onCreate(savedInstanceState);
    Log.d(TAG , "onCreate");
    setContentView(R.layout.activity_boot);
    Button openNormalActivity = findViewById(R.id.openNormalActivity);
    Button openDialogActivity = findViewById(R.id.openDialogActivity);
    openNormalActivity.setOnClickListener(new OnClickListener() {
      public void onClick(View v) {
        Intent intent = new Intent(BootActivity.this, NormalActivity.class);
        startActivity(intent);
      }
    });
    openDialogActivity.setOnClickListener(new OnClickListener() {
      public void onClick(View v) {
        Intent intent = new Intent(BootActivity.this, DialogActivity.class);
        startActivity(intent);
      }
    });
  }
  protected void onStart() {
    super.onStart();
    Log.d(TAG , "onStart");
  }
  protected void onResume() {
    super.onResume();
    Log.d(TAG , "onResume");
  }
  protected void onPause() {
    super.onPause();
    Log.d(TAG , "onPause");
  }
  protected void onStop() {
    super.onStop();
    Log.d(TAG , "onStop");
```

```
    }
    protected void onDestroy() {
        super.onDestroy();
        Log.d(TAG , "onDestroy");
    }
    protected void onRestart() {
        super.onRestart();
        Log.d(TAG , "onRestart");
    }
}
```

现在示例程序还不能运行，只有在 AndroidManifest.xml 中注册的活动才可以使用。注册活动时，需要注意 DialogActivity 的主题应该设置为“@android:style/Theme.Dialog”，表示该活动将以对话框的形式显示。

```
<activity android:name=".DialogActivity"
    android:theme="@android:style/Theme.Dialog" />
```

运行程序，依次打开普通活动，按下“返回键”，再打开对话框式活动，最后再返回，观察 LogCat 输出信息，如图 2.6 所示。

```
/com.chapter02_02 D/BootActivity: onCreate
/com.chapter02_02 D/BootActivity: onStart
/com.chapter02_02 D/BootActivity: onResume
/com.chapter02_02 I/ContentCatcher: Interceptor
 I/ActivityManager: Displayed com.chapter02_02/.
 I/Timeline: Timeline: Activity_windows_visible
/com.chapter02_02 D/BootActivity: onPause
/com.chapter02_02 W/RenderInspector: DequeueBuff
/com.chapter02_02 D/BootActivity: onStop
/com.chapter02_02 D/BootActivity: onRestart
/com.chapter02_02 D/BootActivity: onStart
/com.chapter02_02 D/BootActivity: onResume
 I/Timeline: Timeline: Activity_windows_visible
/com.chapter02_02 D/BootActivity: onPause
/com.chapter02_02 D/BootActivity: onResume
```

图 2.6　活动运行日志

活动的生命周期在实际开发中很重要，要能熟练地在对应的回调方法中编写业务逻辑，为用户提供最佳的体验。

2.4 保存活动状态

由于当 Activity 暂停或停止时，Activity 对象仍保留在内存中，因此，用户在 Activity 内所做的任何更改都会得到保留，当 Activity 返回前台时，这些更改仍然存在。不过，当系统为了恢复内存而销毁某项 Activity 时，Activity 对象也会被销毁，因此系统在继续

Activity 时根本无法让其状态保持完好，而必须在用户返回 Activity 时重建 Activity 对象。但用户并不知道系统销毁 Activity 后又对其进行了重建，因此很可能认为 Activity 状态毫无变化。在这种情况下，可以使用 onSaveInstanceState()回调方法对有关 Activity 状态的信息进行保存，以确保 Activity 状态的重要信息得到保留。

当系统需要销毁 Activity 时，需要先调用 onSaveInstanceState()并向该方法传递一个 Bundle 对象，使用 putString()和 putInt()等方法以键值对的形式保存有关 Activity 状态的信息。然后，如果系统终止应用进程，并且用户返回 Activity，则系统会重建该 Activity，并将 Bundle 同时传递给 onCreate()和 onRestoreInstanceState()。这时可以从 Bundle 提取之前保存的状态并恢复该 Activity 状态。如果没有状态信息需要恢复，则传递的 Bundle 是空值，变换过程如图 2.7 所示。

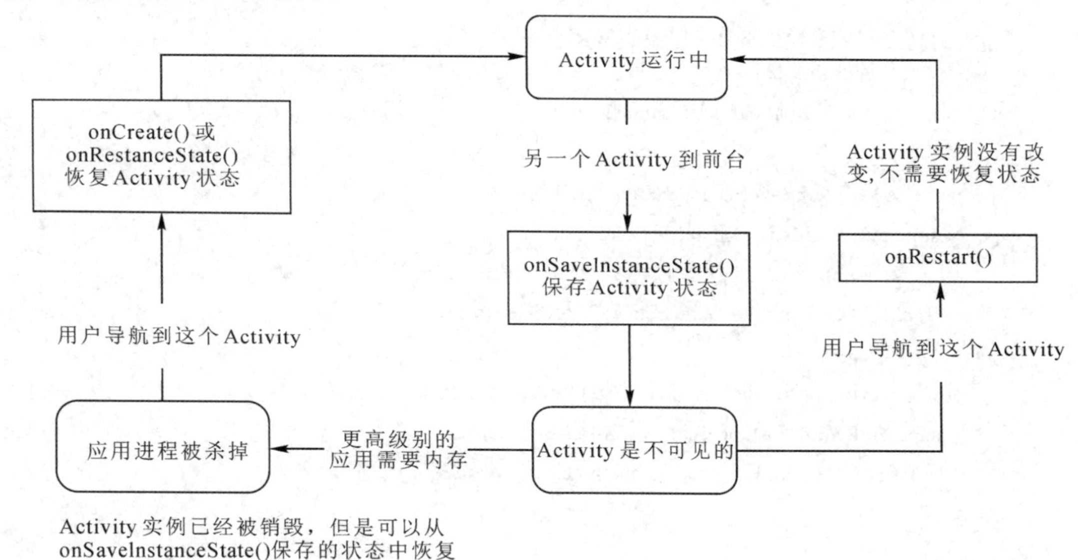

图 2.7 Activity 变换过程

不过，即使什么都不做，Activity 类的 onSaveInstanceState()默认实现也会恢复部分 Activity 状态。默认实现会为布局中的每个 View 调用相应的 onSaveInstanceState()方法，让每个视图都能提供有关自身应保存的信息。Android 框架中几乎每个小部件都会根据需要实现此方法，以便在重建 Activity 时自动保存和恢复对 UI 所做的任何可见更改。例如，EditText 小部件保存用户输入的任何文本，CheckBox 小部件保存复选框选中或未选中的状态。用户只需为想要保存其状态的小部件提供一个唯一的 ID。如果小部件没有 ID，则系统无法保存其状态。如果希望阻止布局内的保存状态，可以通过将 android:saveEnabled 属性设置为“false”或通过调用 setSaveEnabled()方法显式阻止。

尽管 onSaveInstanceState()方法的默认实现会保存有关 Activity UI 的有用信息，但是用户可能仍需替换它以保存更多信息。例如，可能需要保存在 Activity 生命周期内发生了变化的成员值(它们可能与 UI 中恢复的值有关联，但默认情况下系统不会恢复储存这些 UI 值的成员)。由于 onSaveInstanceState()方法的默认实现有助于保存 UI 的状态，因此如果为了保存更多状态信息而替换该方法，应始终先调用 onSaveInstanceState()方法的超类实现，然后再执行其他操作。同样，如果替换 onRestoreInstanceState()方法，也应调用它的超类实现，以便默认实现能够恢复视图状态。通过一个简单的示例来看一下，代码如下：

```
public class SaveInstanceStateActivity extends AppCompatActivity {
  private final String TAG = getClass().getSimpleName();
  private final String KEY_CREATE_TIME = "_createTime";
  long createTime = -1l;
  protected void onCreate(Bundle savedInstanceState) {
    super.onCreate(savedInstanceState);
    if (savedInstanceState != null) {
      createTime = savedInstanceState.getLong(KEY_CREATE_TIME);
    } else {
      createTime = System.currentTimeMillis();
    }
    Log.d(TAG, "onCreate: " + createTime);
  }
  protected void onSaveInstanceState(Bundle outState) {
    super.onSaveInstanceState(outState);
    outState.putLong(KEY_CREATE_TIME, createTime);
    Log.d(TAG, "onSaveInstanceState: " + createTime);
  }
  protected void onRestoreInstanceState(Bundle savedInstanceState) {
    super.onRestoreInstanceState(savedInstanceState);
      Log.d(TAG, "onRestoreInstanceState: " + createTime);
  }
}
```

当活动需要恢复状态时，在 onCreate()方法中会传递一个 Bundle 对象，通过直接判断该对象是否为空来进行相关状态恢复，或者在 onRestoreInstanceState()方法中进行处理。想要系统重新创建活动，只需要旋转屏幕就可以了，在模拟器上有旋转屏幕的操作按钮，可以很方便地完成，执行后的日志信息如图 2.8 所示。

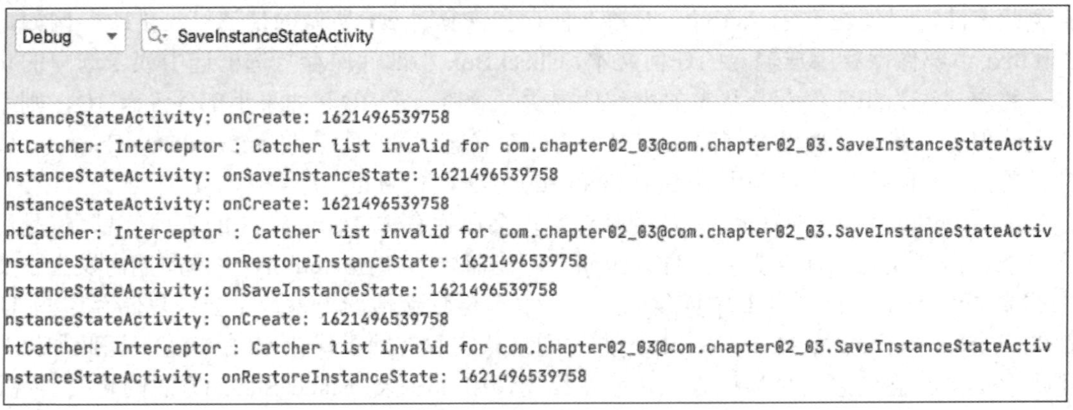

```
Debug ▾   Q- SaveInstanceStateActivity
nstanceStateActivity: onCreate: 1621496539758
ntCatcher: Interceptor : Catcher list invalid for com.chapter02_03@com.chapter02_03.SaveInstanceStateActiv
nstanceStateActivity: onSaveInstanceState: 1621496539758
nstanceStateActivity: onCreate: 1621496539758
ntCatcher: Interceptor : Catcher list invalid for com.chapter02_03@com.chapter02_03.SaveInstanceStateActiv
nstanceStateActivity: onRestoreInstanceState: 1621496539758
nstanceStateActivity: onSaveInstanceState: 1621496539758
nstanceStateActivity: onCreate: 1621496539758
ntCatcher: Interceptor : Catcher list invalid for com.chapter02_03@com.chapter02_03.SaveInstanceStateActiv
nstanceStateActivity: onRestoreInstanceState: 1621496539758
```

图 2.8　执行后的运行日志

2.5　活动的启动模式

前文提到 Android 会使用返回栈维护活动的顺序，用户在执行某项工作时，活动按照打开的顺序排列在一个返回堆栈中。如果用户按返回按钮，新的活动即会完成并从堆栈中退出，如果用户继续按返回，则堆栈中的活动会逐个退出，以显示前一个活动，直到用户返回到主屏幕(或任务开始时运行的活动)。当默认的行为不满足实际需要时，可以通过更改活动的启动模式，不同的启动模式将影响活动打开的行为，活动的启动模式共有四种，分别为 standard、singleTop、singleTask 和 singleInstance。

standard 为活动的默认启动模式，当没有特殊指定活动的启动模式时，活动皆以该模式启动，之前创建的所有活动都是 standard 启动模式。活动在 standard 启动模式下，每次启动时系统都会创建该活动的实例，而不关心该活动实例是否在返回栈中已经存在。代码如下：

```
public class StandardActivity extends AppCompatActivity    implements OnClickListener {
    private final String TAG = getClass().getSimpleName();
    private static int count = 0;
    protected void onCreate(Bundle savedInstanceState) {
        super.onCreate(savedInstanceState);
        Button button = new Button(this);
        button.setText(TAG + ":" + (++count));
        setContentView(button);
        button.setOnClickListener(this);
        Log.d(TAG, "onCreate: " + this.toString());
    }
    public void onClick(View view) {
        startActivity(new Intent(this, StandardActivity.class));
    }
}
```

standard 启动模式是最基本的启动方式，将活动对象转换成字符串并输出，可以直观地发现每次开始活动时，系统都会创建一个新的活动实例，如图 2.9 所示。

```
Debug ▾    Q▾ onCreate: com.chapter

ndardActivity: onCreate: com.chapter02_04.StandardActivity@3ca10d5
ndardActivity: onCreate: com.chapter02_04.StandardActivity@2f78f5a
ndardActivity: onCreate: com.chapter02_04.StandardActivity@72a6909
ndardActivity: onCreate: com.chapter02_04.StandardActivity@4195864
```

图 2.9　standard 模式运行日志

在应用开发中，有时希望如果活动已经在返回栈的栈顶，当再次启动该活动时，使用原来的活动而不是再创建新的活动，这样的要求显然 standard 启动模式是不满足的，那么可以使用 singleTop 启动模式。singleTop 与 standard 的区别在于：如果活动已经在返回栈的栈顶，再次创建该活动时，直接使用原来的活动而不是创建新的活动实例，并且系统会通过调用该实例的 onNewIntent()方法向其传送 Intent。

想要改变活动的启动模式，需要在清单文件中为活动添加 launchMode 属性，并将值设置为所需模式即可。执行结果如图 2.10 所示。

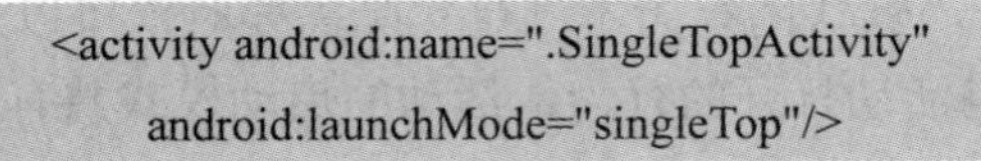

```
<activity android:name=".SingleTopActivity"
    android:launchMode="singleTop"/>
```

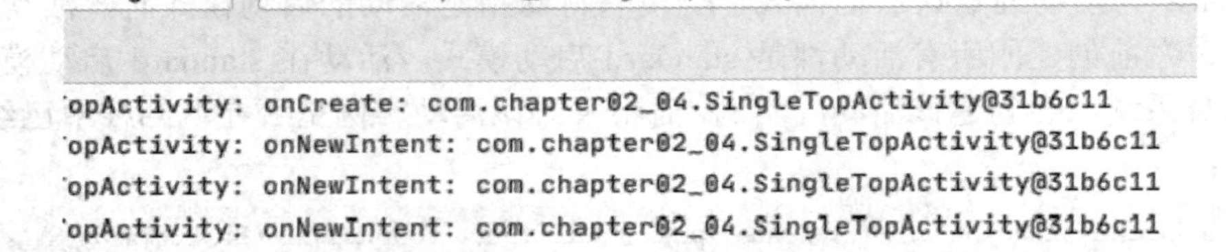

图 2.10 singleTop 模式运行日志

当活动的启动模式设置为 singleTask 时，每次启动该活动，系统首先会检查返回栈中是否存在该活动。如果存在，则直接使用该实例并且通过调用该实例的 onNewIntent()方法向其传送 Intent，然后系统会把这个活动之上的活动全部出栈；如果没有发现该活动实例，则创建一个新的活动实例。singleTask 模式可以保证活动在一个应用上下文中至多只存在一个实例。

```
<activity android:name=".SingleTaskActivity"
    android:launchMode="singleTask" />
```

同样地，使用 singleTask 模式，也要更改清单文件中活动的 launchMode 属性，执行结果如图 2.11 所示。

```
Debug    : com.chapter02_04.SingleTask
eTaskActivity: onCreate: com.chapter02_04.SingleTaskActivity@2c91f60
eTask2Activity: onCreate: com.chapter02_04.SingleTask2Activity@ff6616f
eTaskActivity: onNewIntent: com.chapter02_04.SingleTaskActivity@2c91f60
eTask2Activity: onDestroy: com.chapter02_04.SingleTask2Activity@ff6616f
eTask2Activity: onCreate: com.chapter02_04.SingleTask2Activity@27389e6
eTaskActivity: onNewIntent: com.chapter02_04.SingleTaskActivity@2c91f60
eTask2Activity: onDestroy: com.chapter02_04.SingleTask2Activity@27389e6
```

图 2.11 singleTask 模式运行日志

既然活动可以在一个应用上下文中至多存在一个实例，那么可以将一个活动设置成共享的活动，只存在一个实例，多个应用共享同一个实例，singleInstance 就解决了这个问题。

singleInstance 是活动四种启动模式中最复杂的一种，不同于其他的三种模式，singleInstance 会启用一个新的返回栈来管理这个活动，不管哪个应用程序来访问这个活动都共用同一个返回栈。

与前面三种启动方式不同，在进行测试 singleInstance 启动模式时，需要把当前活动所属的任务编号一起输出。代码如下：

```
protected void onCreate(Bundle savedInstanceState) {
    super.onCreate(savedInstanceState);
    Button button = new Button(this);
    button.setText(TAG + ":" + (++count));
    setContentView(button);
    button.setOnClickListener(this);
    Log.d(TAG, "onCreate: " + this.toString() + " taskID:" + getTaskId());
}
```

最后要更改活动的启动模式为 singleInstance。

```
<activity android:name=".SingleInstanceActivity"
        android:launchMode="singleInstance"/>
```

通过执行后的日志，可以发现当启动一个以 singleInstance 模式启动的活动时，系统会重新分配一个任务，且当该活动实例存在时，不会再创建新的实例。执行结果如图 2.12 所示。

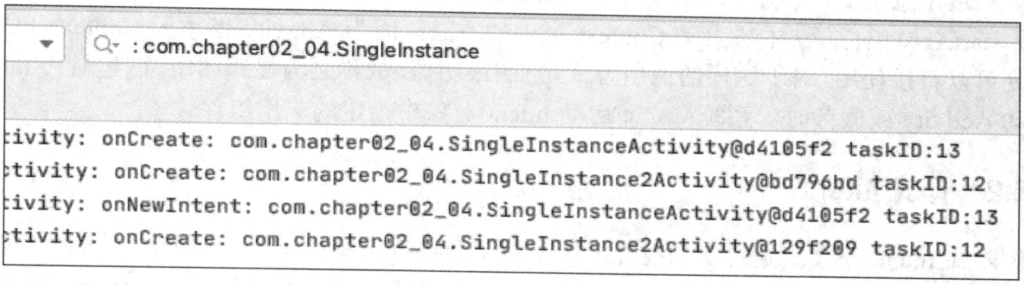

```
: com.chapter02_04.SingleInstance

tivity: onCreate: com.chapter02_04.SingleInstanceActivity@d4105f2 taskID:13
tivity: onCreate: com.chapter02_04.SingleInstance2Activity@bd796bd taskID:12
tivity: onNewIntent: com.chapter02_04.SingleInstanceActivity@d4105f2 taskID:13
tivity: onCreate: com.chapter02_04.SingleInstance2Activity@129f209 taskID:12
```

图 2.12 singleInstance 模式运行日志

2.6 意 图

在 Android 中传递信息需要使用意图(Intent)，当系统表达出某种意图后，系统就会做相应的处理，意图就是传递信息的“信使”。

Intent 是一个消息传递对象，可以用来向其他应用组件请求操作。尽管 Intent 可以通过多种方式实现组件之间的通信，但其基本用例主要包括以下三个：

(1) 启动 Activity。通过将 Intent 传递给 startActivity()方法，可以启动新的 Activity 实例。Intent 描述了要启动的 Activity，并携带了任何必要的数据。在 Activity 的 onActivityResult()方法回调中，Activity 将结果作为单独的 Intent 对象接收。

(2) 启动 Service。Service 是一个不使用用户界面而在后台执行操作的组件。通过将 Intent

传递给 startService()方法，可以启动服务，执行一次性操作(如：下载文件)。如果服务旨在使用客户端—服务器接口，则通过将 Intent 传递给 bindService()，可以从其他组件绑定到此服务。

(3) 传递广播。广播是任何应用均可接收的消息。系统将针对系统事件(例如：系统启动或设备开始充电)传递各种广播。通过将 Intent 传递给 sendBroadcast()、sendOrderedBroadcast()或 sendStickyBroadcast()可以将广播传递给其他应用。

意图可以分为两类：显式 Intent 和隐式 Intent。

2.6.1 显式 Intent

如果按名称(完全限定类名)指定要启动的组件。通常，用户会在自己的应用中使用显式 Intent 来启动组件，这是因为我们知道要启动的 Activity 或服务的类名。例如，启动新 Activity 以响应用户操作，或者启动服务以在后台下载文件。

显式 Intent 就是明确地向系统表达需要做某件事的意图，目标确定。在活动的生命周期示例中，通过设置 Intent 构造方法的形参为指定的活动类，打开了新的活动，类似这样的调用方式就是显式的调用。

```
Intent intent = new Intent(BootActivity.this, NormalActivity.class);
startActivity(intent);
```

Intent 有多个构造方法的重载，有一个是 Intent(Context context, Class<?> clazz)。这个构造方法接收两个参数，第一个参数是启动活动的上下文，第二个参数是要启动的目标活动。构造出意图后，调用 Activity 中的 startActivity()方法即可启动目标活动。需要注意的是，startActivity()方法本质上是 Context 类中的方法，因为 Activity 继承了 Context，所以此处可以直接使用。对于这样的调用方式，意图很明显，故称之为显式调用。创建显式 Intent 启动 Activity 或服务时，系统将立即启动 Intent 对象中指定的应用组件。

2.6.2 隐式 Intent

隐式 Intent 不会指定特定的组件，而是声明要执行的操作，从而使用可以执行该操作的组件来处理它。例如，如需在地图上向用户显示位置，则可以使用隐式 Intent，请求另一具有此功能的应用在地图上显示指定的位置。隐式 Intent 可以隐晦地向系统表达出想要做某件事的意图，到底如何做，由操作系统选择。

创建隐式 Intent 时，Android 系统通过将 Intent 的内容与在设备上其他应用的清单文件中声明的 Intent 过滤器进行比较，从而找到要启动的相应组件。如果 Intent 与 Intent 过滤器匹配，则系统将启动该组件，并向其传递 Intent 对象。如果多个 Intent 过滤器兼容，则系统会显示一个对话框，支持用户选取要使用的应用。

在实际应用开发中，隐式 Intent 是很常见的调用方式。以打开一个网页为例，只需要向系统发送一个打开网页的意图，并不需要关心系统使用何种浏览器打开，这时隐式 Intent 就非常实用，只需要编写如下代码就可以让系统打开网页。

```
Intent intent = new Intent(Intent.ACTION_VIEW);
intent.setData(Uri.parse("http://www.baidu.com"));
startActivity(intent);
```

在使用隐式 Intent 时，需要注意的是，在设备上可能没有任何应用处理发送到 startActivity()的隐式 Intent。当出现这种情况时，调用会失败，并且应用会崩溃，因此在使用隐式 Intent 之前，最好先使用 Intent 对象的 resolveActivity()方法进行验证。如果结果为非空，则至少有一个应用能够处理该 Intent，且可以安全调用 startActivity()方法。如果结果为空，则不应使用该 Intent。如有可能，应该停用发出该 Intent 的功能。

```
Intent intent = new Intent(Intent.ACTION_VIEW);
intent.setData(Uri.parse("http://www.baidu.com"));
if (intent.resolveActivity(getPackageManager()) != null) {
    startActivity(intent);
}
```

如果有多个应用响应隐式 Intent，则用户可以选择要使用的应用，并将其设置为该操作的默认选项，但是，如果多个应用可以响应 Intent，且用户可能希望每次使用不同的应用，则应采用显式方式显示选择器对话框。选择器对话框每次都会要求用户选择用于操作的应用(用户无法为该操作选择默认应用)。要显示选择器，可以使用 createChooser()方法创建 Intent，并将其传递给 startActivity()。代码如下：

```
Intent intent = new Intent(Intent.ACTION_VIEW);
intent.setData(Uri.parse("http://www.baidu.com"));
String title = getResources().getString(R.string.app_name);
Intent chooser = Intent.createChooser(intent, title);
if (intent.resolveActivity(getPackageManager()) != null) {
    startActivity(chooser);
}
```

2.7 参数传递

在前面的所有活动示例中，都只是进行了简单的启动，在开发中会遇到启动新活动时向活动传递参数的需求，下面就来看看如何实现活动间的参数传递。

2.7.1 向下一个活动传递参数

在 Intent 中，有很多重载的 putExtra()方法，可以使用该方法向 Intent 中添加附加数据，在需要获得参数的活动中通过 getIntent()方法即可获得 Intent 对象。代码如下：

```
public class AddActivity extends AppCompatActivity {
    protected void onCreate(Bundle savedInstanceState) {
        super.onCreate(savedInstanceState);
        TextView view = new TextView(this);
        view.setTextSize(TypedValue.COMPLEX_UNIT_SP, 40);
        setContentView(view);
        Intent intent = getIntent();
```

```
        int num1 = intent.getIntExtra("num1", 0);
        int num2 = intent.getIntExtra("num2", 0);
        int addResult = num1 + num2;
        view.setText(MessageFormat
                .format("{0}+{1}={2}", num1, num2, addResult));
    }
}
```

上述代码中，创建了一个名为 AddActivity 的活动，该活动用于计算两个整数的和。首先通过 getIntent()方法获得传递给活动的 Intent 对象，然后调用 Intent 对象的 getIntExtra()方法获得传递的参数，最终将计算结果显示出来。在向活动传递参数时，可以直接调用 Intent 对象的 putExtra()方法添加需要传递的参数信息。代码如下：

```
Intent intent = new Intent(this, AddActivity.class);
intent.putExtra("num1", 3);
intent.putExtra("num2", 2);
startActivity(intent);
```

上述代码向下一个活动界面传递了两个参数，值分别为 3 和 2，打开活动后，就可以看到 AddActivity 中显示的计算结果，如图 2.13 所示。

3+2=5

图 2.13 计算结果

2.7.2 向上一个活动返回参数

有时，用户不仅希望在打开新活动的时候传递参数，还希望在子活动结束后可以返回处理结果。比如，在调用系统的相机进行拍照时，在拍照结束后，希望相机对应的活动可以返回一些拍摄的照片的信息，这就要求活动可以向上一个活动返回参数。

如果用户希望新打开的活动在结束时可以返回参数，那么需要使用 startActivityForResult(Intent intent, int reqestCode)方法。该方法接收两个参数：第一个参数为需要启动活动的 Intent 对象；第二个参数为请求码，用于标识请求，请求码的取值应大于或等于 0，在参数返回时可用于区分子活动。另外，在第一个活动中，还需要重写 onActivityResult(int requestCode, int resultCode, Intent data)方法，该方法会在子活动结束后回调执行，通过该方法，可以获得回传的参数。在子活动结束之前，需要调用 setResult(int resultCode, Intent data)设置结果状态以及回传的数据，常用的 resultCode 的值为 RESULT_OK 和 RESULT_CANCELED，分别代表成功和取消。下面对 AddActivity 进行改造，使其可以向上返回结果。代码如下：

```
protected void onCreate(Bundle savedInstanceState) {
    super.onCreate(savedInstanceState);
```

```
    TextView view = new TextView(this);
    view.setTextSize(TypedValue.COMPLEX_UNIT_SP, 40);
    setContentView(view);
    Intent intent = getIntent();
    int num1 = intent.getIntExtra("num1", 0);
    int num2 = intent.getIntExtra("num2", 0);
    int addResult = num1 + num2;
    view.setText(MessageFormat
        .format("{0}+{1}={2}", num1, num2, addResult));
    Intent result = new Intent();
    result.putExtra("result", addResult);
    setResult(RESULT_OK, result);
}
```

上述代码，完成了 AddActivity 活动的改造，计算完成后面创建一个新的 Intent 对象，并向该对象中添加计算结果，最后通过 setResult()设置结果。要想获得计算结果，在打开活动时，需要使用 startActivityForResult()。代码如下：

```
Intent intent = new Intent(this, AddActivity.class);
intent.putExtra("num1", 3);
intent.putExtra("num2", 2);
startActivityForResult(intent, 1);
```

最后，需要重写 onActivityResult()方法，在该方法中对子活动返回的结果进行处理。代码如下：

```
protected void onActivityResult(int requestCode, int resultCode, Intent data) {
   super.onActivityResult(requestCode, resultCode, data);
   if (resultCode == RESULT_OK && requestCode == 1) {
     Log.d(getClass().getSimpleName(),
          "onActivityResult: " + data.getIntExtra("result", 0));
   }
}
```

当 onActivityResult()方法被触发时，需要判断结果码与请求码是否一致，然后做相应的处理，接收活动返回结果时，可能会有不同的分支情况，这时可以通过请求码进行标记，然后在结果中对其进行区分处理。

2.8 案例与思考

在日常使用 Android 设备时，如果复制了一串数字，部分软件会提示是否需要拨打电话。本节将使用意图演示在 Android 程序中如何实现拨打电话。

在 Android 中拨打电话有两种形式：第一种是利用系统中的电话应用进行拨号，需要拨打电话的应用将电话号码信息通过意图进行传递；第二种方式是应用直接拨打电话，该方式同样需要使用意图进行电话号码的传递。区别在于：直接拨打电话时，需要向 Android 系统申请拨打电话权限，用户授权后方可使用，否则调用会失败。这两种调用方式大同小异，下面将使用第一种方式进行演示。首先创建一个新的 Android 项目，修改主活动代码，当应用启动后，自动唤醒电话应用以实现拨打电话的效果，参考代码如下：

```
public class MainActivity extends AppCompatActivity {
    protected void onCreate(Bundle savedInstanceState) {
        super.onCreate(savedInstanceState);
        setContentView(R.layout.activity_main);
        Intent intent = new Intent(Intent.ACTION_DIAL);
        Uri data = Uri.parse('tel:1008611');
        intent.setData(data);
        startActivity(intent);
    }
}
```

图 2.14　拨打电话

使用意图拨打电话，首先需要构建一个 Intent 对象，“Intent.ACTION_DIAL”表示显示电话拨号面板，即手机中的电话应用的拨号面板。在显示拨号面板时，可以将需要拨打的电话号码使用以 tel:开头的方式解析为一个 URI 对象，最后调用 Context 类的 startActivity()方法，将自定义的 Intent 对象作为参数进行传递。代码修改完成后运行程序，会自动跳转到电话拨号面板界面，如图 2.14 所示。

如果读者不希望跳转到电话拨号面板，可以尝试采用直接拨打电话的方式。参考代码如下：

```
public class MainActivity extends AppCompatActivity {
    protected void onCreate(Bundle savedInstanceState) {
        super.onCreate(savedInstanceState);
        setContentView(R.layout.activity_main);
        Intent intent = new Intent(Intent.ACTION_CALL);
        Uri data = Uri.parse('tel:1008611');
        intent.setData(data);
        startActivity(intent);
    }
}
```

直接拨打电话与使用拨号面板的区别在于：创建意图时将“Intent.ACTION_DIAL”替换为“Intent.ACTION_CALL”，最后在 Android 的清单文件中添加相应的权限即可。

```
<uses-permission android:name="android.permission.CALL_PHONE" />
```

由于上述两种方式实现方式相同，读者可自行尝试，此处不再赘述。

习 题

一、选择题

1. 关于 activity，下列描述错误的是(　　)。

A. activity 是 Android 四大组件之一

B. activity 通常用于开启一个广播事件

C. activity 像一个界面管理员，用户在界面上的操作是通过 activity 来管理

D. activity 有四种启动模式

2. Intent intent = new Intent(Intent.ACTION.VIEW, Uri.parse("https://www.baidu.com")) 的作用是(　　)。

A. 发送短信　　B. 查看 baidu 源代码

C. 发送 Email　　D. 在浏览器中浏览百度网页

3. Android 中下列属于 Intent 的作用的是(　　)。

A. 处理一个应用程序整体性的工作

B. 是一段长的生命周期，没有用户界面的程序，可以保持应用在后台运行，而不会因为切换页面而消失

C. 实现应用程序间的数据共享

D. 可以实现界面间的切换，可以包含动作和动作数据，连接四大组件的纽带

4. Activity 的默认启动模式是(　　)。

A. standard　　B. singleTop

C. singleTask　　D. singleInstance

5. 下列不属于活动生命周期的回调方法是(　　)。

A. onCreate　　B. onStart

C. onShow　　D. onStop

二、简答题

1. 简述什么是 Activity，Activity 的作用是什么？

2. 简述如何使用 Intent 进行参数传递。

3. 简述活动生命周期。

三、应用题

1. 创建 Activity 并设置显示内容为“你好！Android！”。

2. 分别创建两个活动 A、B，在活动 A 中获取当前系统时间，将时间传递到活动 B 并通过信息级别日志进行打印。

第三章 用户界面开发

一个可操作的应用离不开与用户的交互。例如，电脑访问一个网站，通过鼠标键盘与网站进行交互，或者打开聊天工具，都需要人机操作，应用的用户界面包含用户可查看并与之交互的所有内容。第二章使用 Java 代码创建活动的内容视图控件，本章将介绍另一种在实际开发中常用的方式，即使用布局资源进行用户图形界面开发，通过用户界面开发丰富活动内容，使人机交互更加友好。

本章学习目标：

1. 熟练掌握 Android 常用控件的用法；
2. 熟练掌握 Android 常用布局的用法；
3. 熟练掌握 Android 菜单的使用方法；
4. 了解如何进行事件处理；
5. 了解适配器的优化方法。

3.1 View

View 作为所有视图控件的基类，是首先需要学习了解的控件。在布局资源文件中，View 的编写方式如下：

```
<View android:layout_width="wrap_content"
      android:layout_height="wrap_content" />
```

这里用到了布局宽度和布局高度两个属性。在 View 中，常用的属性配置如下：

(1) android:id 表示控件编号，是 View 在同一个布局资源中的唯一标识，可以在 Activity 中通过 findViewById 方法获取该组件。在某些布局中，比如相对布局，也可以通过该属性进行布局定位。

(2) android:layout_width 表示布局宽度，可以使用 wrap_content、match_parent、fill_parent 或自定义大小来定义。wrap_content 表示该控件将尽可能适应内容的大小，在可用空间范围内，随着内容宽度的增加而增加；match_parent 表示该控件将在父容器中尽可能地占据最大的空间，随着父容器宽度的增加而增加；fill_parent 作用和 match_parent 一致，现在已经废弃；自定义大小表示通过固定的值设置控件的宽度，如 100 dp。在自定义大小时可以使用如下单位：

① px：像素(pixels)，即屏幕上的像素点，1 px 代表占据一个像素点。

② dp：独立像素(device independent pixels)，是使用最多的一种单位，一般来说在布局文件中定义控件的宽高等属性时都会使用它。它是一种能够自动适应不同屏幕密度的单

位，在 160 dpi 的屏幕上，1 dp = 1 px。由于 Android 碎片化严重，使用它作为长度单位可以适配不同的屏幕密度。

③ sp：比例像素(scaled pixels)，在定义字体大小时，一般都会使用 sp 作单位。sp 除了能够像 dp 一样可以适应屏幕密度的变化，还可以随着系统字体的大小设置改变作出变化。

④ in：英寸(inch)，屏幕的物理尺寸，1 in = 2.54 cm。

⑤ pt：点(point)，也是屏幕的物理尺寸，1 pt = 1/72 in。

⑥ mm：毫米(millimeter)。

在上述单位中，in、pt、mm 都是物理尺寸，在 Android 开发中不常用。正常情况下，获得的尺寸如果是 px，要将其转换为 dp 或 sp。

(3) android:layout_height 表示布局高度，使用方式和 android:layout_width 一致。

(4) android:background 表示控件背景颜色，可以通过十六进制颜色编码字符串设置或者引用颜色常量资源。

(5) android:visibility 表示该属性用于控制控件的显示/隐藏状态，可用值有 gone、visible 和 invisible 三种。其中 visible 为正常显示控件，gone 与 invisible 是隐藏控件，二者的区别在于：使用 gone 时，不仅会隐藏控件，同时不会保留控件所占用的屏幕空间，invisible 仅仅是隐藏，屏幕空间依然保留。

除了上述属性外，View 中还存在大量的其他属性，比如边距、填充等，由于篇幅原因就不一一介绍。因为 View 是控件的基类，所以所有控件都可以使用这些属性。例如，如果需要一个纯色背景且匹配父控件的视图控件，就可以这样写：

```
<View
    android:layout_width="match_parent"
    android:layout_height="match_parent"
    android:background="@android:color/darker_gray" />
```

如果通过 Java 代码创建视图控件，那么可以直接获得控件对象。使用布局资源时，需要先通过 Activity 类的 setContentView(ing resId)方法将布局资源设置为活动的内容，然后通过 findViewById(int id)方法获得指定编号的控件，该方法返回的对象类型为 View，可以通过强制类型转换转换为实际的控件对象(也可以利用泛型的特性直接获得相应类型的控件)，接下来的操作和使用 Java 代码创建的控件使用方式相同。

3.2 常用控件

3.2.1 TextView

TextView 是一个用于显示文本的控件，可以用其在界面上显示一些说明文字。TextView 的基本用法如下：

```
<TextView android:layout_width="match_parent"
    android:layout_height="wrap_content"
```

```
android:text="This is a TextView" />
```

默认情况下，TextView 中的文字会居左显示，如图 3.1 所示。

图 3.1 默认 TextView 显示

通过 android:gravity 可以改变其默认行为，比如将其修改为居中和居右显示可以将该值修改为 center 或 right，如图 3.2 所示。

```
<TextView
    android:layout_width="match_parent"
    android:layout_height="wrap_content"
    android:gravity="center"
    android:text="This is a TextView" />
<TextView
    android:layout_width="match_parent"
    android:layout_height="wrap_content"
    android:gravity="right"
    android:text="This is a TextView" />
```

图 3.2 TextView 不同对齐方式

有时，不仅仅是显示一段文字，还需要识别出文字中的链接类型，用户点击后触发相应的操作(如打开指定网页、发送邮件等)，这时，可以使用 android:autoLink 属性。该属性可以在文字中出现 URL、E-mail、电话号码、地图，点击文字中对应的部分，就可以跳转至某个默认 APP。如下面代码所示，点击地址后，系统会自动打开默认浏览器访问对应的链接。

```
<TextView
    android:layout_width="match_parent"
    android:layout_height="wrap_content"
    android:text="http://www.baidu.com"
    android:autoLink="web"/>
```

除了显示普通的文本外，TextView 还预定义了类似于 HTML 的标签，通过这些标签，可以使 TextView 显示不同的字体、图片或链接。通过 Html.fromHtml()方法将文本转换为可识别的 HTML 代码，比如实现上面同样的效果，代码可以如下编写：

```
TextView html = (TextView) this.findViewById(R.id.html);
html.setText(Html.fromHtml(
    "<a href=\"http://www.baidu.com\">http://www.baidu.com</a>",
    Html.FROM_HTML_MODE_LEGACY));
html.setMovementMethod(LinkMovementMethod.getInstance());
```

再次运行代码，会发现显示效果与使用 android:autoLink 属性效果一致。需要注意的是：必须调用 setMovementMethod()方法进行设置，否则超链接显示效果相同，但是无法触发打开浏览器访问该地址。

3.2.2 EditText

EditText 是一个可编辑的文本控件，即文本输入框，通常用于文本信息的采集，与

TextView 最大的区别在于可以接受用户的输入，效果如图 3.3 所示。

```
<EditText android:layout_width="match_parent"
    android:layout_height="wrap_content"
    android:hint="This is a EditText" />
```

图 3.3　EditText 默认效果

这是一个最基本的 EditText，仅仅设置了提示信息。EditText 默认是多行显示的，支持自动换行，当一行显示不完全时，可以自动切换到下一行。通过配置更改 EditText 默认行为，android:singleLine 属性可以定义 EditText 是否只允许单行输入。在多行模式下，可以通过 android:maxLines 与 android:minLines 设置 EditText 允许的最大行数与最小行数，当内容超过最大允许行数后，文字会自动向上滚动，如图 3.4 所示。

```
<EditText
    android:layout_width="match_parent"
    android:layout_height="wrap_content"
    android:hint="This is a EditText"
    android:singleLine="true" />
<EditText
    android:layout_width="match_parent"
    android:layout_height="wrap_content"
    android:hint="This is a EditText"
    android:maxLines="5"
    android:minLines="2" />
```

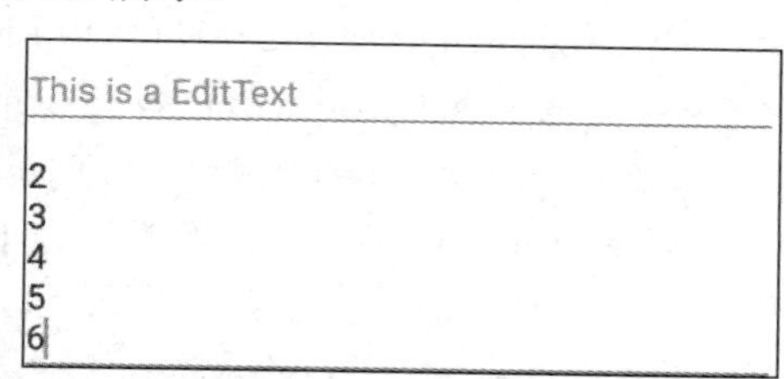

图 3.4　EditText 多行输入

3.2.3　Button

Button 是一个按钮，本质上也是一个文本框。TextView 侧重于显示信息，Button 侧重于处理点击事件，与用户交互，如图 3.5 所示。Button 常用的属性与 TexteView 相同。

```
<Button
    android:layout_width="match_parent"
    android:layout_height="wrap_content"
    android:text="Button" />
```

BUTTON

图 3.5　Button 默认效果

在 Android 5.0 之后 Button 文本会默认转为大写，如果不需要开启，可通过 android:textAllCaps 属性将其关闭，如图 3.6 所示。

```
<Button
    android:layout_width="match_parent"
    android:layout_height="wrap_content"
    android:text="Button"
    android:textAllCaps="false" />
```

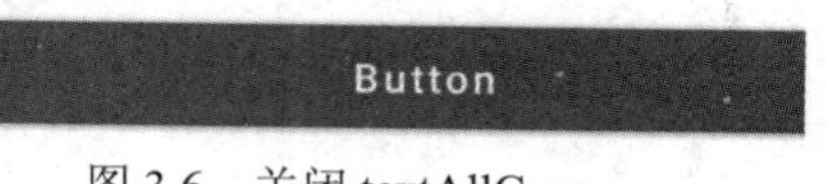

图 3.6　关闭 textAllCaps

对于按钮而言，除了显示文本以外，还有一个非常重要的功能就是响应用户的点击事件。当然，用户点击事件并不是按钮独有的，只是通常会使用按钮来响应用户的点击事件。处理点击事件有两种形式：

(1) 在 XML 中通过 android:onClick 属性绑定。

(2) 在 Java 中通过 setOnClickListener 方法绑定。

```
<Button
  android:layout_width="match_parent"
  android:layout_height="wrap_content"
  android:text="XML Click"
  android:onClick="handleButtonClick" />
<Button
  android:id="@+id/javaBtn"
  android:layout_width="match_parent"
  android:layout_height="wrap_content"
  android:text="JAVA Click" />
```

对应 Activity 部分代码修改为如下形式：

```
public class ButtonActivity extends AppCompatActivity {
  protected void onCreate(Bundle savedInstanceState) {
    super.onCreate(savedInstanceState);
    setContentView(R.layout.activity_button);
    Button javaBtn = findViewById(R.id.javaBtn);
    javaBtn.setOnClickListener(new View.OnClickListener() {
      public void onClick(View view) {
        ButtonActivity.this.handleButtonClick(view);
      }
    });
  }
  public void handleButtonClick(View v) {
    Log.d(this.getClass().getSimpleName(),
        "点击了: " + ((Button) v).getText());
  }
}
```

运行项目代码，观察控制台的日志输出，如图 3.7 所示。

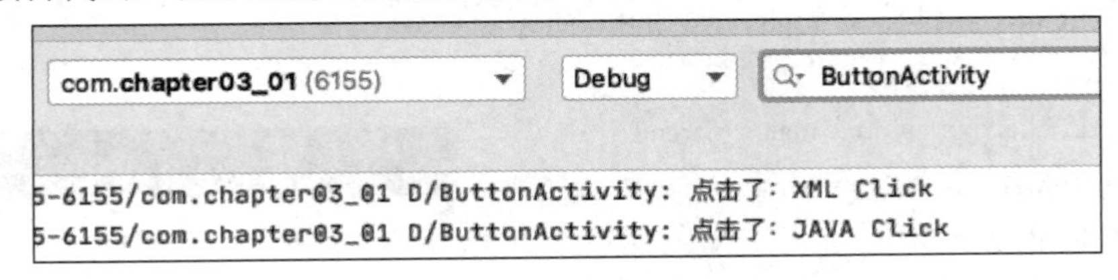

图 3.7 按钮响应的运行日志

3.2.4 ImageView

ImageView 用于显示图片，并且可以对图片进行缩放显示，如图 3.8 所示。

```
<ImageView android:layout_width="wrap_content"
    android:layout_height="wrap_content"
    android:src="@mipmap/ic_launcher" />
```

图 3.8 ImageView 默认效果

通过 android:src 属性可以设置 ImageView 需要展示的图片内容。默认情况下，ImageView 不会改变原图的大小，从左上角开始绘图，当图片内容超出 ImageView 控件大小时会进行裁剪，若要改变这种行为，可以搭配 ImageView 的缩放类型属性，使图片适应 ImageView 控件，可用值如下：

(1) fitXY：对图像的横向与纵向进行独立缩放，使得该图片完全适应 ImageView，但是图片的横纵比可能会发生改变。

(2) fitStart：保持纵横比缩放图片，直到较长的边与 Image 的边长相等，缩放完成后将图片放在 ImageView 的左上角。

(3) fitCenter：保持纵横比缩放图片，直到较长的边与 Image 的边长相等，缩放完成后将图片放在 ImageView 的中间。

(4) fitEnd：保持纵横比缩放图片，直到较长的边与 Image 的边长相等，缩放完成后将图片放在 ImageView 的右下角。

(5) center：保持原图的大小，显示在 ImageView 的中心。当原图的尺寸大于 ImageView 的尺寸时，超出的部分要做裁剪处理。

(6) centerCrop：保持纵横比缩放图片，直到完全覆盖 ImageView，可能会出现图片的显示不完全。

(7) centerInside：保持横纵比缩放图片，直到 ImageView 能够完全显示图片。

(8) matrix：默认值，不改变原图的大小，从 ImageView 的左上角开始绘制原图，原图超过 ImageView 的部分要做裁剪处理。

使用 ImageView 时，有一个属性需要特别注意，即 android:background 与 android:src 都可以设置图片，但是两者有一些区别：background 指的是控件背景，src 指的是 ImageView 的内容。使用 src 可以按照缩放类型进行拉伸，background 会根据 ImageView 的尺寸进行拉伸填充，如图 3.9 所示。

图 3.9 src 与 background 的区别

3.2.5 ProcessBar

ProgressBar 是一个进度条，最常见的是圆形进度条和水平进度条两种状态。圆形进度条用于提示用户正在加载，水平进度条侧重于显示加载进度。

```
<ProgressBar android:layout_width="match_parent"
    android:layout_height="wrap_content" />
```

默认情况下，ProcessBar 会显示为圆形的加载状态，如图 3.10 所示。

图 3.10　ProcessBar 默认效果

与其他属性不同的是，如果希望 ProcessBar 渲染成水平进度条，需要使用 style 属性，该属性并不需要添加 android:。

```
<ProgressBar
    android:layout_width="match_parent"
    android:layout_height="wrap_content"
    style="?android:attr/progressBarStyleHorizontal"/>
```

简单地将 ProcessBar 设置为水平状态是没有意义的。通常情况下 ProcessBar 都会有加载进度，可以通过 android:max 与 android:progress 属性定义 ProcessBar 的最大值和当前进度值，如图 3.11 所示。

```
<ProgressBar
    style="?android:attr/progressBarStyleHorizontal"
    android:layout_width="match_parent"
    android:layout_height="wrap_content"
    android:max="100"
    android:progress="50" />
```

图 3.11　ProcessBar 水平样式

3.2.6 ListView

ListView 是一个列表，也是常用控件中非常重要的一个控件。在手机软件中，列表的身影随处可见，如 QQ 联系人、文件列表、应用商店等。相较于其他控件，列表也是一个比较复杂的控件，与 ListView 类似的控件还有 GridView。ListView 显示的是列表，GridView 显示的是网格，二者的用法基本相同。ListView 也属于控件容器，一个列表是由若干个列表项组成的，因此在使用列表时，需要为其创建列表项。在列表中，通过 ListView 的 setAdapter(ListAdapter adapter)方法设置列表所需的适配器。采用适配器的方式将数据模型关联到列表上。

```
<ListView
    android:id="@+id/list"
    android:layout_width="match_parent"
    android:layout_height="match_parent" />
```

在布局资源中添加 ListView，且宽和高都适应父控件，那么列表项如何添加？

为 ListView 添加列表项不是通过布局文件直接添加的，而是需要使用适配器(Adapter)进行添加。在 Android 中，很多控件都使用了适配器，它就是将数据映射到 ListView 上的中介。用户只需要调用 ListView 控件的 setAdapter()方法就可以为其设置适配器，同时也就设置了列表项。ListView 所需要的适配器必须实现 android.widget.ListAdapt 接口。用户经常会使用 android.widget.BaseAdapter 类来丰富适配器的功能，BaseAdapter 实现了 ListAdapt 接口，为了便于进行简单的列表展现，Android 提供了几个简单的适配器：ArrayAdapter、SimpleCursorAdapter 和 SimpleAdapter。

ArrayAdapter 可以将一个数据集合或数组作为列表中的列表项显示。例如：

```
public class ArrayAdapterListViewActivity extends AppCompatActivity {
    protected void onCreate(Bundle savedInstanceState) {
        super.onCreate(savedInstanceState);
        setContentView(R.layout.activity_list_view);
        ListView list = (ListView) findViewById(R.id.list);
        List<String> data = new ArrayList<String>();
        for (int i = 1; i <= 10; i++) {
            data.add("ITEM " + i);
        }
        ArrayAdapter<String> adapter = new ArrayAdapter<String>(this,
                android.R.layout.simple_expandable_list_item_1, data);
        list.setAdapter(adapter);
    }
}
```

ArrayAdapter 有多个构造方法，这里通过 ArrayAdapter(Context context, int resource, List<T> objects)构建了一个 ArrayAdapter 实例。该构造方法接收三个参数：第一个参数为应用上下文；第二个参数为列表项的布局资源的编号，android.R.layout.simple_expandable_list_item_1 是 Android 自带的一个资源，本质上就是一个 TextView；第三个参数是适配器需要映射的数据，运行结果如图 3.12 所示。

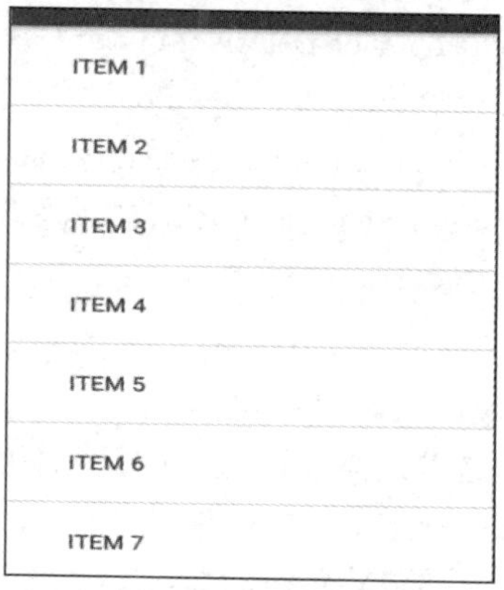

ITEM 1
ITEM 2
ITEM 3
ITEM 4
ITEM 5
ITEM 6
ITEM 7

图 3.12　ArrayAdapter 效果

SimpleCursorAdapter 用于把从游标得到的数据进行列表显示，并把指定的列映射到对应的 TextView 中。游标就是从数据库中查询出来的结果集，后面章节会介绍数据库的相关内容。下面来介绍 SimpleCursorAdapter 的用法。例如：

```
public class SimpleCursorAdapterListViewActivity extends AppCompatActivity {
    private ListView list;
    protected void onCreate(Bundle savedInstanceState) {
        super.onCreate(savedInstanceState);
        setContentView(R.layout.activity_list_view);
        list = (ListView) findViewById(R.id.list);
        Cursor cursor = this.getContentResolver()
            .query(ContactsContract.Contacts.CONTENT_URI, null, null, null, null);
        SimpleCursorAdapter adapter = new SimpleCursorAdapter(this,
                    android.R.layout.simple_list_item_1, cursor,
            new String[]{ContactsContract.Data.DISPLAY_NAME},
            new int[]{android.R.id.text1}, 0);
            list.setAdapter(adapter);
        }
}
```

首先使用 getContentResolver()方法获得内容解析器，然后查询联系人信息获得游标对象。使用该方法获得的游标对象将交由 Activity 管理，不需要主动关闭。需要注意的是：使用这种方法设置可能会造成 UI 线程阻塞，导致界面卡顿。这里只是演示 SimpleCursorAdapter 的用法，如果需要考虑到性能，可以使用 getLoaderManager()方法获得 LoaderManager 对象对游标进行管理。此时会发现程序会无法运行，如图 3.13 所示。

图 3.13　停止运行

查看 LogCat 的错误日志，可以看到如下信息：

```
java.lang.SecurityException: Permission Denial: opening provider
com.android.providers.contacts.ContactsProvider2 from
ProcessRecord{40cecb4 11296:com.chapter03_01/u0a77} (pid=11296,
uid=10077) requires android.permission.READ_CONTACTS or
android.permission.WRITE_CONTACTS
```

这是由于 Android 系统出于安全的考虑，有权限的限制。用户在访问联系人信息时需要添加相关的权限，否则将出现错误。在错误提示中已经说明，需要 READ_CONTACTS 或 WRITE_CONTACTS 权限，这里只需要读入，因此只需添加 READ_CONTACTS 权限，添加权限也是在 AndroidManifest.xml 文件中配置的。

```
<uses-permission android:name="android.permission.READ_CONTACTS" />
```

再次运行程序，会发现程序依然不能运行。在 Android API23 之后，Android 对权限的申请做了重大改变，避免了权限的滥用，仅仅在清单文件中申请权限是不够的，需要调用 requestPermissions(String[] permissions, int requestCode)方法申请权限，由用户确定是否授予应用相关权限。将编译版本和目标版本配置更改为 22 或 22 以下，就不需要再次申请权限了，但这种做法是不推荐的。接下来对 Activity 代码进行改造，主动申请相关权限。首先将加载联系人的代码逻辑写成如下方法：

```
private void loadContacts() {
    Cursor cursor = this.getContentResolver()
            .query(ContactsContract.Contacts.CONTENT_URI, null, null, null, null);
    SimpleCursorAdapter adapter = new SimpleCursorAdapter(this,
                android.R.layout.simple_list_item_1, cursor,
            new String[]{ContactsContract.Data.DISPLAY_NAME},
            new int[]{android.R.id.text1}, 0);
    list.setAdapter(adapter);
}
```

活动创建完成后，需要先判断所需权限是否已经授权。如已有该权限，则可以直接调用 loadContacts()方法加载联系人信息；如果尚未授权，则需要申请权限。代码如下：

```
private void requestLoadContactsPermission() {
    if (ContextCompat.checkSelfPermission(this, Manifest.permission.READ_CONTACTS) ==
            PackageManager.PERMISSION_GRANTED) {
        loadContacts();
    } else {
        ActivityCompat.requestPermissions(this,
                new String[]{Manifest.permission.READ_CONTACTS}, 1);
    }
}
```

和活动的生命周期回调类似，申请权限的结果也有相应的方法进行处理，这个方法就是 onRequestPermissionsResult()，因此需要重写该方法，在方法中判断是否授权，如用户同意授权则加载信息。

```
public void onRequestPermissionsResult(int requestCode, String[] permissions, int[] grantResults) {
    for (int result: grantResults) {
        if (result != PackageManager.PERMISSION_GRANTED) {
            return;
        }
    }
    loadContacts();
}
```

最后只需要在 onCreate()方法中调用 requestLoadContactsPermission()方法即可，修改后的代码如下：

```
protected void onCreate(Bundle savedInstanceState) {
    super.onCreate(savedInstanceState);
    setContentView(R.layout.activity_list_view);
    list = (ListView) findViewById(R.id.list);
    requestLoadContactsPermission();
}
```

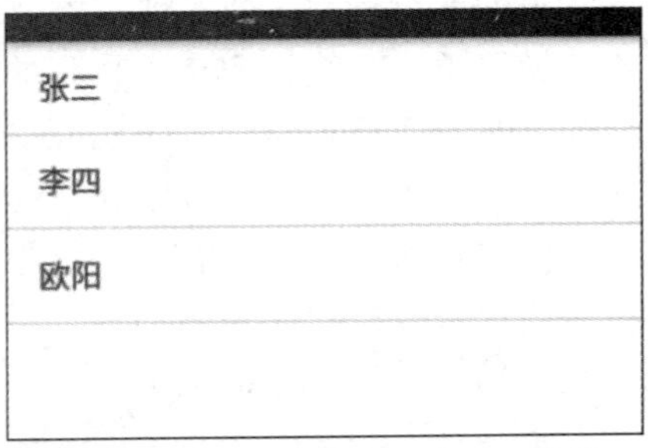

运行结果如图 3.14 所示。

张三
李四
欧阳

图 3.14 SimpleCursorAdapter 效果

相较于上述两种适配器，SimpleAdapter 的扩展性最好，可以定义各种各样的布局，可以放上 ImageView(图片)，还可以放上 Button(按钮)、CheckBox(复选框)等，代码如下：

```
public class SimpleAdapterListViewActivity extends AppCompatActivity {
    protected void onCreate(Bundle savedInstanceState) {
        super.onCreate(savedInstanceState);
        setContentView(R.layout.activity_list_view);
        ListView list = (ListView) findViewById(R.id.list);
        List<Map<String, Object>> data = new ArrayList<>();
        for (int i = 1; i <= 10; i++) {
            Map<String, Object> item = new HashMap<>();
            item.put("text", "SIMPLE ITEM " + i);
            data.add(item);
        }
        SimpleAdapter adapter = new SimpleAdapter(this, data,
                android.R.layout.simple_list_item_1, new String[]{"text"},
                new int[]{android.R.id.text1});
        list.setAdapter(adapter);
    }
}
```

运行结果如图 3.15 所示。

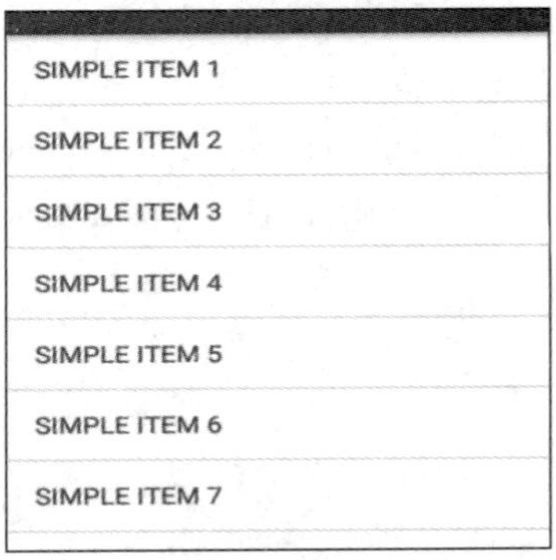

SIMPLE ITEM 1
SIMPLE ITEM 2
SIMPLE ITEM 3
SIMPLE ITEM 4
SIMPLE ITEM 5
SIMPLE ITEM 6
SIMPLE ITEM 7

图 3.15 SimpleAdapter 效果

在 SimpleAdapter 中，需要指定控件对应的数据，数据的每一项为一个 Map 对象，SimpleAdapter 通过控件与 Map 中键的对应关系完成数据的适配，可以解决大部分问题。

前面介绍的三种适配器都继承了 BaseAdapter。如果 Android 默认提供的适配器无法满足需求，也可以选择直接继承 BaseAdapter 实现特殊的功能。在实际开发应用时，大多数情况下都是通过继承 BaseAdapter 来编写适配器。

下面通过继承 BaseAdapter 实现 SimpleAdapter 同样的列表，首先编写适配器，代码如下：

```
class MyAdapter extends BaseAdapter {
```

```
    private Context mContext;
    private List<String> datas = null;
    public MyAdapter(Context mContext, List<String> datas) {
        this.mContext = mContext;
        this.datas = datas;
    }
    public int getCount() {
        return datas.size();
    }
    public String getItem(int position) {
        return datas.get(position);
    }
    public long getItemId(int position) {
        return position;
    }
    public View getView(int position, View convertView, ViewGroup parent) {
        View v = LayoutInflater.from(mContext)
        .inflate(android.R.layout.simple_list_item_1, null);
        String item = getItem(position);
        ((TextView) v).setText(item);
        return v;
    }
}
```

编写自己的适配器 MyAdapter，该适配器继承自 BaseAdapter。getCount 方法用于返回列表项的个数，这里集合的大小就是列表项的个数；getItem 方法用于获得指定索引处的列表项；getItemId 方法用于获得指定索引处列表项的 id，通常直接将索引作为 id 返回；getView 方法是最重要的方法，用于返回指定索引位置的列表项控件。为了保持与 SimpleAdapter 效果一致，可以直接通过 LayoutInflater 加载 simple_list_item_1 布局作为列表项，最后将自己的适配器作为列表的适配器，代码如下：

```
ListView list = (ListView) findViewById(R.id.list);
List<String> data = new ArrayList<String>();
for (int i = 1; i <= 10; i++) {
    data.add("BASE ITEM " + i);
}
MyAdapter adapter = new MyAdapter(this, data);
list.setAdapter(adapter);
```

BASE ITEM 1
BASE ITEM 2
BASE ITEM 3
BASE ITEM 4
BASE ITEM 5
BASE ITEM 6
BASE ITEM 7

图 3.16　自定义适配器

运行结果如图 3.16 所示。

虽然运行之后的效果和使用 SimpleAdapter 的效果一样，但是这个适配器存在一个很严重的问题。在 getView 方法中每次都会创建新的控件，当列表项较多时，列表项在显示隐藏时会频繁地创建与销毁，占用较多资源，列表出现卡顿，性能低下。针对这种情况，应该避免重复创建控件，因此对于自定义 BaseAdapter 的性能优化，主要是针对 getView 方法的优化。在 getView 方法中，有一个参数 convertView，代表的是指定索引位置已经创建的控件，可以重复使用而不需要每次创建新的对象，因此更进一步的代码写法如下：

```
public View getView(int position, View convertView, ViewGroup parent) {
    View view;
    if (convertView == null) {
        view = LayoutInflater.from(mContext)
                .inflate(android.R.layout.simple_list_item_1, null);
    } else {
        view = convertView;
    }
    String item = getItem(position);
    ((TextView) view).setText(item);
    return view;
}
```

稍作修改后，适配器的性能会有所提升，简单的列表项控件这样做是可以的，但是对于复杂的列表项控件，这样的写法还是有问题的。当用户要对列表项控件内的控件进行操作时，每次都是通过 findViewById()方法查找控件，会牺牲一定的性能。可以通过 ViewHolder 类来持有控件对象进一步优化列表适配器的性能，避免每次都要查找。

```
public View getView(int position, View convertView, ViewGroup parent) {
    ViewHolder holder;
    if (convertView == null) {
        convertView = LayoutInflater.from(mContext)
                .inflate(android.R.layout.simple_list_item_1, null);
        holder = new ViewHolder();
        holder.textView = (TextView)convertView;
        convertView.setTag(holder);
    } else {
        holder = (ViewHolder) convertView.getTag();
    }
    String item = getItem(position);
    holder.textView.setText(item);
    return convertView;
}
class ViewHolder {
    TextView textView;
}
```

经过优化，提高了列表适配器的性能。上面的优化案例仅仅是为了演示如何进行调优，使用了比较简单的列表项进行操作。实际应用中，列表项控件比较复杂时，需要在ViewHolder中定义对应的控件对象，在创建完ViewHolder对象后，使用convertView的findViewById()方法获得相应的对象并赋值给ViewHolder实例对象。

3.2.7 RecyclerView

在开发Android应用时，列表会使用ListView，网格会使用GridView。在使用这些组件时，需要将一部分精力放在性能优化上，而且使用较为复杂。为了解决这个问题，Android推出了RecyclerView。RecyclerView通过设置不同的LayoutManager、ItemDecoration、ItemAnimator可以实现列表、瀑布流的效果。利用高度解耦的“插拔式”设计，开发者可以仅需要少量的代码调整实现对RecyclerView的高度定制。

```
<androidx.recyclerview.widget.RecyclerView
  android:id="@+id/recyclerView"
  android:layout_width="match_parent"
  android:layout_height="match_parent" />
```

假如想要使用RecyclerView实现一个基本的列表，即ListView的效果，那么可以编写如下代码：

```
public class RecyclerViewActivity extends AppCompatActivity {
  protected void onCreate(Bundle savedInstanceState) {
    super.onCreate(savedInstanceState);
    setContentView(R.layout.activity_recycler_view);
    List<String> data = new ArrayList<String>();
    for (int i = 1; i <= 10; i++) {
      data.add("RECYCLER ITEM " + i);
    }
    RecyclerView recyclerView = findViewById(R.id.recyclerView);
    LinearLayoutManager layoutManager = new LinearLayoutManager(this);
    recyclerView.setLayoutManager(layoutManager);
    RecyclerViewAdapter adapter = new RecyclerViewAdapter(this, data);
    recyclerView.setAdapter(adapter);
  }
  class RecyclerViewAdapter extends RecyclerView.Adapter<RecyclerViewAdapter.MyViewHolder> {
    protected Context mContext;
    private List<String> datas = null;
    public RecyclerViewAdapter(Context mContext, List<String> datas) {
      this.mContext = mContext;
      this.datas = datas;
```

```
        }
        public MyViewHolder onCreateViewHolder(ViewGroup parent, int viewType) {
            View view = LayoutInflater.from(mContext)
                    .inflate(android.R.layout.simple_list_item_1, null);
            return new MyViewHolder(view);
        }
        public void onBindViewHolder(MyViewHolder holder, int position) {
            holder.textView.setText(this.datas.get(position));
        }
        public int getItemCount() {
            return this.datas.size();
        }
        public class MyViewHolder extends RecyclerView.ViewHolder {
            public TextView textView;
            public MyViewHolder(View itemView) {
                super(itemView);
                textView = (TextView) itemView;
            }
        }
    }
}
```

运行结果如图 3.17 所示。

在 RecyclerView 属性中，最重要的是设置布局管理器和适配器。使用布局管理器，可以改变 RecyclerView 的显示形态，这里使用的是线性布局管理器(LinearLayoutManager)，除此之外还有 GridLayoutManager 和 StaggeredGridLayoutManager，分别为网格布局和瀑布流。还可以通过 setItemAnimator()方法和 addItemDecoration()方法分别设置子项添加或删除动画和添加子项分割线。

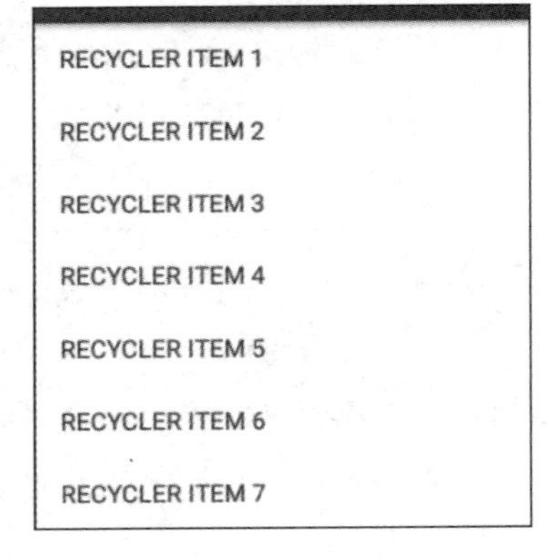

图 3.17 RecyclerView 效果

使用 ListView 时，适配器继承的是 BaseAdapter。RecyclerView 的适配器需要继承 RecyclerView.Adapter 类，该类做了子项的缓存工作，可以使我们更加高效地操作，使用该适配器，需要创建一个 Holder 类，用于持有子项布局中的控件，例如上面实现代码中的 MyViewHolder。另外，还需要实现三个抽象方法：onCreateViewHolder()方法用于创建并返回 Holder 对象，onBindViewHolder()用于为 Holder 对象中持有的控件设置相关属性，getItemCount()用于返回子项的个数。在实际的开发中，RecyclerView 已成为一个高质量的 ListView 的替代解决方案。

3.3 常用布局

前面介绍的常用控件都是单个控件，一个漂亮的界面会包含多个控件，这时就需要使用布局来排列组合这些控件。布局本质上也是控件，继承自 ViewGroup。下面介绍 Android 中几种常用的布局。

3.3.1 线性布局

LinearLayout 是线性布局，顾名思义，线性布局中的控件按照指定方向，水平或垂直线性排列。默认情况下，线性布局的布局方向为从左向右的水平方向。如果想要改变布局方向，可以设置 android:orientation 属性。该属性有两个值，即 horizontal 和 vertical，分别代表水平布局和垂直布局。代码如下：

```
<?xml version="1.0" encoding="utf-8"?>
<LinearLayout
    xmlns:android="http://schemas.android.com/apk/res/android"
    android:layout_width="match_parent"
    android:layout_height="match_parent"
    android:orientation="vertical">
    <LinearLayout
        android:layout_width="match_parent"
        android:layout_height="wrap_content">
        <Button
            android:layout_width="wrap_content"
            android:layout_height="wrap_content"
            android:text="Button1" />
        <Button
            android:layout_width="wrap_content"
            android:layout_height="wrap_content"
            android:text="Button2" />
        <Button
            android:layout_width="wrap_content"
            android:layout_height="wrap_content"
            android:text="Button3" />
    </LinearLayout>
    <LinearLayout
        android:layout_width="match_parent"
        android:layout_height="wrap_content"
```

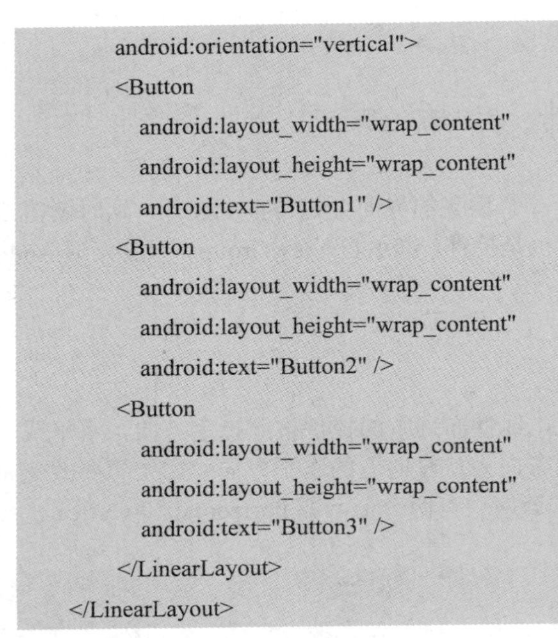

```
        android:orientation="vertical">
        <Button
            android:layout_width="wrap_content"
            android:layout_height="wrap_content"
            android:text="Button1" />
        <Button
            android:layout_width="wrap_content"
            android:layout_height="wrap_content"
            android:text="Button2" />
        <Button
            android:layout_width="wrap_content"
            android:layout_height="wrap_content"
            android:text="Button3" />
    </LinearLayout>
</LinearLayout>
```

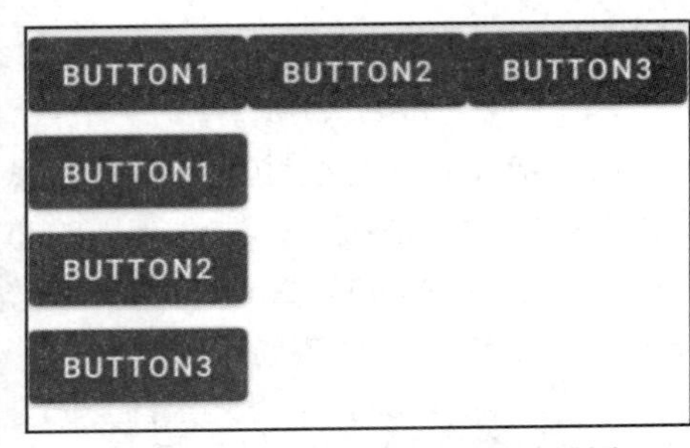

图 3.18　LinearLayout 布局效果图

运行结果如图 3.18 所示。

在线性布局中，控件可用的一个非常重要的属性为 layout_weight，表示控件在布局方向上的权重。比如为第一个按钮添加该属性，并设置其值为 1，则第一按钮在布局方向上会尽可能地占据可用空间。代码如下：

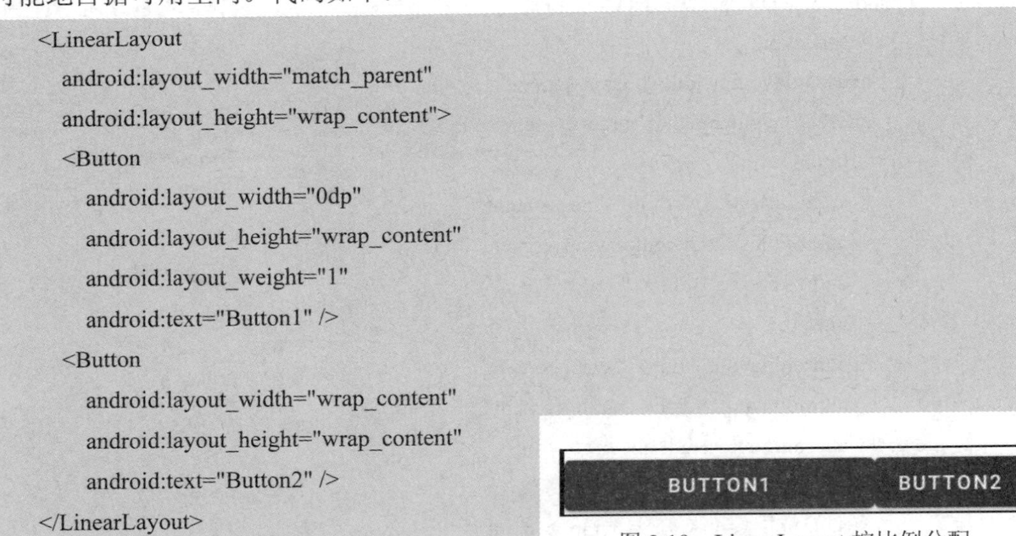

```
<LinearLayout
    android:layout_width="match_parent"
    android:layout_height="wrap_content">
    <Button
        android:layout_width="0dp"
        android:layout_height="wrap_content"
        android:layout_weight="1"
        android:text="Button1" />
    <Button
        android:layout_width="wrap_content"
        android:layout_height="wrap_content"
        android:text="Button2" />
</LinearLayout>
```


图 3.19　LinearLayout 按比例分配

运行结果如图 3.19 所示。

可以将权重理解成在布局方向上所占剩余空间的比例，该值为一个非负的小数或整数，默认为 0。如果将三个按钮的权重设置为同一个值，则按钮将会平均分布。通常情况下，当一个线性布局内的控件设置 layout_weight 属性后，布局方向上的尺寸会设置为 0 dp。例如，线性布局的布局方向为水平布局，那么在为控件设置 layout_weight 属性后，应修改 layout_width 属性为 0 dp。

3.3.2 相对布局

RelativeLayout 是相对布局。在相对布局中，控件的位置由其参照物决定，用户可以设置控件间的位置关系。默认情况下，控件以相对布局的左上角作为参照位置，可以使用一些属性更改默认方式。

第一种情况是以相对布局作为参照物。如果将相对布局作为控件的参照物，可以设置控件在布局中的相对位置。例如，欲使控件在相对布局中居中显示，可以设置控件的layout_centerInParent 属性为“true”。相较于线性布局，相对布局中控件的位置比较随意。代码如下：

```
<?xml version="1.0" encoding="utf-8"?>
<RelativeLayout
  xmlns:android="http://schemas.android.com/apk/res/android"
  android:layout_width="match_parent"
  android:layout_height="match_parent">
  <Button
    android:layout_width="wrap_content"
    android:layout_height="wrap_content"
    android:layout_alignParentLeft="true"
    android:layout_alignParentTop="true"
    android:text="Button1" />
  <Button
    android:layout_width="wrap_content"
    android:layout_height="wrap_content"
    android:layout_alignParentRight="true"
    android:layout_alignParentTop="true"
    android:text="Button2" />
  <Button
    android:layout_width="wrap_content"
    android:layout_height="wrap_content"
    android:layout_alignParentBottom="true"
    android:layout_alignParentLeft="true"
    android:text="Button3" />
  <Button
    android:layout_width="wrap_content"
    android:layout_height="wrap_content"
    android:layout_alignParentBottom="true"
    android:layout_alignParentRight="true"
    android:text="Button4" />
  <Button
```

```
    android:layout_width="wrap_content"
    android:layout_height="wrap_content"
    android:layout_centerInParent="true"
    android:text="Button5" />
</RelativeLayout>
```

运行结果如图 3.20 所示。

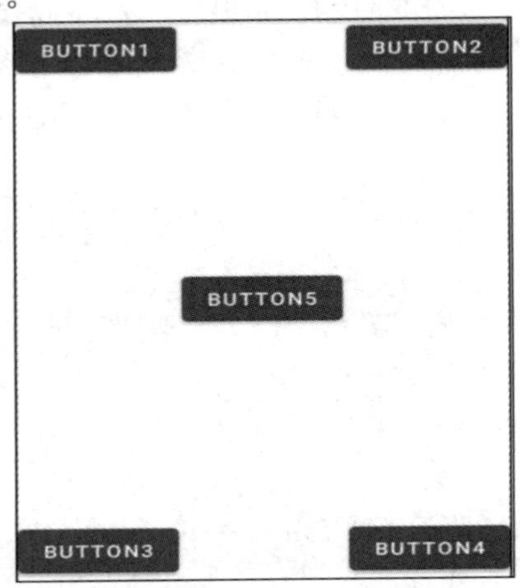

图 3.20 以相对布局作为参照物

参照效果图，很容易就可以理解布局中属性的作用。在上面的布局中，使用了 android:layout_alignParentLeft、android:layout_alignParentTop、android:layout_alignParentRight、android:layout_alignParentBottom 和 android:layout_centerInParent 控制控件在布局中的相对位置。另外，还可以通过 android:layout_centerHorizontal 和 android:layout_centerVertical 控制控件在布局中水平居中和垂直居中。

第二种情况是以控件作为参照物。在相对布局中，控件不仅可以以布局作为参照物，还可以以控件作为参照物，被作为参照物的控件必须设置 ID 属性。代码如下：

```
<?xml version="1.0" encoding="utf-8"?>
<RelativeLayout
  xmlns:android="http://schemas.android.com/apk/res/android"
  android:layout_width="match_parent"
  android:layout_height="match_parent">
  <Button
    android:layout_width="wrap_content"
    android:layout_height="wrap_content"
    android:layout_above="@+id/button5"
    android:layout_toLeftOf="@+id/button5"
    android:text="Button1" />
  <Button
    android:layout_width="wrap_content"
    android:layout_height="wrap_content"
```

```
        android:layout_above="@+id/button5"
        android:layout_toRightOf="@+id/button5"
        android:text="Button2" />
    <Button
        android:layout_width="wrap_content"
        android:layout_height="wrap_content"
        android:layout_below="@+id/button5"
        android:layout_toLeftOf="@+id/button5"
        android:text="Button3" />
    <Button
        android:layout_width="wrap_content"
        android:layout_height="wrap_content"
        android:layout_below="@+id/button5"
        android:layout_toRightOf="@+id/button5"
        android:text="Button4" />
    <Button
        android:id="@+id/button5"
        android:layout_width="wrap_content"
        android:layout_height="wrap_content"
        android:layout_centerInParent="true"
        android:text="Button5" />
</RelativeLayout>
```

运行结果如图 3.21 所示。

图 3.21 以控件作为参照物

在这段布局中，将“BUTTON5”作为其他按钮的参照物。控件 layout_above 表示控件在参照控件的上方，控件 layout_toLeftOf 表示控件在参照控件的左边，控件 layout_below 和控件 layout_toRightOf 分别表示在参照控件的下边和右边。在相对布局中，还有一些其他属性可以设置控件的相对位置，读者可以自己去尝试一下。

3.3.3 帧布局

FrameLayout 是帧布局。如果理解了前面的两种布局，那么帧布局就比较简单了，因为在帧布局中，所有的控件都直接放在布局的左上角，后面添加的控件会覆盖之前的控件。代码如下：

```
<?xml version="1.0" encoding="utf-8"?>
<FrameLayout
    xmlns:android="http://schemas.android.com/apk/res/android"
    android:layout_width="match_parent"
    android:layout_height="match_parent">
    <TextView
```

```
        android:layout_width="200dp"
        android:layout_height="200dp"
        android:background="#919191"
        android:gravity="bottom|right"
        android:text="Text1" />
    <TextView
        android:layout_width="150dp"
        android:layout_height="150dp"
        android:background="#DEDEDE"
        android:gravity="bottom|right"
        android:text="Text2" />
    <TextView
        android:layout_width="100dp"
        android:layout_height="100dp"
        android:background="#CDB38B"
        android:gravity="bottom|right"
        android:text="Text3" />
</FrameLayout>
```

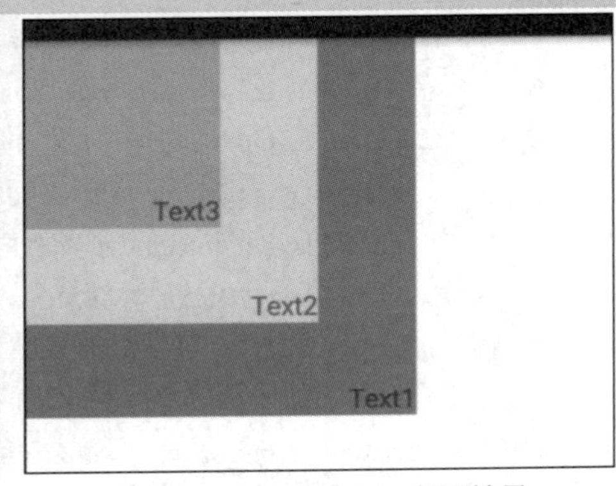

图 3.22 FrameLayout 布局效果

运行结果如图 3.22 所示。

3.3.4 约束布局

ConstraintLayout 是约束布局，主要是为了解决布局嵌套过多的问题，以灵活的方式定位和调整小部件。从 Android Studio 2.3 起，官方的模板默认使用 ConstraintLayout。ConstraintLayout 可以实现相对定位、角度定位等多种需求，灵活性好于 LinearLayout 和 RelativeLayout，且具备更高的性能。

相对定位是在 ConstraintLayout 中创建布局的基本形式之一，效果类似于 RelativeLayout，允许控件相对于父控件或另一个控件位置进行定位。代码如下：

```
<?xml version="1.0" encoding="utf-8"?>
<androidx.constraintlayout.widget.ConstraintLayout
    xmlns:android="http://schemas.android.com/apk/res/android"
    xmlns:app="http://schemas.android.com/apk/res-auto"
    xmlns:tools="http://schemas.android.com/tools"
    android:layout_width="match_parent"
    android:layout_height="match_parent"
    tools:context=".ConstraintLayoutActivity">
    <Button
        android:layout_width="wrap_content"
```

```
        android:layout_height="wrap_content"
        android:text="Button1"
        app:layout_constraintStart_toStartOf="parent"
        app:layout_constraintTop_toTopOf="parent" />
    <Button
        android:layout_width="wrap_content"
        android:layout_height="wrap_content"
        android:text="Button2"
        app:layout_constraintEnd_toEndOf="parent"
        app:layout_constraintTop_toTopOf="parent" />
    <Button
        android:layout_width="wrap_content"
        android:layout_height="wrap_content"
        android:text="Button3"
        app:layout_constraintBottom_toBottomOf="parent"
        app:layout_constraintStart_toStartOf="parent" />
    <Button
        android:layout_width="wrap_content"
        android:layout_height="wrap_content"
        android:text="Button4"
        app:layout_constraintBottom_toBottomOf="parent"
        app:layout_constraintEnd_toEndOf="parent" />
    <Button
        android:id="@+id/center"
        android:layout_width="wrap_content"
        android:layout_height="wrap_content"
        android:text="Button5"
        app:layout_constraintBottom_toBottomOf="parent"
        app:layout_constraintEnd_toEndOf="parent"
        app:layout_constraintStart_toStartOf="parent"
        app:layout_constraintTop_toTopOf="parent" />
    <Button
        android:layout_width="wrap_content"
        android:layout_height="wrap_content"
        android:text="Button6"
        app:layout_constraintBottom_toTopOf="@+id/center"
        app:layout_constraintEnd_toStartOf="@+id/center" />
    <Button
        android:layout_width="wrap_content"
```

```
        android:layout_height="wrap_content"
        android:text="Button7"
        app:layout_constraintBottom_toTopOf="@+id/center"
        app:layout_constraintStart_toEndOf="@+id/center" />
    <Button
        android:layout_width="wrap_content"
        android:layout_height="wrap_content"
        android:text="Button8"
        app:layout_constraintEnd_toStartOf="@+id/center"
        app:layout_constraintTop_toBottomOf="@+id/center" />
    <Button
        android:layout_width="wrap_content"
        android:layout_height="wrap_content"
        android:text="Button9"
        app:layout_constraintStart_toEndOf="@+id/center"
        app:layout_constraintTop_toBottomOf="@+id/center" />
</androidx.constraintlayout.widget.ConstraintLayout>
```

这个例子完成了与 RelativeLayout 同样的布局效果。需要注意的是：使用 ConstraintLayout 进行布局时，约束属性并不是以“android:”开头，而是以“app:”开头；同时，在布局资源文件中需要添加 xmlns:app="http://schemas.android.com/apk/res-auto"方可生效。运行结果如图 3.23 所示。

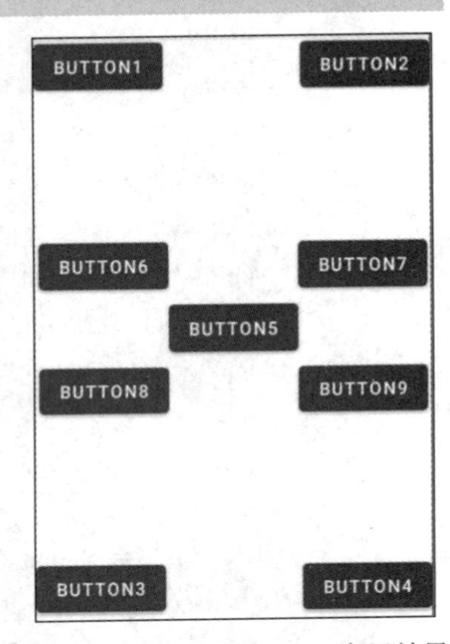

图 3.23　ConstraintLayout 布局效果

除了相对定位，使用 ConstraintLayout 还可以相对于另一个控件中心以一定角度和距离进行定位。可以使用以下属性进行配置：

(1) layout_constraintCircle：引用另一个控件 ID。

(2) layout_constraintCircleRadius：到另一个控件中心的距离。

(3) layout_constraintCircleAngle：控件应处于哪个角度(以度为单位，范围为 0°～360°)。

实例代码如下：

```
<?xml version="1.0" encoding="utf-8"?>
<androidx.constraintlayout.widget.ConstraintLayout
    xmlns:android="http://schemas.android.com/apk/res/android"
    xmlns:app="http://schemas.android.com/apk/res-auto"
    xmlns:tools="http://schemas.android.com/tools"
    android:layout_width="match_parent"
    android:layout_height="match_parent">
    <Button
        android:id="@+id/center"
```

```
        android:layout_width="wrap_content"
        android:layout_height="wrap_content"
        android:text="Ceneter"
        app:layout_constraintBottom_toBottomOf="parent"
        app:layout_constraintEnd_toEndOf="parent"
        app:layout_constraintStart_toStartOf="parent"
        app:layout_constraintTop_toTopOf="parent" />
    <Button
        android:layout_width="wrap_content"
        android:layout_height="wrap_content"
        android:text="0"
        app:layout_constraintCircle="@+id/center"
        app:layout_constraintCircleAngle="0"
        app:layout_constraintCircleRadius="100dp" />
    <Button
        android:layout_width="wrap_content"
        android:layout_height="wrap_content"
        android:text="45"
        app:layout_constraintCircle="@+id/center"
        app:layout_constraintCircleAngle="45"
        app:layout_constraintCircleRadius="100dp" />
    <Button
        android:layout_width="wrap_content"
        android:layout_height="wrap_content"
        android:text="90"
        app:layout_constraintCircle="@+id/center"
        app:layout_constraintCircleAngle="90"
        app:layout_constraintCircleRadius="100dp" />
    <Button
        android:layout_width="wrap_content"
        android:layout_height="wrap_content"
        android:text="135"
        app:layout_constraintCircle="@+id/center"
        app:layout_constraintCircleAngle="135"
        app:layout_constraintCircleRadius="100dp" />
    <Button
        android:layout_width="wrap_content"
        android:layout_height="wrap_content"
```

```
      android:text="182"
      app:layout_constraintCircle="@+id/center"
      app:layout_constraintCircleAngle="180"
      app:layout_constraintCircleRadius="100dp" />
    <Button
      android:layout_width="wrap_content"
      android:layout_height="wrap_content"
      android:text="225"
      app:layout_constraintCircle="@+id/center"
      app:layout_constraintCircleAngle="225"
      app:layout_constraintCircleRadius="100dp" />
    <Button
      android:layout_width="wrap_content"
      android:layout_height="wrap_content"
      android:text="270"
      app:layout_constraintCircle="@+id/center"
      app:layout_constraintCircleAngle="270"
      app:layout_constraintCircleRadius="100dp" />
    <Button
      android:layout_width="wrap_content"
      android:layout_height="wrap_content"
      android:text="315"
      app:layout_constraintCircle="@+id/center"
      app:layout_constraintCircleAngle="315"
      app:layout_constraintCircleRadius="100dp" />
</androidx.constraintlayout.widget.ConstraintLayout>
```

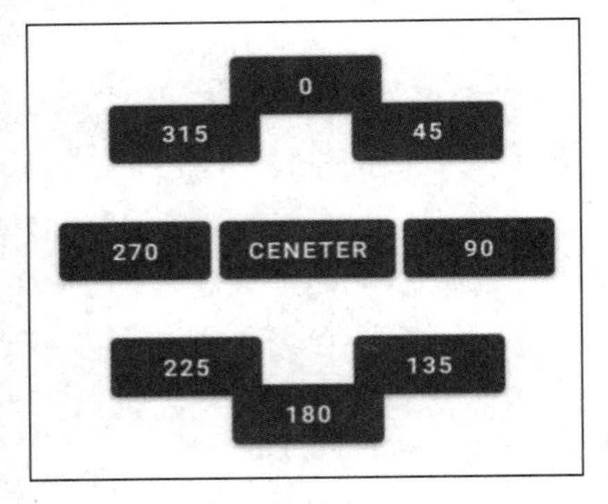

图 3.24　旋转角度

运行结果如图 3.24 所示。

上面的实例中，定义了一个在 ConstraintLayout 中居中显示的按钮，然后定义了 8 个按钮控件，距离 Center 的中心为 100 dp，然后使用 app:layout_constraintCircleAngle 分别以 0°、45°、90°、135°、180°、225°、270°、315° 进行分布。

3.4　通知提示

3.4.1　提示

Toast 是 Android 提供的“快显信息”类，在实际应用中运用得非常广泛，比如应用中“再按一次退出程序”提示等。Toast 的用法很简单，仅需要一行代码即可。例如：

```
Toast.makeText(this, "SHORT TOAST", Toast.LENGTH_SHORT).show();
```

运行结果如图 3.25 所示。

SHORT TOAST

图 3.25 Toast 效果

如果希望 Toast 显示时间长一点，可以将 Toast.LENGTH_SHORT 改成 Toast.LENGTH_LONG。

3.4.2 对话框

Toast 提示比较友好，但是并不能阻止用户继续操作。有时要给用户一些重要的提示，需要用户注意或者进行反馈，这种场景使用 Toast 就不合适了，可以选择对话框，用对话框实现与用户的交互，根据用户的选择进行不同的操作。

AlertDialog 是一个提示对话框，可以向用户显示一段提示信息，由用户决定如何操作。可以通过 AlertDialog.Builder 对象去构建 AlertDialog，代码如下：

```
AlertDialog.Builder dialog = new AlertDialog.Builder(this);
dialog.setTitle("我是一个对话框");
dialog.setMessage("重要信息提示");
dialog.setCancelable(false);
dialog.setPositiveButton("确定", new DialogInterface.OnClickListener() {
    public void onClick(DialogInterface dialog, int which) {
        Toast.makeText(MainActivity.this, "您选择了确定按钮",
                Toast.LENGTH_SHORT).show();
    }
});
dialog.setNegativeButton("取消", new DialogInterface.OnClickListener() {
    public void onClick(DialogInterface dialog, int which) {
        Toast.makeText(MainActivity.this, "您选择了取消按钮",
                Toast.LENGTH_SHORT).show();
    }
});
dialog.show();
```

这段代码，通过 setPositiveButton 设置提示对话框的“确定”按钮，通过 setNegativeButton 设置提示对话框的“取消”按钮。AlertDialog 还有一个按钮，因为不常用，所以这里就不做介绍了。需要注意的是：dialog.setCancelable(false);表示不允许通过返回键关闭对话框，这有助于更好地控制对话框。运行结果如图 3.26 所示。

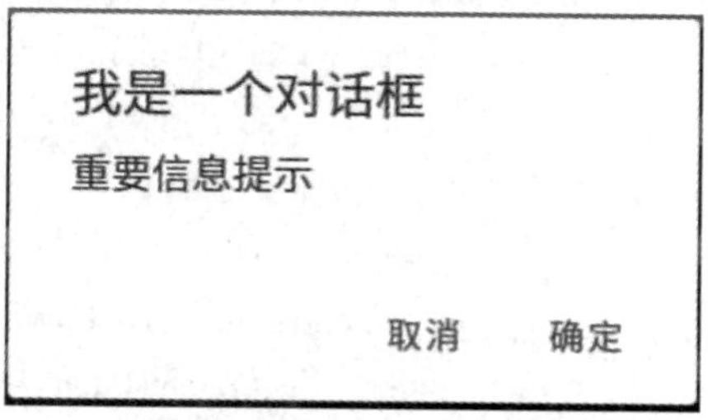

我是一个对话框
重要信息提示
取消 确定

图 3.26 AlertDialog 效果

ProgressDialog 和 AlertDialog 类似，都是弹出一个对话框，ProgressDialog 侧重于进度的提示，AlertDialog 侧重于重要操作的提示。ProgressDialog 在 API 26 中已经被标记为过时，不赞成使用，此处仅为了解。

```
ProgressDialog dialog = new ProgressDialog(this);
dialog.setTitle("进度对话框");
dialog.setMessage("加载中...");
dialog.show();
```

需要注意的是：因为这里设置了不允许返回键关闭对话框，所以当操作完成后，应该主动调用对话框的 dismisss 方法来关闭对话框，否则 ProgressDialog 将会一直存在。运行结果如图 3.27 所示。

进度对话框

加载中...

图 3.27　ProgressDialog 效果

3.4.3　状态栏提示

我们都用过 QQ、微信等社交工具，当程序在后台运行时，如果有消息送达，在状态栏会有消息提示，Notification 就是用于状态栏消息提示的组件。下面通过按钮来模拟状态栏消息的提示。代码如下：

```
NotificationChannel notificationChannel =
      new NotificationChannel("message","消息",
          NotificationManager.IMPORTANCE_HIGH);
NotificationManager notificationManager =
      (NotificationManager)this.getSystemService(
      Context.NOTIFICATION_SERVICE);
notificationManager.createNotificationChannel(notificationChannel);
NotificationCompat.Builder mBuilder =
      new NotificationCompat.Builder(this, "message")
         .setSmallIcon(R.mipmap.ic_launcher)
         .setContentTitle("My notification")
         .setAutoCancel(true)
         .setDefaults(Notification.DEFAULT_ALL)
         .setContentText("Hello World!");
Intent intent = new Intent(Intent.ACTION_VIEW);
intent.setData(Uri.parse("http://www.baidu.com"));
```

```
mBuilder.setContentIntent(PendingIntent.getActivity(this, 0,
        intent, PendingIntent.FLAG_UPDATE_CURRENT));
notificationManager.notify(0, mBuilder.build());
```

运行结果如图 3.28 所示。

图 3.28　Notification 效果

使用 Notification 首先需要获得 NotificationManager 对象，该对象作为系统的服务之一，要通过 getSystemService 方法获得。有了通知的管理器，就要构造通知的对象。NotificationCompat.Builde 是一个便捷的通知对象构造器，可以通过该对象构造器提供的方法快速地构造出用户需要的通知对象。

(1) setSmallIcon：用于设置通知的图标。

(2) setContentTitle：用于设置通知的标题。

(3) setAutoCancel：用于设置点击通知后，通知自动清除。

(4) setDefaults：设置通知到达后的默认行为，比如震动、铃声等。

(5) setContentText：用于设置通知的内容。

(6) setContentIntent：用于设置点击通知后需要做的操作，该方法接收一个 PendingIntent 对象。PendingIntent 与 Intent 的区别在于 PendingIntent 主要侧重于将要发生的意图，而 Intent 侧重于立即执行的意图。

在上面的示例中，当点击通知后，就可以访问百度的页面。因为本书是基于 Android 8.0 开发的，所以上面的代码和常规的状态栏提示代码有点区别，在 Android 8.0 中，使用 Notification 时，需要先创建 NotificationChannel，并将通道编号与通知进行绑定，否则会出现异常。

3.5　菜　　单

在 Android 手机中，有一个“Menu”键，当用户在应用中设置了菜单后，通过点击该键，就会呼出菜单，这种菜单叫选项菜单。除此之外，Android 中还有一种通过长按控件形式弹出的菜单，称之为上下文菜单。

3.5.1　选项菜单

使用选项菜单，先要创建菜单资源文件，可以在项目上右击，依次选择“New”→“Android resource file”，在弹出的对话框中填写菜单资源文件的相关信息来创建菜单资源。如图 3.29 所示。

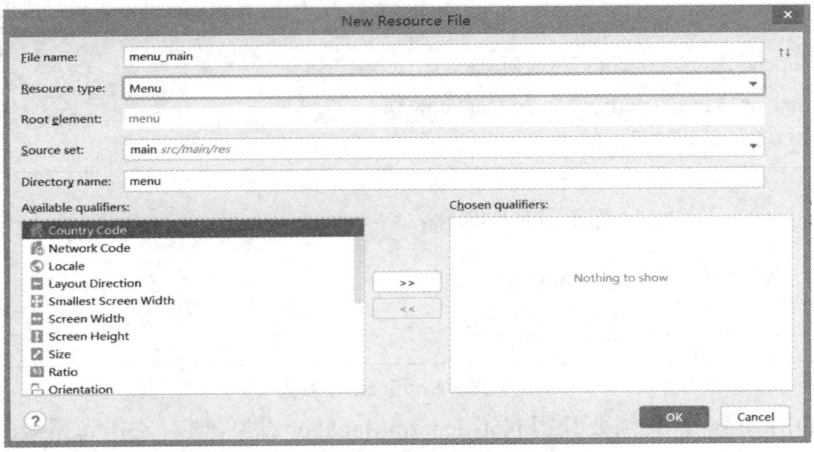

图 3.29　新建资源文件

```
<?xml version="1.0" encoding="utf-8"?>
<menu xmlns:android="http://schemas.android.com/apk/res/android">
    <item android:id="@+id/add" android:title="添加" />
    <item android:id="@+id/delete" android:title="删除" />
    <item android:id="@+id/info" android:title="信息" />
</menu>
```

在菜单资源文件中，添加了三个菜单项，菜单资源创建完成后，需要将其与 Activity 关联起来，只需在 Activity 中重写 onCreateOptionsMenu(Menu menu)方法即可，该方法会在活动首次创建菜单时执行。

```
public boolean onCreateOptionsMenu(Menu menu) {
    getMenuInflater().inflate(R.menu.menu_main, menu);
    return true;
}
```

在 onCreateOptionsMenu 方法中，通过 getMenuInflater 方法获得 MenuInflater 对象，并通过 inflate 方法将菜单资源设置到 menu 对象中，最后返回“true”，表示该活动存在菜单。运行程序，默认情况下，菜单不会显示，需要先按下菜单键呼出菜单。运行结果如图 3.30 所示。

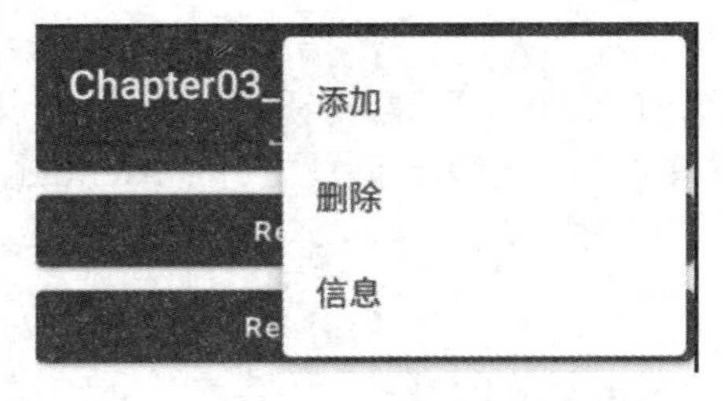

图 3.30　OptionsMenu 效果

现在只是让菜单可以正常显示，当点击菜单时并不会触发事件。常规的视图控件可以通过添加点击事件的监听来处理用户的点击事件。在菜单中，如果要处理点击菜单项的事件，需要重写 Activity 的 onOptionsItemSelected(MenuItem item)方法。代码如下：

```
public boolean onOptionsItemSelected(MenuItem item) {
    switch (item.getItemId()) {
        case R.id.add:
            Toast.makeText(this, "Add", Toast.LENGTH_SHORT).show();
            break;
        case R.id.delete:
            Toast.makeText(this, "Delete", Toast.LENGTH_SHORT).show();
            break;
        case R.id.info:
            Toast.makeText(this, "Info", Toast.LENGTH_SHORT).show();
        break;
    }
    return true;
}
```

通过 getItemId 方法获得菜单项的 ID 判断点击的是哪个菜单项，点击菜单后，屏幕上会弹出相应的 Toast 信息。在选项菜单中，允许为菜单项添加图标，可以通过 android:icon 进行指定。下面为添加按钮添加一个图标看看效果。

```
<item
    android:id="@+id/add"
    android:icon="@android:drawable/ic_input_add"
    android:title="添加" />
```

这里使用了 Android 系统自带的一个图标，运行后可以发现，效果和未添加图标是一样的，这并不是系统 Bug，也不是使用出了问题，这是因为在 Google 的设计中，对于使用频次比较高的菜单项，可以放在 ToolBar 或 ActionBar 中显示图标或文字，在弹出的更多菜单中，尽管已经设置了 icon 属性也不会显示。运行结果如图 3.31 所示。

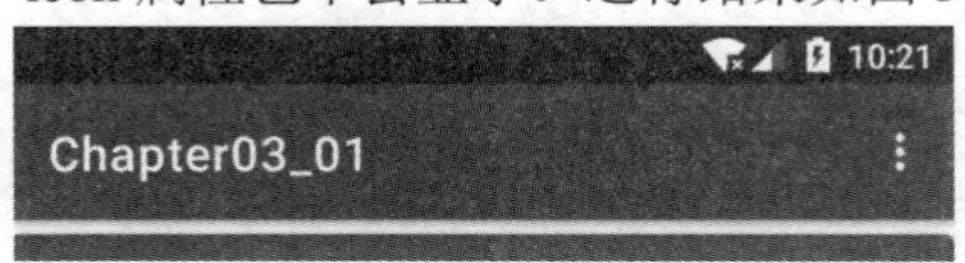

3.31 更多选项菜单

应用运行后，在界面的顶部显示标题的区域就是一个 ActionBar。添加选项菜单后，会在 ActionBar 显示一个用于呼出更多菜单的图标，直接点击该图标同样可以呼出选项菜单。将菜单项添加到 ActionBar 中是很容易的，只需要在菜单资源文件中添加 xmlns:app="http://schemas.android.com/apk/res-auto"命名空间，并使用 app:showAsAction 属性进行配置即可，修改后的菜单资源如下：

```
<?xml version="1.0" encoding="utf-8"?>
<menu xmlns:android="http://schemas.android.com/apk/res/android"
    xmlns:app="http://schemas.android.com/apk/res-auto">
    <item
        android:id="@+id/add"
```

```
        android:icon="@android:drawable/ic_input_add"
        android:title="添加"
        app:showAsAction="always" />
    <item    android:id="@+id/delete" android:title="删除" />
    <item android:id="@+id/info" android:title="信息" />
</menu>
```

重新运行，可以看到添加菜单项已经显示在 ActionBar 中了。运行结果如图 3.32 所示。这时再打开选项菜单，只会显示“删除”与“信息”两个菜单项了。

图 3.32　配置 ActionBar 菜单

上述代码中，app:showAsAction 支持的配置有以下几种，可以针对实际情况进行选择。

(1) always：一直显示在 ActionBar 上。

(2) collapseActionView：声明该属性后会将操作收缩到一个按钮中，一般要配合 ifRoom 一起使用。

(3) ifRoom：当 ActionBar 上有足够的空间时显示在 ActionBar 上。

(4) never：永远不显示在 ActionBar 上，只会出现在更多菜单中。

(5) withText：菜单的文本和图标一起显示。

3.5.2　上下文菜单

选项菜单是当点击“Menu”键或者点击 ActionBar 的更多菜单时自动呼出的。Android 中还有一种上下文菜单，也叫快捷菜单。通常需要对使用上下文菜单的控件进行注册，用户长按控件时可以呼出。与选项菜单类似，上下文菜单也有创建以及菜单项选中对应的方法。代码如下：

```
public void onCreateContextMenu(ContextMenu menu, View v,
    ContextMenu.ContextMenuInfo menuInfo) {
    getMenuInflater().inflate(R.menu.menu_main, menu);
}
public boolean onContextItemSelected(MenuItem item) {
    Toast.makeText(this,
            item.getTitle(), Toast.LENGTH_SHORT).show();
    return true;
}
```

这里同样使用菜单资源文件进行创建，也可以通过 menu 的 add 方法的直接添加菜单。准备好菜单的必要工作后，需要将使用该菜单的控件进行注册。这里以使用 ListView 为例，调用 registerForContextMenu 方法进行注册，当长按列表时，上下文菜单就会自动弹出。代码如下：

```
protected void onCreate(Bundle savedInstanceState) {
    super.onCreate(savedInstanceState);
    setContentView(R.layout.activity_list_view);
    ListView list = (ListView) findViewById(R.id.list);
    List<String> data = new ArrayList<String>();
    for (int i = 1; i <= 10; i++) {
        data.add("ITEM " + i);
    }
    ArrayAdapter<String> adapter =
            new ArrayAdapter<String>(this,
                    android.R.layout.simple_expandable_list_item_1, data);
    list.setAdapter(adapter);
    registerForContextMenu(list);
}
```

运行结果如图 3.33 所示。

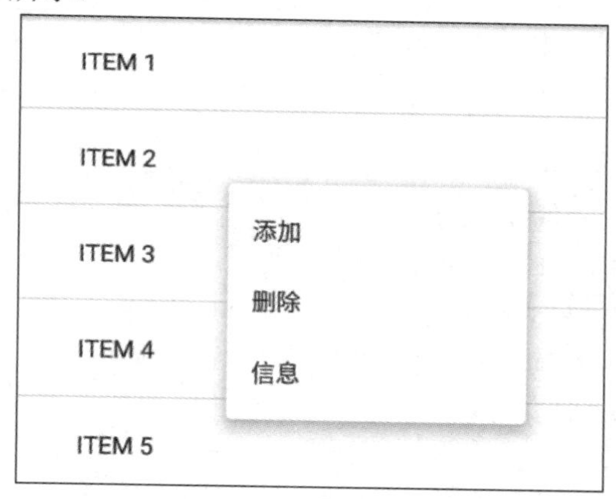

图 3.33 上下文菜单

在 ListView 中使用上下文菜单存在一个问题，即注册上下文菜单的是 ListView 控件，当用户点击菜单项后，如何与关联的列表项进行对应。解决这个问题需要借助 AdapterContextMenuInfo 进行处理，修改上下文菜单项选中回调方法。

```
public boolean onContextItemSelected(MenuItem item) {
    AdapterView.AdapterContextMenuInfo menuInfo =
            (AdapterView.AdapterContextMenuInfo) item.getMenuInfo();
    ArrayAdapter<String> adapter =
            (ArrayAdapter<String>) list.getAdapter();
    Toast.makeText(this,
            adapter.getItem(menuInfo.position) + " " + item.getTitle(),
                    Toast.LENGTH_SHORT).show();
    return true;
}
```

通过 MenuItem 对象的 getMenuInfo()方法可以获得 ContextMenuInfo 对象，仅需要将其强制转换为 AdapterContextMenuInfo，转换后对象的 position 属性即表示列表项的 position，可以直接通过该值获取 ListView 指定位置的列表项控件或数据。

3.6 自定义控件

Android 中虽然提供了大量的内置控件，但是依然会出现不满足实际需求的情况，Android 允许开发者自定义控件。下面介绍如何定义一个简单的控件。首先，创建一个布局文件作为自定义控件的布局。代码如下：

```
<?xml version="1.0" encoding="utf-8"?>
<LinearLayout
    xmlns:android="http://schemas.android.com/apk/res/android"
    android:layout_width="match_parent"
    android:layout_height="match_parent"
    android:gravity="center"
    android:orientation="vertical">
    <ImageView
        android:id="@+id/icon"
        android:layout_width="150dp"
        android:layout_height="150dp"
        android:scaleType="fitXY"
        android:src="@mipmap/ic_launcher" />
    <TextView
        android:id="@+id/title"
        android:layout_width="wrap_content"
        android:layout_height="wrap_content"
        android:text="This is a TextView"
        android:textSize="25sp" />
</LinearLayout>
```

在这个布局中，使用了 ImageView 和 TextView，然后定义一个 Java 类，使用该布局作为组件的内容。代码如下：

```
public class CustomView extends LinearLayout {
    private ImageView icon;
    private TextView title;
    public CustomView(Context context) {
        super(context);
        initView(context);
    }
```

```
    public CustomView(Context context, AttributeSet attrs) {
        super(context, attrs);
        initView(context);
    }
    public CustomView(Context context, AttributeSet attrs,
            int defStyleAttr) {
        super(context, attrs, defStyleAttr);
        initView(context);
    }
    private void initView(Context context) {
        LayoutInflater.from(context)
                .inflate(R.layout.view_custom, this);
        icon = (ImageView) findViewById(R.id.icon);
        title = (TextView) findViewById(R.id.title);
    }
    public ImageView getIcon() {
        return icon;
    }
    public TextView getTitle() {
        return title;
    }
}
```

在 CustomView 类中，使用 LayoutInflater 加载前创建的布局，然后提供相关组件的 getter。使用自定义的组件和使用系统的组件一样，可以直接通过全限定类名引用组件。代码如下：

```
<?xml version="1.0" encoding="utf-8"?>
<LinearLayout
    xmlns:android="http://schemas.android.com/apk/res/android"
    android:layout_width="match_parent"
    android:layout_height="match_parent">
    <com.chapter.view.CustomView
        android:layout_width="match_parent"
        android:layout_height="match_parent" />
</LinearLayout>
```

This is a TextView

图 3.34　自定义控件

运行结果如图 3.34 所示。

以上只是简单地介绍了自定义控件的一种方式，有时自定义控件会相对比较复杂，不仅可以将控件布局资源与控件类进行关联，还可以自定义属性、绘制等。下面对刚才的控件进行改造，增加文本颜色属性，允许自定义。首先需要在项目中添加一个 Value 资源，如图 3.35 所示。

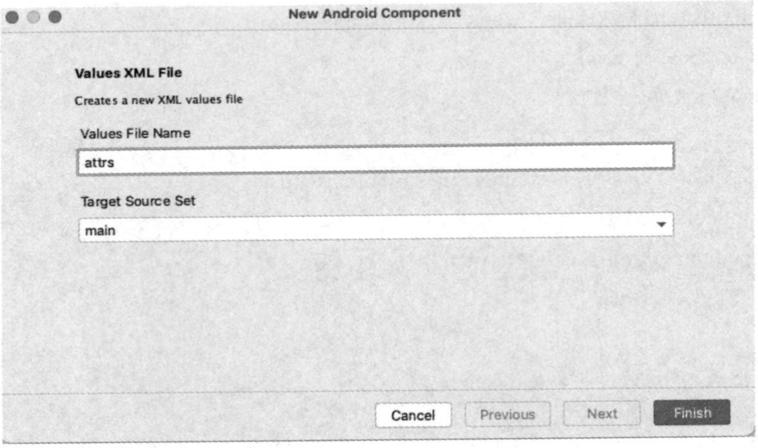

图 3.35　新建属性资源文件

在新建的资源文件中定义需要的属性。

```
<?xml version="1.0" encoding="utf-8"?>
<resources>
   <declare-styleable name="CustomView">
      <attr name="textColor" format="color" />
   </declare-styleable>
</resources>
```

自定义属性需要使用 declare-styleable 节点，name 表示自定义的名称，不要与其他名称冲突即可，用户可以使用自定义控件的名称作为自定义样式的名称。这里定义了一个 textColor 属性，格式化类型为颜色，format 可用值有：

- reference ：参考某一资源 ID。
- color：颜色值。
- boolean：布尔值。
- dimension：尺寸值。
- float：浮点值。
- integer：整形值。
- string：字符串。
- fraction：百分数。
- enum：枚举值。
- flag：位或运算。

定义好属性后，就可以在布局资源中进行设置。需要注意的是：虽然布局资源中对相关属性进行了设置，但是对于自定义控件而言并不知道该如何处理该属性，因此需要搭配控件代码，将自定义属性设置到对应控件的属性上。代码如下：

```
<?xml version="1.0" encoding="utf-8"?>
<LinearLayout
   xmlns:android="http://schemas.android.com/apk/res/android"
   xmlns:app="http://schemas.android.com/apk/res-auto"
```

```
    android:layout_width="match_parent"
    android:layout_height="match_parent">
    <com.chapter.view.CustomView
        android:layout_width="match_parent"
        android:layout_height="match_parent"
        app:textColor="#FF0000" />
</LinearLayout>
```

在自定义控件的实现中，可以通过如下方式获取自定义属性：

```
public CustomView(Context context, AttributeSet attrs) {
    super(context, attrs);
    initView(context);
    TypedArray array = context.obtainStyledAttributes(attrs, R.styleable.CustomView);
    int textColor = array.getColor(R.styleable.CustomView_textColor, Color.RED);
    this.title.setTextColor(textColor);
    array.recycle();
}
```

在控件的代码中，通过 Context 对象的 obtainStyledAttributes()方法获得指定的样式资源，然后使用对应的 getColor()、getBoolean()等方法获得对应属性值即可，运行结果如图 3.36 所示。

This is a TextView

图 3.36　自定义属性

3.7 事 件 处 理

一个完整的应用，仅有漂亮的外观是不够的，还需要有与用户交互的能力，即处理用户触发的事件，比如点击屏幕、按下按键等。Android 中的事件有两大类，分别为触屏事件和键盘事件。

3.7.1 触屏事件

触屏事件是用户触发得最多的事件。在触屏事件中，可以处理用户按下、移动、抬起等触屏事件，可以结合实际的业务对用户不同的操作进行相应的处理(如图片的缩放等)。代码如下：

```
public boolean onTouchEvent(MotionEvent event) {
    int action = event.getAction();
    switch (action) {
        case MotionEvent.ACTION_DOWN:
        case MotionEvent.ACTION_UP:
            Toast.makeText(this, "X:" + (int) event.getX() +
                    " Y:" + (int) event.getY(), Toast.LENGTH_SHORT).show();
```

```
            return true;
        }
        return super.onTouchEvent(event);
    }
```

如果要处理触屏事件，则需要重写 onTouchEvent 方法。示例代码中处理了按下和抬起事件，其他的事件交由父类方法处理。捕获到事件后，可通过 Toast 显示当前触发事件的位置。事件处理方法的返回值是非常重要的：当返回“true”时，说明对该事件已经处理完成，不应该再继续向下传递处理；如果返回“false”，则表示处理不完全，应继续向下处理。触屏事件和 DOM 中的事件冒泡类似，通过返回“true”，阻止事件继续冒泡。运行结果如图 3.37 所示。

X:254 Y:677

图 3.37　触屏事件

3.7.2　键盘事件

键盘事件的处理，可以更改系统的一些默认行为。比如默认情况下，按下返回键会退出当前活动，但是可以通过捕获返回键按下事件对其拦截，使其不退出活动，或者对用户进行一些提示等。触屏事件有按下和抬起两种，按钮事件也有按下和抬起两种。与触屏事件不同的是，键盘事件的按下和抬起是通过两个方法处理的，分别为 onKeyDown(int keyCode, KeyEvent event)和 onKeyUp(int keyCode, KeyEvent event)。代码如下：

```
private void showToast(String msg) {
    Toast.makeText(this, msg, Toast.LENGTH_SHORT).show();
}
public boolean onKeyDown(int keyCode, KeyEvent event) {
    switch (keyCode) {
        case KeyEvent.KEYCODE_MENU:
            showToast("按下：菜单键");break;
        case KeyEvent.KEYCODE_HOME:
            showToast("按下：主页键");break;
        case KeyEvent.KEYCODE_BACK:
            showToast("按下：返回键");break;
        case KeyEvent.KEYCODE_VOLUME_UP:
            showToast("按下：音量加键");break;
        case KeyEvent.KEYCODE_VOLUME_DOWN:
            showToast("按下：音量减键");break;
    }
    return super.onKeyDown(keyCode, event);
}
public boolean onKeyUp(int keyCode, KeyEvent event) {
    switch (keyCode) {
```

```
        case KeyEvent.KEYCODE_MENU:
            showToast("弹起：菜单键");break;
        case KeyEvent.KEYCODE_HOME:
            showToast("弹起：主页键");break;
        case KeyEvent.KEYCODE_BACK:
            showToast("弹起：返回键");break;
        case KeyEvent.KEYCODE_VOLUME_UP:
            showToast("弹起：音量加键");break;
        case KeyEvent.KEYCODE_VOLUME_DOWN:
            showToast("弹起：音量减键");break;
    }
    return super.onKeyUp(keyCode, event);
}
```

运行结果如图 3.38 所示。

图 3.38 键盘事件

3.8 案例与思考

了解了常用控件与布局后，可以通过手机账本的登录及注册功能进一步学习。手机账本需要完成用户的登录与注册。首先打开登录界面，如果用户首次使用应用可以通过登录界面跳转至注册界面完成用户信息的注册，注册完成后可以通过注册的用户名和密码登录应用，登录完成后可进入应用主界面。本案例涉及内容如下：

(1) 存储注册的用户信息，便于后续登录。

(2) 使用常用控件与布局完成界面登录以及注册界面。

(3) 添加必要的控制逻辑并完成活动间的跳转。

首先，需要编写一个 UserInfoDao 用于存储验证用户信息。代码如下：

```
public class UserInfoDao {
    private Map<String, String> userInfoCache = new HashMap<>();
    private static final UserInfoDao INSTANCE = new UserInfoDao();
    private UserInfoDao() {}
    public boolean containUserInfo(String username) {
        return userInfoCache.containsKey(username);
    }
    public boolean saveUserInfo(String username, String password) {
        if (userInfoCache.containsKey(username)) {
            return false;
        }
        userInfoCache.put(username, password);
        return true;
```

```
    }
    public boolean checkLogin(String username, String password) {
        String pwd = userInfoCache.get(username);
        if (TextUtils.isEmpty(pwd)) {
            return false;
        }
        return TextUtils.equals(pwd, password);
    }
    public static UserInfoDao getInstance() {
        return INSTANCE;
    }
}
```

在 UserInfoDao 中，使用 Map 临时存储注册的用户信息，采用单例形式对外暴露操作方法，所有对于用户信息的操作都应该使用 UserInfoDao.getInstance()获得 UserInfoDao 的实例对象后进行操作。该类提供了判断是否存在指定用户、保存用户信息以及验证登录的方法。

手机账本应用包含登录界面、注册界面。下面分别对这两个界面所需的布局进行设计。首先创建登录布局，新建布局文件并命名为“activity_login.xml”。代码如下：

```
<?xml version="1.0" encoding="utf-8"?>
<androidx.constraintlayout.widget.ConstraintLayout
    xmlns:android="http://schemas.android.com/apk/res/android"
    xmlns:app="http://schemas.android.com/apk/res-auto"
    android:id="@+id/container"
    android:layout_width="match_parent"
    android:layout_height="match_parent">
    <EditText
        android:id="@+id/username"
        android:layout_width="0dp"
        android:layout_height="wrap_content"
        android:layout_marginStart="24dp"
        android:layout_marginTop="96dp"
        android:layout_marginEnd="24dp"
        android:hint="请输入邮箱"
        android:inputType="textEmailAddress"
        android:selectAllOnFocus="true"
        app:layout_constraintEnd_toEndOf="parent"
        app:layout_constraintStart_toStartOf="parent"
        app:layout_constraintTop_toTopOf="parent" />
```

```
<EditText
    android:id="@+id/password"
    android:layout_width="0dp"
    android:layout_height="wrap_content"
    android:layout_marginStart="24dp"
    android:layout_marginTop="8dp"
    android:layout_marginEnd="24dp"
    android:hint="请输入密码"
    android:inputType="textPassword"
    android:singleLine="true"
    android:selectAllOnFocus="true"
    app:layout_constraintEnd_toEndOf="parent"
    app:layout_constraintStart_toStartOf="parent"
    app:layout_constraintTop_toBottomOf="@+id/username" />
<Button
    android:id="@+id/login"
    android:layout_width="wrap_content"
    android:layout_height="wrap_content"
    android:layout_gravity="start"
    android:layout_marginStart="48dp"
    android:layout_marginTop="16dp"
    android:layout_marginEnd="48dp"
    android:layout_marginBottom="64dp"
    android:enabled="false"
    android:text="登录"
    app:layout_constraintBottom_toBottomOf="parent"
    app:layout_constraintEnd_toEndOf="parent"
    app:layout_constraintStart_toStartOf="parent"
    app:layout_constraintTop_toBottomOf="@+id/password"
    app:layout_constraintVertical_bias="0.2" />
<LinearLayout
    android:layout_width="wrap_content"
    android:layout_height="wrap_content"
    android:layout_marginTop="8dp"
    app:layout_constraintEnd_toEndOf="parent"
    app:layout_constraintStart_toStartOf="parent"
    app:layout_constraintTop_toBottomOf="@+id/login">
<TextView
```

```
        android:layout_width="wrap_content"
        android:layout_height="wrap_content"
        android:text="尚未注册，去" />
    <TextView
        android:id="@+id/register"
        android:layout_width="wrap_content"
        android:layout_height="wrap_content"
        android:text="注册"
        android:textColor="@android:color/holo_blue_light" />
    </LinearLayout>
</androidx.constraintlayout.widget.ConstraintLayout>
```

在登录布局中，使用 ConstraintLayout 作为根布局，然后使用 EditText 控件输入用户邮箱和密码。如果用户首次使用应用，在登录布局中提供了跳转注册界面的入口。运行结果如图 3.39 所示。

仿照登录布局，完成注册界面的布局，注册界面的布局效果和登录界面基本一致。默认情况下，“登录”和“注册”按钮都是禁用的，当用户输入相关信息后由控制逻辑启用按钮，运行结果如图 3.40 所示。

图 3.39　登录界面

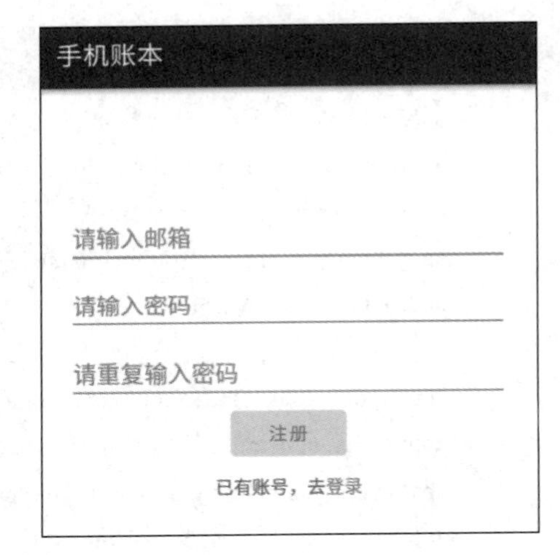

图 3.40　注册界面

注册界面与登录界面的基本布局相似，使用 ConstraintLayout 作为界面的根布局，使用 EditText 作为用户的输入控件，在“操作”按钮下方添加注册/登录的跳转入口，接着需要编写相应的活动，完成控制逻辑。

活动涉及登录和注册两部分。先来完善登录活动的逻辑，创建活动并命名为：“LoginActivity.java”，代码如下：

```
public class LoginActivity extends AppCompatActivity {
    private EditText usernameETxt;
    private EditText passwordETxt;
```

```
private Button loginBtn;
private TextView registerTxt;
protected void onCreate(Bundle savedInstanceState) {
    super.onCreate(savedInstanceState);
    setContentView(R.layout.activity_login);
    usernameETxt = findViewById(R.id.username);
    passwordETxt = findViewById(R.id.password);
    loginBtn = findViewById(R.id.login);
    registerTxt = findViewById(R.id.register);
    init();
}

private void init() {
    TextWatcher watcher = new TextWatcher() {
        public void beforeTextChanged(CharSequence s, int start, int count, int after) {
        }
        public void onTextChanged(CharSequence s, int start, int before, int count) {
        }
        public void afterTextChanged(Editable s) {
            loginBtn.setEnabled(
                    !TextUtils.isEmpty(usernameETxt.getText())
                    && !TextUtils.isEmpty(passwordETxt.getText()));
        }
    };
    usernameETxt.addTextChangedListener(watcher);
    passwordETxt.addTextChangedListener(watcher);
    loginBtn.setOnClickListener(new View.OnClickListener() {
        public void onClick(View v) {
            String username = usernameETxt.getText().toString();
            if (TextUtils.isEmpty(username)) {
                Toast.makeText(LoginActivity.this, "请输入邮箱",
                        Toast.LENGTH_SHORT).show();
                return;
            }
            String password = passwordETxt.getText().toString();
            if (TextUtils.isEmpty(password)) {
                Toast.makeText(LoginActivity.this, "请输入密码",
                        Toast.LENGTH_SHORT).show();
                return;
```

```
            }
            if (UserInfoDao.getInstance()
                    .checkLogin(username, password)) {
                startActivity(new Intent(LoginActivity.this,
                        MainActivity.class));
                return;
            }
            Toast.makeText(LoginActivity.this, "登录失败",
                    Toast.LENGTH_SHORT).show();
        }
    });
    registerTxt.setOnClickListener(new View.OnClickListener() {
        public void onClick(View v) {
            startActivity(new Intent(LoginActivity.this,
                    RegisterActivity.class));
        }
    });
}
}
```

登录活动将登录布局设置为内容，在 onCreate()方法中，调用 findViewById()方法查找指定的控件，完成所需控件的初始化，然后将控件的操作逻辑封装在 init()方法中。在 EditText 控件中，调用 addTextChangedListener()方法添加内容改变监听器，这时需要依赖 TextWatcher 类，用于监听文本的改变。初始状态下，“登录”按钮是禁用的，监听器会自动监听用户名和密码的文本状态改变。当两个输入框全部输入后，将“登录”按钮改为可用状态。同样地，参考登录界面可以完成注册界面的逻辑。

完成了活动的控制逻辑后，需要在项目的清单文件中添加活动信息，对创建的活动进行注册。这里将登录活动设置为应用的默认活动。由于在一个应用中，不管是登录界面还是注册界面都应该至多显示一个，因此将登录与注册活动的启动模式设置为 singleTask，保证活动在一个应用上下文中至多只存在一个实例。代码如下：

```
<?xml version="1.0" encoding="utf-8"?>
<manifest
  xmlns:android="http://schemas.android.com/apk/res/android"
  package="com.cashbook">
  <application
    android:allowBackup="true"
    android:icon="@mipmap/ic_launcher"
    android:label="@string/app_name"
    android:roundIcon="@mipmap/ic_launcher_round"
    android:supportsRtl="true"
```

```
        android:theme="@style/Theme.CashBook">
        <activity android:name=".MainActivity" />
        <activity
            android:name=".RegisterActivity"
            android:launchMode="singleTask" />
        <activity
            android:name=".LoginActivity"
            android:launchMode="singleTask">
            <intent-filter>
                <action android:name="android.intent.action.MAIN" />
                <category android:name="android.intent.category.LAUNCHER" />
            </intent-filter>
        </activity>
    </application>
</manifest>
```

至此，手机账本应用的基本雏形就完成了。平时在使用 APP 时可以发现大部分 APP 在启动的时候都会先显示一个闪屏界面(也称作启动界面)，常用于展示广告或欢迎等信息，点击跳过或展示一定时间后自动进入应用。

补充说明：闪屏界面通常为全屏显示，将一个正常的活动设置为全屏显示主要有两种实现方式。

第一种为采用 Java 代码设置。当活动是直接继承 Activity 时，可以在活动的 onCreate()方法中调用 setContentView()方法之前添加如下代码：

```
requestWindowFeature(Window.FEATURE_NO_TITLE);
getWindow().setFlags(WindowManager.LayoutParams. FLAG_FULLSCREEN,
        WindowManager.LayoutParams. FLAG_FULLSCREEN);
```

第二种实现方式为创建主题。如果活动是继承 AppCompatActivity，那么可以定义一个新的主题，然后指定打开 themes.xml，默认情况会自动创建一个主题，只需要在下面新增一个没有标题与状态栏的主题即可。参考配置如下：

```
<style name="Theme.NoTitleFullscreen" parent="AppTheme">
    <item name="android:windowFullscreen">true</item>
    <item name="windowNoTitle">true</item>
    <item name="windowActionBar">false</item>
</style>
```

上述代码中，AppTheme 需要更改为实际需要继承的主题名称，可以将其修改为默认创建的主题名称，最后在清单文件中注册活动时为活动指定主题，将活动的 android:theme 属性设置为@style/Theme.NoTitleFullscreen。参考代码如下：

```
<activity
    android:theme="@style/Theme.NoTitleFullscreen"
    android:name=".SplashActivity" />
```

习　题

一、选择题

1. 以下表示控件大小为匹配父容器控件的选项是(　　)。

A. wrap_content　　B. match_parent

C. 1dp　　D. 0dp

2. 下列控件中常用于显示文本信息的控件是(　　)。

A. TextView　　B. ImageView

C. EditText　　D. Button

3. 下列不是 Android 中提供的 ListView 的适配器是(　　)。

A. ArrayAdapter　　B. SimpleCursorAdapter

C. RecyclerAdapter　　D. SimpleAdapter

4. 在布局中希望控件自动按顺序垂直排列，可以使用的布局是(　　)。

A. LinearLayout　　B. RelativeLayout

C. FrameLayout　　D. ConstraintLayout

5. 想要柔和地提示用户再按一次返回键退出，并不阻塞当前用户操作，下列做法比较合适的是(　　)。

A. 使用 Toast 给用户相关提示　　B. 使用对话框给用户提示

C. 使用通知给用户提示　　D. 在界面上使用 TextView 给用户提示

二、简答题

1. 简述 View 中的常用属性及作用。

2. 简述常用布局的使用场景及区别。

3. Android 中提供了哪几种菜单？其显示效果如何？

三、应用题

1. 使用合适的控件及布局，完成包含标题与内容的公告栏效果。

2. 使用合适的控件，完成用户触摸屏后在界面上显示用户触摸点的坐标。

第四章 碎 片

随着移动设备的迅猛发展，手机屏幕变得越来越大，同时平板的市场占有率也越来越高。传统手机端的界面布局在平板上显示时，可能会出现拉伸严重、不协调等情况。为了兼顾手机和平板，从Android3.0开始引入了碎片的概念，可以更好地利用屏幕资源，本章将介绍碎片的常见用法以及屏幕适配方案。

本章学习目标：

1. 了解碎片的生命周期；
2. 熟练掌握碎片的基本用法；
3. 熟练掌握碎片与活动间的通信；
4. 了解碎片的优势。

4.1 碎片简介

碎片(Fragment)是可以嵌入在活动中的UI片段，从而更加合理地使用屏幕资源。碎片的创建和使用与活动很像，但是碎片更加轻量级，界面间的跳转更加节省资源。Activity是围绕应用的界面放置全局元素(如抽屉式导航栏)的理想位置，Fragment更适合定义和管理单个屏幕或部分屏幕的界面，如图4.1所示。

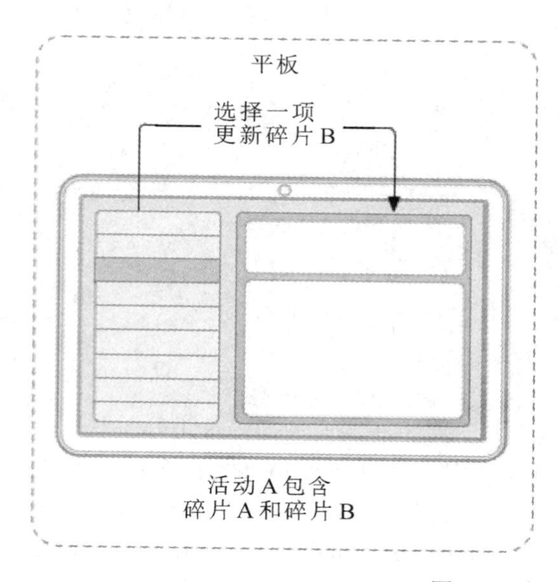

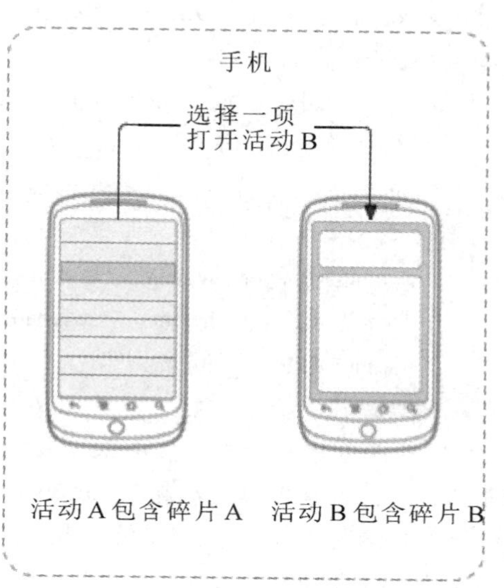

图4.1 碎片适配

Fragment 定义和管理自己的布局，具有自己的生命周期，并且可以处理自己的输入事件。Fragment 不能独立存在，必须由 Activity 或另一个 Fragment 托管。Fragment 的视图层次结构会成为宿主的视图层次结构的一部分，或附加到宿主的视图层次结构。

4.2 碎片的基本用法

4.2.1 创建碎片

和创建活动的步骤一样，碎片也有自己的布局资源文件，碎片的布局资源文件和活动的布局资源文件相同，在创建碎片之前，要先创建碎片对应的布局资源文件。下面使用两个碎片实现水平均分屏幕的效果。首先创建左侧碎片的布局资源 fragment_left.xml。代码如下：

```
<?xml version="1.0" encoding="utf-8"?>
<LinearLayout
    xmlns:android="http://schemas.android.com/apk/res/android"
    android:layout_width="match_parent"
    android:layout_height="match_parent">
    <Button
        android:id="@+id/button"
        android:layout_width="wrap_content"
        android:layout_height="wrap_content"
        android:text="我是左侧碎片的一个按钮" />
</LinearLayout>
```

同样的逻辑创建右侧碎片的布局资源 fragment_right.xml。代码如下：

```
<?xml version="1.0" encoding="utf-8"?>
<LinearLayout
    xmlns:android="http://schemas.android.com/apk/res/android"
    android:layout_width="match_parent"
    android:layout_height="match_parent">
    <TextView
        android:layout_width="wrap_content"
        android:layout_height="wrap_content"
        android:text="我是右侧碎片的一个文本框" />
</LinearLayout>
```

布局资源创建完成后，接下来就要编写碎片类，将布局资源与碎片进行关联。通过前面的学习我们知道活动需要继承 Activity，碎片则需要继承 Fragment。在 Fragment 中绑定布局资源有两种方式：一种是通过构造方法设置资源编号；另一种是重写 Fragment 的 onCreateView(LayoutInflater inflater, ViewGroup container, Bundle savedInstanceState)方法，该方法需要返回一个碎片使用的控件。这里我们分别使用两种方式来编写 Fragment 代码。

首先采用构造方法形式编写左侧的 Fragment。

```
public class LeftFragment extends Fragment {
    public LeftFragment() {
        super(R.layout.fragment_left);
    }
}
```

然后采用重写 onCreateView()方法的形式编写右侧的 Fragment，这两种形式可自由选择。

```
public class RightFragment extends Fragment {
    public View onCreateView(LayoutInflater inflater,
            ViewGroup container, Bundle savedInstanceState) {
        return inflater.inflate(R.layout.fragment_right, container, false);
    }
}
```

上面的步骤是手动创建的，我们也可以利用 Android Studio 快速进行创建。在项目上右击，依次选择“New”→“Fragment”按钮，在菜单中可以直接选择“Fragment”模板进行创建，或者选择“Gallery”按钮，在弹出的对话框中选择，如图 4.2 所示。

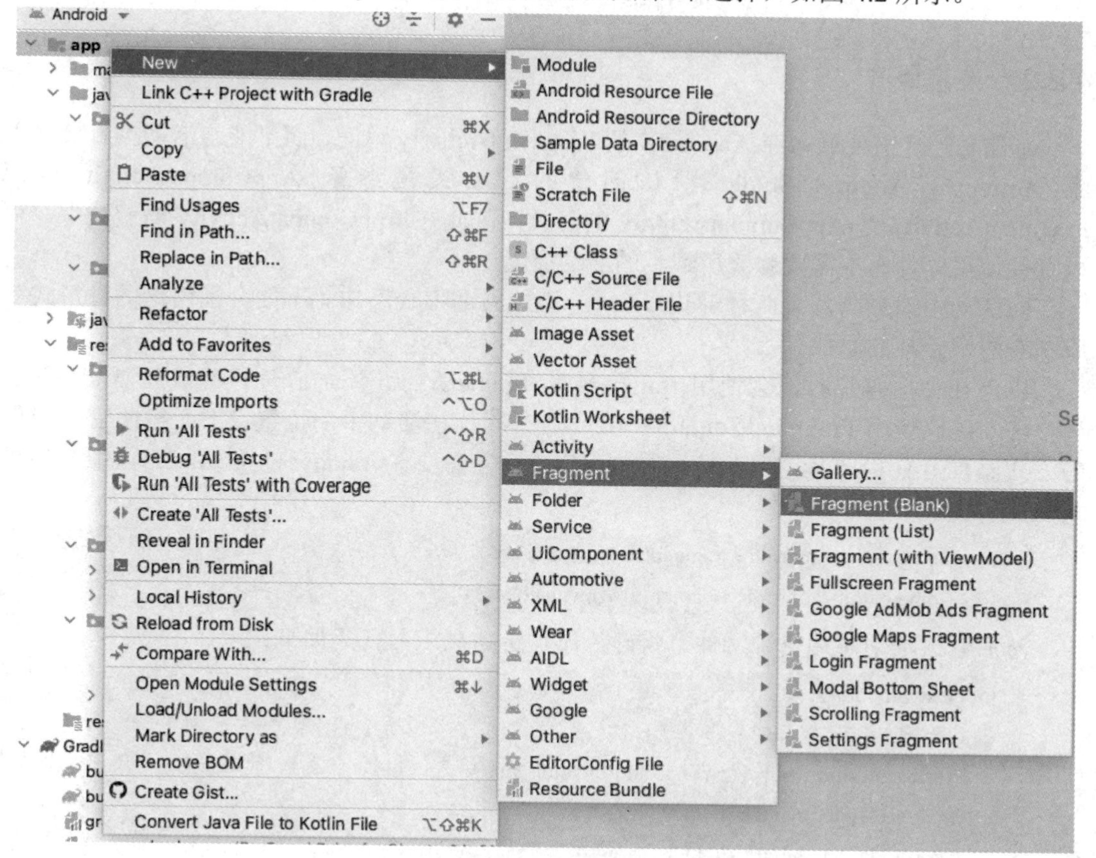

(a) 新建碎片

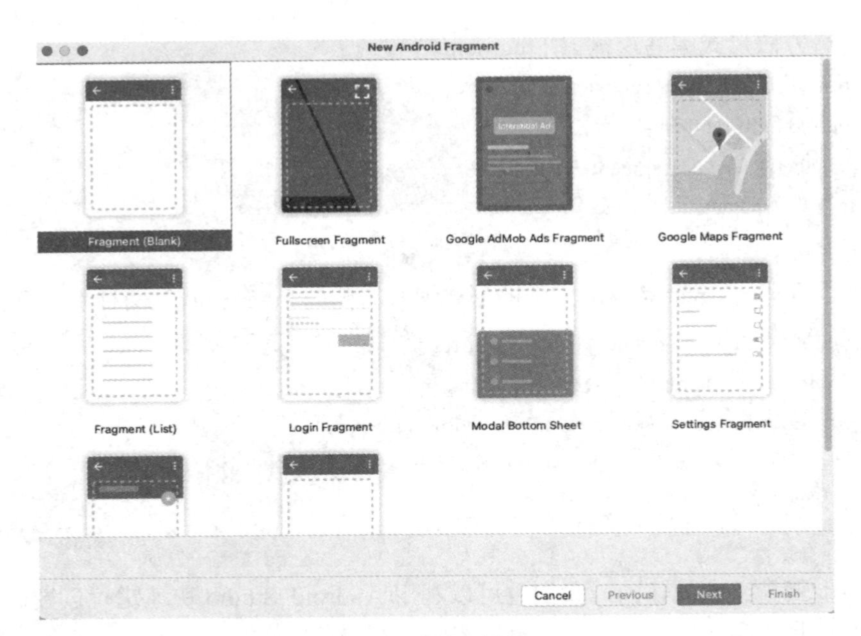

(b) 选择碎片模板

图 4.2 快速创建碎片

4.2.2 添加碎片

通常，碎片需要嵌入在 AndroidX 的 FragmentActivity 里面，而不能将活动类直接嵌入到 Activity。Android Studio 默认创建的活动类是继承 AppCompatActivity，而 FragmentActivity 是 AppCompatActivity 的基类，因此在 AppCompatActivity 的子类中，可以直接使用碎片而不需要修改所继承的活动类。

向活动中添加碎片有两种形式：XML 添加与编程式添加。下面分别用这两种形式完成左右两个碎片的添加。

以前在使用碎片时，会使用 fragment 和 FrameLayout 添加碎片，升级到 Android X 后，官方建议使用 FragmentContainerView 定义碎片在活动中的位置。下面按照官方建议的方式添加并使用碎片，由于是扩展包内容，首先需要在 module 的 gradle 配置中添加相关包的引用。

```
implementation 'androidx.fragment:fragment:1.3.4'
implementation 'androidx.fragment:fragment-ktx:1.3.4'
```

然后修改活动布局资源文件，将碎片添加进布局中。代码如下：

```
<?xml version="1.0" encoding="utf-8"?>
<LinearLayout
    xmlns:android="http://schemas.android.com/apk/res/android"
    android:layout_width="match_parent"
    android:layout_height="match_parent">
    <androidx.fragment.app.FragmentContainerView
```

```
        android:id="@+id/leftFragmentContainer"
        android:name="com.chapter04_01.LeftFragment"
        android:layout_width="wrap_content"
        android:layout_height="wrap_content"
        android:layout_weight="1" />
    <androidx.fragment.app.FragmentContainerView
        android:id="@+id/rightFragmentContainer"
        android:layout_width="wrap_content"
        android:layout_height="wrap_content"
        android:layout_weight="1" />
</LinearLayout>
```

上述代码中，活动布局添加了两个 FragmentContainerView，分别为 leftFragmentContainer 和 rightFragmentContainer。leftFragmentContainer 使用了 XML 添加的方式，直接指定了 android:name 属性，该属性指定 Fragment 的全限定类名，运行后会自动加载。在 rightFragmentContainer 中仅仅是添加了容器，并未指定 Fragment 类，这就需要在活动中动态进行设置。代码如下：

```
protected void onCreate(Bundle savedInstanceState) {
    super.onCreate(savedInstanceState);
    setContentView(R.layout.activity_main);
    if (savedInstanceState == null) {
        getSupportFragmentManager().beginTransaction()
            .setReorderingAllowed(true).add(R.id.rightFragmentContainer,
                RightFragment.class, null).commit();
    }
}
```

运行结果如图 4.3 所示。

图 4.3 碎片效果

在代码中，对于碎片的操作需要使用 FragmentManager，该类负责对应用的碎片进行管理(如添加、移除或替换)。每个 FragmentActivity 及其子类(如 AppCompatActivity)，都可以通过 getSupportFragmentManager()方法访问 FragmentManager。如果是在 Fragment 内部，则可以通过 getChildFragmentManager()获取对管理 Fragment 子级的 FragmentManager 的引用；如果需要访问其宿主 FragmentManager，可以使用 getParentFragmentManager()。

用户需要对碎片进行添加、替换等操作时，需要先开启事物，然后才能执行操作，所有操作完成后执行事物对象的 commit()方法完成对碎片的更改。碎片的引入可以降低活动创建销毁带来的性能损耗，当应用界面需要调整时，可以替换变化部分的碎片，而不需要重新打开一个新的活动对象。下面，创建一个新的碎片，用于点击左侧碎片按钮，动态替换右侧的碎片内容。代码如下：

```
<?xml version="1.0" encoding="utf-8"?>
<LinearLayout
    xmlns:android="http://schemas.android.com/apk/res/android"
    android:layout_width="match_parent"
    android:layout_height="match_parent">
    <TextView
        android:layout_width="wrap_content"
        android:layout_height="wrap_content"
        android:text="我是动态替换的碎片" />
</LinearLayout>
```

在活动代码中，添加替换右侧碎片的方法，并将该方法与左侧碎片按钮进行绑定，应用运行后点击按钮，碎片会进行动态替换。

```
public void replaceRight(View v) {
    getSupportFragmentManager().beginTransaction()
            .setReorderingAllowed(true)
            .replace(R.id.rightFragmentContainer, ReplaceFragment.class, null).commit();
}
```

运行结果如图 4.4 所示。

我是左侧碎片的一个按钮
我是动态替换的碎片

图 4.4　动态替换碎片

应用运行过程中，用户可以动态地添加碎片，添加完成后，按下返回键，会结束当前活动。有时用户希望添加的碎片可以和活动一样在返回栈中，当按下返回按钮后，上一个碎片出栈，没有可返回的碎片时再销毁当前的活动对象，此时可以通过碎片事物对象的 transaction.addToBackStack()方法将碎片添加到返回栈中。代码如下：

```
public void replaceRight(View v) {
    getSupportFragmentManager().beginTransaction()
            .setReorderingAllowed(true)
            .replace(R.id.rightFragmentContainer, ReplaceFragment.class,
                    null).addToBackStack(null).commit();
}
```

碎片的返回栈和活动的返回栈是类似的，碎片被添加到返回栈后，当需要返回时，会按照添加顺序依次出栈，这样就很方便地控制应用返回上一个界面而不是直接关闭整个活动。

4.2.3 碎片与活动间通信

在前面的代码中，我们利用 getSupportFragmentManager()方法可以获得一个碎片管理器对象，并且进行添加和替换操作。FragmentManager 还提供了两个查找碎片对象的方法，分别为：findFragmentById(int id)和 findFragmentByTag(String tag)。这样，在活动中，就可以轻松地得到碎片对象并对其进行操作了。

在添加碎片时，如果碎片需要一些初始化数据，可以像打开活动一样向碎片传递参数，参数通过 Bundle 进行传递，比如当用户添加右侧碎片时向其传递当前时间并在碎片中进行显示。代码如下：

```
protected void onCreate(Bundle savedInstanceState) {
    super.onCreate(savedInstanceState);
    setContentView(R.layout.activity_main);
    if (savedInstanceState == null) {
        Bundle bundle = new Bundle();
        bundle.putLong("time", System.currentTimeMillis());
        getSupportFragmentManager().beginTransaction()
                .setReorderingAllowed(true)
                .add(R.id.rightFragmentContainer, RightFragment.class,
                        bundle).commit();
    }
}
```

修改左侧碎片，添加一个 TextView 用于显示时间。代码如下：

```
<?xml version="1.0" encoding="utf-8"?>
<LinearLayout
    xmlns:android="http://schemas.android.com/apk/res/android"
    android:layout_width="match_parent"
    android:layout_height="match_parent">
    <TextView
        android:layout_width="wrap_content"
        android:layout_height="wrap_content"
        android:text="我是右侧碎片的一个文本框" />
    <TextView
        android:id="@+id/time"
        android:layout_width="wrap_content"
        android:layout_height="wrap_content" />
</LinearLayout>
```

然后在碎片代码中，创建完成碎片视图后，获取参数并设置。代码如下：

```
public View onCreateView(LayoutInflater inflater, ViewGroup container, Bundle savedInstanceState) {
    View view = inflater.inflate(R.layout.fragment_right, container, false);
    long time = requireArguments().getLong("time");
    ((TextView) view.findViewById(R.id.time))
            .setText(String.valueOf(time));
    return view;
}
```

运行结果如图 4.5 所示。

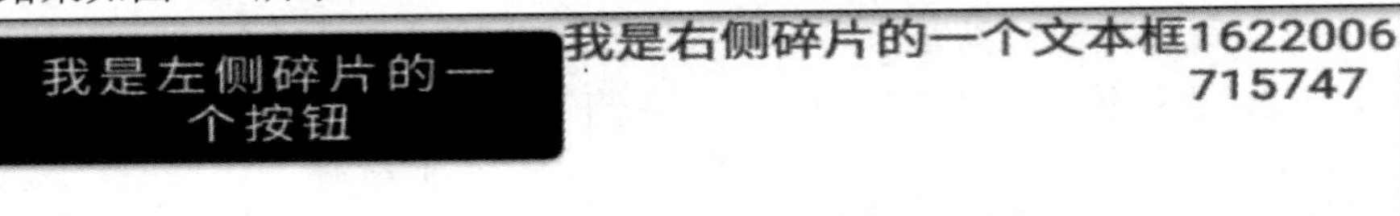

图 4.5 碎片与活动间通信

碎片中有两个方法可以获得参数，分别为 requireArguments()和 getArguments()，区别在于：使用 requireArguments()时，如果不存在参数将会抛出 IllegalStateException 异常。反之，碎片也可以获得活动对象，在碎片中利用 getActivity()方法来获得活动对象，通过活动对象可以实现对活动的操作。

4.2.4 碎片与碎片间通信

碎片与活动之间可以相互通信，碎片与碎片之间通过 Activity 作为中转也可以进行通信。

如图 4.6 所示，界面整体分为两块区域，左侧区域显示列表，中间区域显示内容，当点击左侧列表之后，中间内容随之改变。

ITEM 1
ITEM 2
ITEM 3
ITEM 4
ITEM 5
ITEM 6
ITEM 7
ITEM 8
ITEM 1

图 4.6 碎片通信布局

使用 Activity 可以直接实现该效果，这里采用 Fragment 方式进行实现。首先编写两个碎片所需的布局资源。

fragment_list.xml 代码如下：

```
<?xml version="1.0" encoding="utf-8"?>
<LinearLayout
  xmlns:android="http://schemas.android.com/apk/res/android"
  android:layout_width="match_parent"
  android:layout_height="match_parent">
  <ListView
    android:id="@+id/list"
    android:layout_width="match_parent"
    android:layout_height="match_parent" />
</LinearLayout>
```

fragment_content.xml 代码如下：

```
<?xml version="1.0" encoding="utf-8"?>
<RelativeLayout
  xmlns:android="http://schemas.android.com/apk/res/android"
  android:layout_width="match_parent"
  android:layout_height="match_parent">
  <TextView
    android:id="@+id/content"
    android:layout_width="wrap_content"
    android:layout_height="wrap_content"
    android:layout_centerInParent="true" />
</RelativeLayout>
```

在左侧列表碎片中添加一个 ListView，中间内容碎片中添加一个 TextView，布局内容比较简单，然后对编写的碎片与布局资源进行绑定。ListFragment.java 代码如下：

```
public class ListFragment extends Fragment {
  private ListView list;
  public View onCreateView(LayoutInflater inflater, ViewGroup container, Bundle savedInstanceState) {
    View view = inflater.inflate(R.layout.fragment_list, container, false);
    list = (ListView) view.findViewById(R.id.list);
    List<String> data = new ArrayList<String>();
    for (int i = 1; i <= 10; i++) {
      data.add("ITEM " + i);
    }
    ArrayAdapter<String> adapter =
        new ArrayAdapter<String>(this.getContext(),
            android.R.layout.simple_expandable_list_item_1, data);
```

```
        list.setAdapter(adapter);
        return view;
    }
}
```

在 ListFragment 中对 ListView 进行初始化，使用 ArrayAdapter 作为 ListView 的适配器。

ContentFragment.java 代码如下：

```
public class ContentFragment extends Fragment {
    private TextView contentView;
    public View onCreateView(LayoutInflater inflater,
            ViewGroup container, Bundle savedInstanceState) {
        View view = inflater.inflate(R.layout.fragment_content, container, false);
        this.contentView = view.findViewById(R.id.content);
        return view;
    }
    public void setContent(String content) {
        if (contentView != null) {
            contentView.setText(content);
        }
    }
}
```

在 ContentFragment 中对 TextView 进行初始化，并对外提供设置 TextView 内容的方法。接下来在 Activity 中使用定义好的碎片，完成最终的布局界面。代码如下：

```
<?xml version="1.0" encoding="utf-8"?>
<LinearLayout
    xmlns:android="http://schemas.android.com/apk/res/android"
    android:layout_width="match_parent"
    android:layout_height="match_parent">
    <androidx.fragment.app.FragmentContainerView
        android:id="@+id/listFragmentContainer"
        android:name="com.chapter04_02.ListFragment"
        android:layout_width="0dp"
        android:layout_height="match_parent"
        android:layout_weight="0.3" />
    <androidx.fragment.app.FragmentContainerView
        android:id="@+id/contentFragmentContainer"
        android:name="com.chapter04_02.ContentFragment"
        android:layout_width="0dp"
        android:layout_height="match_parent"
        android:layout_weight="0.7" />
```

```
</LinearLayout>
```

最后将布局设置到 Activity 中，应用运行后，可以看到基本的效果。此时两个碎片之间还未进行联动处理，需要对 ListView 添加列表项单击事件，用户点击列表后对中间内容碎片进行设置。

```
list.setOnItemClickListener(new AdapterView.OnItemClickListener() {
    public void onItemClick(AdapterView<?> parent, View view, int position, long id) {
        if (content != null) {
            content.setContent(adapter.getItem(position));
        }
    }
});
```

此时有一个问题，在点击列表项后，设置中间碎片内容，但是中间碎片尚未初始化。在传统的 Android 开发中，可以重写 onActivityCreated(Bundle savedInstanceState)方法，当该方法执行时，可以确保所属活动已经完成初始化。现在该方法已经过时了，官方建议如果需要完成活动初始化进行碎片特有的操作，在碎片中可以监听所属活动的生命周期做相应的处理。对列表碎片进行修改，先实现 LifecycleObserver 接口，该接口为生命周期监听的一个标记，具体的回调方法需要结合 OnLifecycleEvent 注解进行处理。代码如下：

```
public class ListFragment extends Fragment implements LifecycleObserver {
    @OnLifecycleEvent(Lifecycle.Event.ON_CREATE)
    public void onActiveCreated() {
        this.content = (ContentFragment) requireActivity()
            .getSupportFragmentManager()
            .findFragmentById(R.id.contentFragmentContainer);
    }
    public void onAttach(Context context) {
        super.onAttach(context);
        requireActivity().getLifecycle().addObserver(this);
    }
    public void onDetach() {
        super.onDetach();
        requireActivity().getLifecycle().removeObserver(this);
    }
}
```

上述代码中，当碎片第一次附加到上下文时，会执行 onAttach()方法，当碎片与上下文解除时，会执行 onDetach()方法，因此需要在 onAttach()中添加观察者监听活动生命周期的改变。在 onDetach()中移除注册的观察者，活动创建完成后执行自定义的 onActiveCreated()方法。该方法可以确保活动初始化完成后，使用 findFragmentById()方法获得中间内容区域的碎片对象，这样就完成了列表碎片与内容碎片的关联，实现了碎片间的通信。

4.3 碎片的生命周期

在上一节中，获得碎片所属活动内容必须在活动创建完成后进行操作。碎片的生命周期从属于活动的生命周期，每个碎片都有自己的生命周期，与活动的生命周期类似，碎片也有相应的生命周期回调方法，具体如下：

(1) onCreate()：碎片初始化创建时，在 onAttach(Activity)方法之后，onCreateView(LayoutInflater, ViewGroup, Bundle)方法之前执行。因为该方法执行时，活动正在处理，视图控件尚未初始化完成，所以在该方法中不应该获得活动相关的视图控件，而需要通过监听活动生命周期的方式进行处理。

(2) onStart()：碎片在刚刚创建时是不可见的，当碎片由不可见变为可见时会调用 onStart()方法。该方法和活动的 onStart()方法相关。

(3) onResume()：当碎片准备就绪时会调用 onResume()方法，这时碎片可以与用户进行交互。该方法和活动的 onResume()方法相关。

(4) onPause()：当碎片所属活动移动到后台时会调用 onPause()方法。该方法和活动的 onPause()方法相关。

(5) onStop()：当碎片处于完全不可见时会调用 onStop()方法。该方法和活动的 onStop()方法相关。

(6) onDestory()：在碎片将要被销毁时调用，之后碎片将变为销毁状态。

完整的生命周期与回调方法如图 4.7 所示。

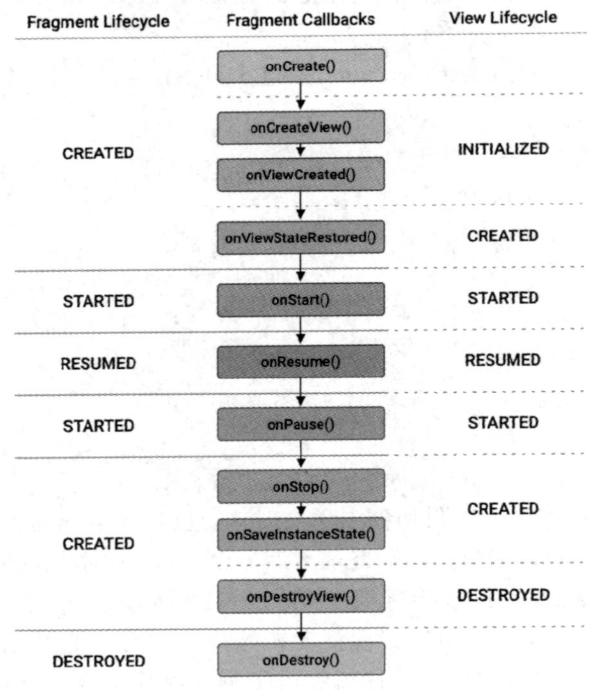

图 4.7 碎片生命周期

4.4 限定符

碎片的出现，有助于我们更好地进行用户界面开发，但是要想更好利用屏幕资源，仅仅使用碎片还是不够的。有时，我们需要在不同的模式下显示不同的界面，比如，同样版本的Android系统的设置界面在手机上和在平板电脑上的操作方式就存在差异。受屏幕尺寸的影响，平板电脑有足够的空间可以同时展示操作分类和对应的操作界面。为了解决这个问题，在Android中引入了限定符的概念，根据不同的屏幕尺寸、方向可以加载不同的布局资源。在Android中常见的限定符如表4.1～表4.3所示。

表4.1 大小限定符

限定符	描 述
small	提供给小屏幕设备的资源
normal	提供给中等屏幕设备的资源
large	提供给大屏幕设备的资源
xlarge	提供给超大屏幕设备的资源

表4.2 分辨率限定符

限定符	描 述
ldpi	提供给低分辨率设备的资源(120 dpi以下)
mdpi	提供给中等设备的资源(102～160 dpi)
hdpi	提供给高设备的资源(160～240 dpi)
xhdpi	提供给超高设备的资源(240～320 dpi)

表4.3 方向限定符

限定符	描 述
land	提供给横屏设备的资源
port	提供给竖屏设备的资源

使用限定符，可以使布局更加准确，但是也容易让开发者疑惑，大屏设备到底是多大，如果希望更加精准地控制资源的使用，可以通过最小限定符来完成。最小限定符允许对屏幕的宽度指定一个最小值(以dp为单位)，然后以这个最小值为临界点，屏幕宽度大于这个值的设备就加载一个布局，否则加载另一个布局。比如，我们希望屏幕宽度大于600 dp的加载指定布局，就可以新建布局文件夹，名称为“layout-sw600dp”。需要注意的是：最小限定符是Android 3.2中引入的，因此在使用时应该注意Android的版本。

4.5 案例与思考

在手机账本的主界面中包含两个部分，分别为菜单与具体的操作界面。通常情况下，在屏幕处于默认状态时，仅需要显示菜单，用户通过点击相应的菜单打开具体的操作界面，当屏幕状态旋转为横屏状态时，自动将布局界面调整为左侧显示菜单，中间区域显示具体的操作界面，这时需要借助限定符根据手机的横屏、竖屏状态加载相应的布局文件来实现。本案例涉及内容如下：

(1) 主界面布局实现。

(2) 碎片与活动间通信。

(3) 横竖屏状态布局适配。

为了实现在横屏与竖屏状态下不同布局的效果，我们需要根据不同的屏幕状态创建对应的布局资源。首先在 layout 文件夹中创建默认的主界面布局并命名为“activity_main.xml”。代码如下：

```
<?xml version="1.0" encoding="utf-8"?>
<LinearLayout
  xmlns:android="http://schemas.android.com/apk/res/android"
  android:layout_width="match_parent"
  android:layout_height="match_parent">
  <androidx.fragment.app.FragmentContainerView
    android:id="@+id/menuFragment"
    android:layout_width="wrap_content"
    android:layout_height="wrap_content"
    android:layout_weight="1" />
</LinearLayout>
```

在默认布局中，只需要添加一个 FragmentContainerView 用于切换菜单与内容。横屏状态是需要特殊处理的屏幕状态，用户调整屏幕方向后自动切换为横屏相关布局资源，这时需要借助限定符来完成。新建 layout-land 文件夹，该文件夹与 layout 同级，表示该文件夹下布局为横屏状态布局资源，然后在该文件夹下创建与 layout 文件夹中同名的主界面布局资源“activity_main.xml”。代码如下：

```
<?xml version="1.0" encoding="utf-8"?>
<LinearLayout
  xmlns:android="http://schemas.android.com/apk/res/android"
  android:layout_width="match_parent"
  android:layout_height="match_parent">
  <androidx.fragment.app.FragmentContainerView
    android:id="@+id/menuFragment"
    android:layout_width="0dp"
    android:layout_height="wrap_content"
    android:layout_weight="0.3" />
  <androidx.fragment.app.FragmentContainerView
    android:id="@+id/contentFragment"
    android:layout_width="0dp"
```

```
        android:layout_height="wrap_content"
        android:layout_weight="0.7" />
</LinearLayout>
```

在横屏状态的布局资源中，添加两个 FragmentContainerView 控件，按照比例平铺在水平布局中，实现左侧菜单，右侧内容的目的。

接下来我们来实现菜单以及添加账单的界面相关布局，因为具体的界面不涉及屏幕适配等操作，所以可以直接将其放在默认的布局资源文件夹中，创建导航菜单布局。我们创建布局资源并命名为“fragment_menu.xml”。代码如下：

```
<?xml version="1.0" encoding="utf-8"?>
<LinearLayout
    xmlns:android="http://schemas.android.com/apk/res/android"
    android:layout_width="match_parent"
    android:layout_height="match_parent">
    <ListView
        android:id="@+id/list"
        android:layout_width="match_parent"
        android:layout_height="match_parent" />
</LinearLayout>
```

在导航菜单中，通过 ListView 显示需要操作的菜单项，接下来再来设计添加账单信息的布局，创建添加账单信息布局并命名为“fragment_add.xml”。代码如下：

```
<?xml version="1.0" encoding="utf-8"?>
<LinearLayout
    xmlns:android="http://schemas.android.com/apk/res/android"
    android:layout_width="match_parent"
    android:layout_height="match_parent"
    android:orientation="vertical">
    <LinearLayout
        android:layout_width="match_parent"
        android:layout_height="wrap_content"
        android:orientation="horizontal"
        android:padding="10dp">
        <TextView
            android:layout_width="wrap_content"
            android:layout_height="wrap_content"
            android:layout_weight="0.3"
            android:gravity="center"
            android:text="账类型" />
        <Spinner
            android:id="@+id/type"
```

```
    android:layout_width="0dp"
    android:layout_height="wrap_content"
    android:layout_weight="0.7"
    android:entries="@array/types" />
</LinearLayout>
<LinearLayout
    android:layout_width="match_parent"
    android:layout_height="wrap_content"
    android:orientation="horizontal"
    android:padding="10dp">
    <TextView
        android:layout_width="wrap_content"
        android:layout_height="wrap_content"
        android:layout_weight="0.3"
        android:gravity="center"
        android:text="条目项" />
    <Spinner
        android:id="@+id/entry"
        android:layout_width="0dp"
        android:layout_height="wrap_content"
        android:layout_weight="0.7"
        android:entries="@array/entries" />
</LinearLayout>
<LinearLayout
    android:layout_width="match_parent"
    android:layout_height="wrap_content"
    android:orientation="horizontal"
    android:padding="10dp">
    <TextView
        android:layout_width="wrap_content"
        android:layout_height="wrap_content"
        android:layout_weight="0.3"
        android:gravity="center"
        android:text="金额" />
    <EditText
        android:id="@+id/amount"
        android:layout_width="0dp"
        android:layout_height="wrap_content"
        android:layout_weight="0.7"
```

```
            android:inputType="numberDecimal"
            android:lines="1" />
    </LinearLayout>
    <LinearLayout
        android:layout_width="match_parent"
        android:layout_height="wrap_content"
        android:orientation="horizontal"
        android:padding="10dp">
        <TextView
            android:layout_width="wrap_content"
            android:layout_height="wrap_content"
            android:layout_weight="0.3"
            android:gravity="center"
            android:text="日期" />
        <EditText
            android:id="@+id/date"
            android:layout_width="0dp"
            android:layout_height="wrap_content"
            android:layout_weight="0.7"
            android:inputType="date"
            android:lines="1" />
    </LinearLayout>
    <LinearLayout
        android:layout_width="match_parent"
        android:layout_height="wrap_content"
        android:orientation="horizontal"
        android:padding="10dp">
        <TextView
            android:layout_width="wrap_content"
            android:layout_height="wrap_content"
            android:layout_weight="0.3"
            android:gravity="center"
            android:text="备注" />
        <EditText
            android:id="@+id/memo"
            android:layout_width="0dp"
            android:layout_height="wrap_content"
            android:layout_weight="0.7"
            android:lines="3" />
```

```
        </LinearLayout>
        <Button
            android:layout_width="wrap_content"
            android:layout_height="wrap_content"
            android:layout_gravity="center"
            android:text="添加" />
    </LinearLayout>
```

在添加账单信息布局中，我们需要让用户输入账类型、条目项、金额、日期、备注等信息，布局结果如图 4.8 所示。

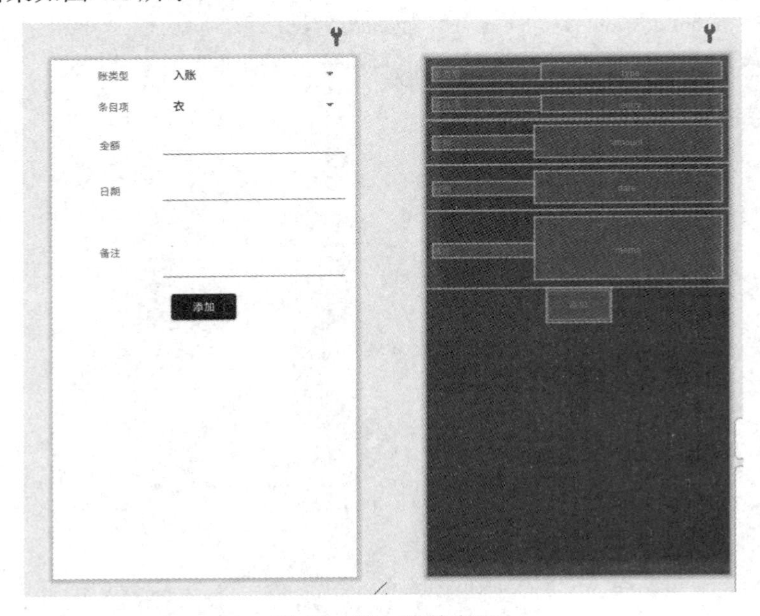

图 4.8　添加账单布局

需要注意的是：账类型与条目项使用的是 Spinner 控件，通过 android:entries 属性可以为其设置可用的下拉选择，此处需要在资源文件中定义相关的选项并在 android:entries 属性中进行引用。代码如下：

```
<resources>
    <string name="app_name">手机账本</string>
    <array name="types">
        <item>入账</item><item>出账</item>
    </array>
    <array name="entries">
        <item>衣</item><item>食</item>
        <item>住</item><item>行</item>
    </array>
</resources>
```

完成了基本的布局后，下面需要结合活动以及碎片将用户的操作流程串起来。首先完成主活动的逻辑，创建主活动并命名为“MainActivity.java”。代码如下：

```
public class MainActivity extends AppCompatActivity {
    protected void onCreate(Bundle savedInstanceState) {
        super.onCreate(savedInstanceState);
        setContentView(R.layout.activity_main);
        getSupportFragmentManager().beginTransaction()
                .setReorderingAllowed(true).replace(R.id.menuFragment,
                        MenuFragment.class, null).commit();
    }

    public void openContent(int position) {
        switch (position) {
            case 0:
                openFragment(AddFragment.class);break;
            case 1:
                openFragment(QueryFragment.class);break;
            case 2:
                openFragment(SettingFragment.class);break;
            case 3:
                openFragment(AboutFragment.class);break;
        }
    }

    private void openFragment(Class<? extends Fragment> clazz) {
        int containerViewId =
                findViewById(R.id.contentFragment) != null ?
                        R.id.contentFragment : R.id.menuFragment;
        getSupportFragmentManager().beginTransaction()
                .setReorderingAllowed(true)
                .replace(containerViewId, clazz, null)
                .addToBackStack(null).commit();
    }
}
```

在主活动中，将 activity_main 设置为活动的内容，然后将 menuFragment 设置为对应的碎片，不管是默认布局还是横屏布局 menuFragment 都是存在的，因此不需要判断该控件是否存在就可以直接设置。openContent()方法用于用户点击指定菜单后打开相应的内容，在这里定义了四个菜单项，分别为添加、查询、设置和关于。最后调用 openFragment()方法将指定的碎片替换在合适的区域。因为在横屏展示时，主界面包含两个碎片控件，而默认情况下只有菜单碎片控件，所以通过查找 contentFragment 控件是否存在即可判断当前布局方式，从而实现在内容碎片中替换还是直接将菜单碎片进行替换。在编写主活动逻辑时，相关的碎片以及控制逻辑尚未实现，因此需要对所需的碎片进行编写。

在手机账本的导航菜单中，提供了四个菜单，分别为添加、查询、设置和关于。接下来我们以导航菜单和添加账单信息的碎片为例进行编写，首先来实现导航菜单碎片的逻辑，创建碎片并命名为“MenuFragment.java”。代码如下：

```
public class MenuFragment extends Fragment
    implements LifecycleObserver {
  private ListView list;

  public View onCreateView(LayoutInflater inflater,
      ViewGroup container, Bundle savedInstanceState) {
    View view = inflater.inflate(R.layout.fragment_menu,
        container, false);
    list = (ListView) view.findViewById(R.id.list);
    List<String> data = new ArrayList<String>();
    data.add("添加");
    data.add("查询");
    data.add("设置");
    data.add("关于");
    ArrayAdapter<String> adapter =
        new ArrayAdapter<String>(this.getContext(),
            android.R.layout.simple_expandable_list_item_1, data);
    list.setAdapter(adapter);
    list.setOnItemClickListener(
      new AdapterView.OnItemClickListener() {
        public void onItemClick(AdapterView<?> parent,
            View view, int position, long id) {
          ((MainActivity) requireActivity()).openContent(position);
        }
      });
    return view;
  }
}
```

在 MenuFragment 中初始化并维护 ListView 控件，为其添加点击事件，当用户点击相应的菜单后，通过 requireActivity()方法获得与其关联的 Activity 对象。这里的 Activity 对象即为我们创建的 MainActivity，因此可以直接对其进行强制类型转换后调用 openContent()方法打开对应的内容。

接下来，实现添加账单信息的碎片，创建碎片并命名为“AddFragment.java”。代码如下：

```
public class AddFragment extends Fragment {
    public View onCreateView(LayoutInflater inflater,
            ViewGroup container, Bundle savedInstanceState) {
        return inflater.inflate(R.layout.fragment_add, container, false);
    }
}
```

代码逻辑比较简单，只是单纯地将布局作为碎片的内容，不涉及具体的操作逻辑。读者可以仿照这个流程完成其他几个操作内容的创建，此处不再赘述。运行程序观察实际的运行效果，默认情况下的效果如图 4.9 所示，当点击添加菜单后会打开如图 4.10 所示的界面。

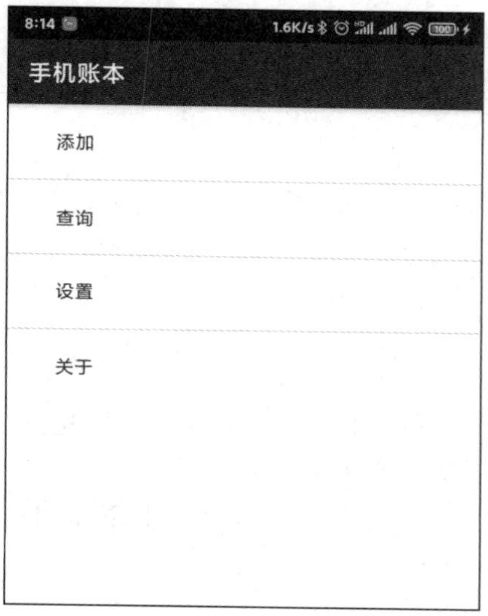

图 4.9　手机账本主界面

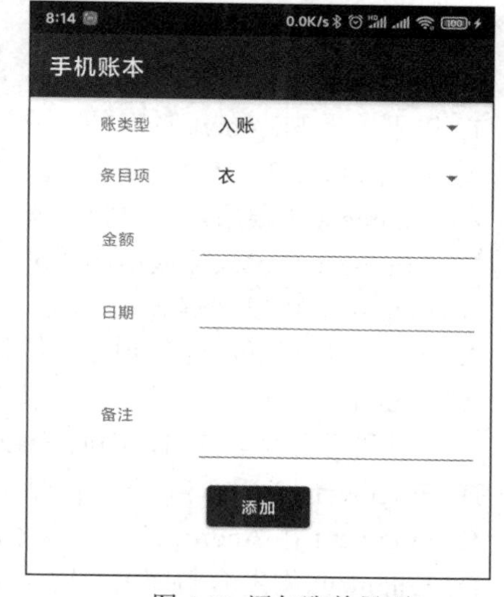

图 4.10 添加账单界面

当调整屏幕方向，使其横屏显示时，运行效果如图 4.11 所示。

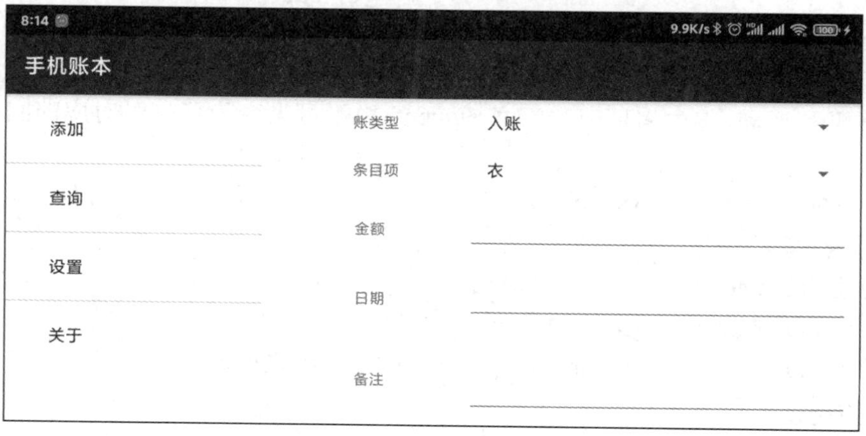

图 4.11　横屏状态手机账本

由于 Android 系统的开放性，任何用户、开发者、OEM 厂商、运营商都可以对 Android 进行定制，于是导致手机出现以下趋势：

(1) Android 系统碎片化，如小米定制的 MIUI、魅族定制的 flyme、华为定制的 EMUI 等。

(2) Android 机型屏幕尺寸碎片化，如 5 寸、6 寸等屏幕。

(3) Android 屏幕分辨率碎片化，如 320 px × 480 px、480 px × 800 px、720 px × 1280 px、1080 px × 1920 px 等屏幕分辨率。

正是由于这些碎片化的产生，导致 UI 在不同的手机上显示的效果出现不同，为了保证用户体验的一致，需要对 Android 屏幕进行适配。案例中通过屏幕方向限定符加载不同的资源就是一种适配方式，读者可以尝试使用其他限定符，思考针对不同机型的设备如何进行布局的适配。

习 题

一、选择题

1. 以下关于 Fragment 的介绍，错误的是(　　)。

A. 在 Android 3.0 版本开始提供了 Fragment

B. Fragment 主要应用到平板上

C. Fragment 技术只能应用到 3.0 以后的系统上

D. Fragment 可以理解成是 Activity 的一部分

2. 以下关于 Fragment 的说法，错误的是(　　)。

A. Fragment（碎片）是一种可以嵌入在 Activity 中的 UI 片段，它能让程序更加合理地利用大屏幕空间，因而 Fragment 在平板上应用得非常广泛

B. Fragment 与 Activity 十分相似，它能包含布局，同时也具有自己的生命周期

C. Fragment 在 Android 3.0 版本才被引入

D. Fragment 的生命周期函数比 Activity 少很多

3. 指定横屏设备生效的资源，可以使用的限定符为(　　)。

A. port　　B. land　　C. hdpi　　D. normal

4. Fragment 创建时，在(　　)中进行视图的加载。

A. initView　　B. onCreate　　C. onCreateView　　D. onLoadView

5. 在 Fragment 生命周期中，当 Fragment 由不可见变为可见时对应的回调方法是(　　)。

A. onStart　　B. onStop　　C. onResume　　D. onShow

二、简答题

1. 简述 Fragment 的使用场景及优势。

2. 简述 Fragment 与 Activity 的异同。

3. 简述 Fragment 与 Fragment、Fragment 与 Activity 之间的通信过程。

三、应用题

1. 创建两个 Fragment，分别为 A、B，完成通过 A 中的按钮控制 B 中的图片显示与隐藏。

2. 创建两个布局资源文件，实现在横屏与竖屏模式下显示不同的布局。

第五章　广　播

使用微信等软件时，如果当前无网络，界面上就会显示相应的提示信息，网络恢复后提示信息消失，这种效果依赖于 Android 提供的广播组件。本章将介绍广播的常用方式以及自定义广播的发送，实现 Android 应用之间、应用与系统之间的通知交互。

本章学习目标：

1. 掌握广播的基本用法；
2. 熟练掌握广播的发送与接收；
3. 了解常用广播类型。

5.1　广播简介

Android 应用与 Android 系统和其他 Android 应用之间可以相互收发广播消息。广播会在所关注的事件发生时发送，对应的接收者可以在关注的广播发出后做出相应操作。例如，Android 系统会在发生各种系统事件(如系统启动或设备开始充电)时发送广播。

应用可以注册接收特定的广播。广播发出后，Android 系统会自动将广播传送给同意接收这种广播的应用。一般来说，广播可作为跨应用和普通用户流之外的消息传递系统。广播消息本身会被封装在一个 Intent 对象中，该对象的操作字符串会标识所发生的事件(如 android.intent.action.AIRPLANE_MODE)。

5.2　广播接收器

对广播的处理需要用到广播接收器。在 Android 系统中，注册广播接收器有两种方式，分别为动态注册和静态注册。广播接收器需继承 BroadcastReceiver 类并实现 onReceive() 方法。

5.2.1　动态注册

不管是何种注册方式，都需要先编写广播接收者的实现类，比如要监听屏幕开关状态的改变。首先定义广播接收器，代码如下：

```
public class MyBroadcastReceiver extends BroadcastReceiver {
    static String TAG = "MyBroadcastReceiver";
```

```
    public void onReceive(Context context, Intent intent) {
        Log.i(TAG, "接收到广播：" + intent.getAction());
    }
}
```

当广播接收器接收到相应的广播后，会执行 onReceive()方法，在处理方法中通过日志获得屏幕开关状态的改变。同一类广播发送会有一个唯一的 Action，通过 Intent 的 getAction()可以获得对应的动作类型。

动态注册顾名思义就是在应用运行过程中，根据程序需要动态地对广播进行接收。正常情况下，用户在活动的创建和销毁方法中完成广播接收器的注册和取消注册，代码如下：

```
public class MainActivity extends AppCompatActivity {
    private BroadcastReceiver broadcastReceiver;

    protected void onCreate(Bundle savedInstanceState) {
        super.onCreate(savedInstanceState);
        setContentView(R.layout.activity_main);
        broadcastReceiver = new MyBroadcastReceiver();
        IntentFilter filter = new IntentFilter();
        filter.addAction(Intent.ACTION_SCREEN_ON);
        filter.addAction(Intent.ACTION_SCREEN_OFF);
        registerReceiver(broadcastReceiver, filter);
    }

    protected void onDestroy() {
        super.onDestroy();
        unregisterReceiver(broadcastReceiver);
    }
}
```

上述代码中，IntentFilter 用于过滤广播消息，因为 Android 系统中有各种各样的广播，所以需要用 IntentFilter 过滤出我们关心的广播。此处添加了“屏幕开”和“屏幕关”两个广播动作，然后通过 registerReceiver()和 unregisterReceiver()完成广播接收器的注册和取消。运行应用后，多次按下电源键，模拟屏幕的开关，可以看到日志中会有相应状态改变的输出，如图 5.1 所示。

```
1 I/MyBroadcastReceiver: 接收到广播: android.intent.action.SCREEN_OFF
1 I/MyBroadcastReceiver: 接收到广播: android.intent.action.SCREEN_ON
1 I/MyBroadcastReceiver: 接收到广播: android.intent.action.SCREEN_OFF
1 I/MyBroadcastReceiver: 接收到广播: android.intent.action.SCREEN_ON
```

图 5.1 动态注册广播接收器运行日志

5.2.2 静态注册

静态注册需要在 Android 的清单文件中使用 receiver 设置广播接收器。当广播发生时，如果应用尚未运行，则系统会自动启动应用，将动态注册的广播接收者改为静态注册的方式。代码如下：

```
<receiver android:name=".MyBroadcastReceiver"
    android:exported="true">
  <intent-filter>
    <action android:name="android.intent.action.LOCALE_CHANGED"/>
  </intent-filter>
</receiver>
```

和动态注册不同，静态注册使用了语言改变的广播，可以在应用退出的状态下打开系统的语言偏好设置，调整当前系统的语言，在日志中会显示相应的接收到广播的信息。运行结果如图 5.2 所示。

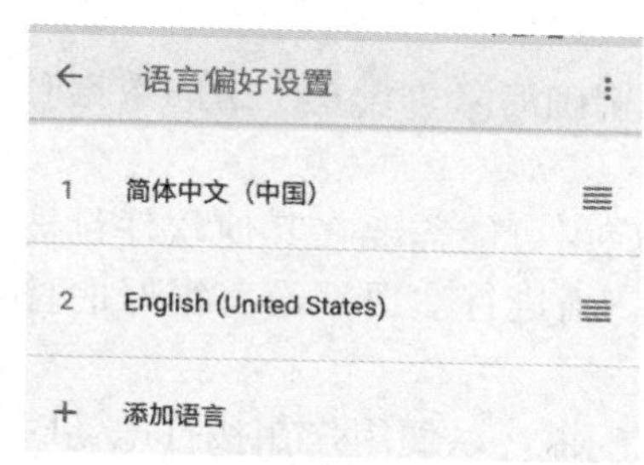

(a) 语言设置

```
I/MyBroadcastReceiver: 接收到广播: android.intent.action.LOCALE_CHANGED
I/MyBroadcastReceiver: 接收到广播: android.intent.action.LOCALE_CHANGED
```

(b) 广播接收器运行日志

图 5.2 静态注册

静态注册虽然在应用未启用的状态下对系统状态的改变做出反应，但是在 Android API 26 之后，Android 系统对静态注册广播进行了限制。对于没有明确是针对应用的隐式广播将不再触发，官方建议采用动态注册的形式使用广播。然而有以下几种广播目前不受这些限制的约束，无论应用以哪个 API 级别为目标，都可以继续静态注册广播接收器。

(1) ACTION_LOCKED_BOOT_COMPLETED、ACTION_BOOT_COMPLETED：该类广播可以继续使用，因为这些广播仅在首次启动时发送一次，而且许多应用需要接收此广播以调度作业、闹钟等。

(2) ACTION_USER_INITIALIZE、android.intent.action.USER_ADDED、android.intent.action.USER_REMOVED：这些广播受特许权限保护，因此大多数普通应用都无法接收它们。

(3) android.intent.action.TIME_SET、ACTION_TIMEZONE_CHANGED、ACTION_NEXT_ALARM_CLOCK_CHANGED：当时间、时区或闹钟发生更改时，时钟应用可能需要接收这些广播以更新闹钟。

(4) ACTION_LOCALE_CHANGED：仅在语言区域发生更改时发送，这种情况并不常见。当语言区域发生更改时，应用可能需要更新其数据。

(5) ACTION_USB_ACCESSORY_ATTACHED、ACTION_USB_ACCESSORY_DETA-

CHED、ACTION_USB_DEVICE_ATTACHED、ACTION_USB_DEVICE_ DETACHED：如果某个应用需要了解这些与 USB 有关的事件，除了为广播进行注册，目前还没有很好的替代方法。

(6) ACTION_CONNECTION_STATE_CHANGED、ACTION_CONNECTION_STATE_CHANGED、ACTION_ACL_CONNECTED、ACTION_ACL_DISCONNECTED：如果应用接收到针对这些蓝牙事件的广播，则用户体验不太可能受到影响。

(7) ACTION_CARRIER_CONFIG_CHANGED、TelephonyIntents.ACTION_*_ SUBSCRIPTION_CHANGED、TelephonyIntents.SECRET_CODE_ACTION、ACTION_PHONE_STATE_CHANGED、ACTION_PHONE_ACCOUNT_REGISTERED、ACTION_PHONE_ ACCOUNT_UNREGISTERED：OEM 电话应用可能需要接收这些广播。

(8) LOGIN_ACCOUNTS_CHANGED_ACTION：有些应用需要了解登录账号的更改，以便为新账号和已更改的账号设置调度的操作。

(9) ACTION_ACCOUNT_REMOVED：具有账号可见性的应用会在账号被移除后收到此广播。如果应用只需要对此账号更改执行操作，则强烈建议应用使用此广播，而不是使用已弃用的 LOGIN_ACCOUNTS_CHANGED_ACTION。

(10) ACTION_PACKAGE_DATA_CLEARED：仅在用户明确清除“设置”中的数据时发送，因此广播接收器不太可能对用户体验造成显著影响。

(11) ACTION_PACKAGE_FULLY_REMOVED：某些应用可能需要在其他软件包被移除时更新其存储的数据；对于这些应用来说，除了为此广播进行注册，没有很好的替代方法。

(12) ACTION_NEW_OUTGOING_CALL：应用接收此广播，以便用户在拨打电话时采取相应操作。

(13) ACTION_DEVICE_OWNER_CHANGED：此广播的发送频率不高，某些应用需要接收它来了解设备的安全状态已发生更改。

(14) ACTION_EVENT_REMINDER：由日历提供程序发送，以便向日历应用发布事件提醒。由于日历提供程序并不知道日历应用是什么，因此此广播必须是隐式的。

(15) ACTION_MEDIA_MOUNTED、ACTION_MEDIA_CHECKING、ACTION_ MEDIA_UNMOUNTED、ACTION_MEDIA_EJECT、ACTION_MEDIA_UNMOUNTABLE、ACTION_MEDIA_REMOVED、ACTION_MEDIA_BAD_REMOVAL：这些广播会在用户与设备的物理互动(安装或移除存储卷)或启动初始化(可用卷装载时)过程中发送，并且通常受用户控制。

(16) SMS_RECEIVED_ACTION、WAP_PUSH_RECEIVED_ACTION：短信接收者应用需要依赖这些广播。

5.3 自定义广播

在上一节中接收到的广播都是系统自动发送的，我们也可以按照需求自定义发送广播。Android 为应用提供了三种方式来发送广播：

(1) sendOrderedBroadcast(Intent, String)方法：一次向一个接收器发送广播。当接收器逐个顺序执行时，可以向下传递结果，也可以完全中止广播，使其不再传递给其他接收器。接收器的运行顺序可以通过匹配的 intent-filter 的 android:priority 属性来控制；具有相同优先级的接收器将按随机顺序运行。

(2) sendBroadcast(Intent)方法：会按随机的顺序向所有接收器发送广播，称为常规广播。这种方法效率更高，但也意味着接收器无法从其他接收器读取结果，无法传递从广播中收到的数据，也无法中止广播。

(3) LocalBroadcastManager.sendBroadcast 方法：会将广播发送给与发送器位于同一应用中的接收器，如果不需要跨应用发送广播，则可以使用本地广播。这种实现方法的效率更高(无需进行进程间通信)，而且不需担心其他应用在收发广播时带来的任何安全问题。

5.3.1 发送标准广播

前面说到，广播会有一个唯一标识，自定义的广播也需要一个标识，用户可以自行定义，不要与系统内广播冲突即可，通常我们会使用应用的唯一标识作为前缀。

```
private static String ACTION_NORMAL = "com.chapter.broadcast.NORMAL";
```

接收自定义广播与接收系统广播一样，需要先创建并注册广播接收器。代码如下：

```
public class MainActivity extends AppCompatActivity {
    private static String TAG = "MainActivity";
    private static String ACTION_NORMAL =
            "com.chapter.broadcast.NORMAL";
    private BroadcastReceiver broadcastReceiver;

    protected void onCreate(Bundle savedInstanceState) {
        super.onCreate(savedInstanceState);
        setContentView(R.layout.activity_main);
        broadcastReceiver = new MyBroadcastReceiver();
        IntentFilter filter = new IntentFilter();
        filter.addAction(ACTION_NORMAL);
        registerReceiver(broadcastReceiver, filter);
    }

    protected void onDestroy() {
        super.onDestroy();
        unregisterReceiver(broadcastReceiver);
    }
}
```

上面的步骤和接收系统广播是一样的，当需要发送自定义广播时只需要调用 sendBroadcast()方法即可，该方法接收一个 Intent 作为参数。

需要注意的是：发送广播的 Action 要与广播接收器的 Action 一致。

```
Intent intent = new Intent();
intent.setAction(ACTION_NORMAL);
sendBroadcast(intent);
```

5.3.2 发送有序广播

有序广播会按照广播接收器的优先级顺序传递，传播过程中，高优先级的广播接收器可以通知该广播继续向下传递。下面分别定义两个优先级的广播接收器。

```
highBroadcastReceiver = new BroadcastReceiver() {
    public void onReceive(Context context, Intent intent) {
        Log.i(TAG, "【高】接收到广播：" + intent.getAction());
    }
};
lowBroadcastReceiver = new BroadcastReceiver() {
    public void onReceive(Context context, Intent intent) {
        Log.i(TAG, "【低】接收到广播：" + intent.getAction());
    }
};
```

通过 IntentFilter 的 setPriority 可以设置广播接收器的优先级，取值范围为：[IntentFilter.SYSTEM_LOW_PRIORITY, IntentFilter.SYSTEM_HIGH_PRIORITY]，即[-1000, 1000]，在取值范围内，值越大优先级越高。

```
IntentFilter highFilter = new IntentFilter();
highFilter.setPriority(IntentFilter.SYSTEM_HIGH_PRIORITY);
highFilter.addAction(ACTION_ORDERED);
registerReceiver(highBroadcastReceiver, highFilter);
IntentFilter lowFilter = new IntentFilter();
highFilter.setPriority(IntentFilter.SYSTEM_LOW_PRIORITY);
lowFilter.addAction(ACTION_ORDERED);
registerReceiver(lowBroadcastReceiver, lowFilter);
```

发送有序广播需要使用 sendOrderedBroadcast()方法。

```
Intent intent = new Intent();
intent.setAction(ACTION_ORDERED);
sendOrderedBroadcast(intent, null, null, null, 0, null, null);
```

高优先级的广播接收器优先对广播进行处理，如果需要中断广播的传递，需要在广播接收器中调用 abortBroadcast()方法。

```
highBroadcastReceiver = new BroadcastReceiver() {
    public void onReceive(Context context, Intent intent) {
        Log.i(TAG, "【高】接收到广播：" + intent.getAction());
```

```
        abortBroadcast();
        Log.i(TAG, "【高】接收到广播：" + intent.getAction()
            + ", 中断传播");
    }
};
```

上述代码中，sendOrderedBroadcast()方法发送有序广播时，可以设置初始数据等信息。有时希望所有的广播接收器处理完成后，最终统一处理广播数据，可以在该方法中传递回调广播接收器，该接收器不论是否被中断都会执行。

```
Intent intent = new Intent();
intent.setAction(ACTION_ORDERED);
sendOrderedBroadcast(intent, null, new BroadcastReceiver() {
    public void onReceive(Context context, Intent intent) {
        Log.i(TAG, "有序广播发送完成");
    }
}, null, 0, null, null);
```

5.3.3 本地广播

不管是标准广播还是有序广播，都可以跨应用传递。如果广播不需要跨应用发送，仅允许同一应用中的广播接收器进行处理，这时可以使用本地广播。因为不需要跨进程通信，所以本地广播比普通广播拥有更高的效率，而且不必担心其他应用在收发广播时带来的任何安全问题。使用本地广播需要添加相应的依赖包。

```
implementation
    'androidx.localbroadcastmanager:localbroadcastmanager:1.0.0'
```

本地广播的接收器和普通广播的开发方式类似，只需要在本地广播注册、取消注册以及发送时使用 LocalBroadcastManager 进行处理。代码如下：

```
public class MainActivity extends AppCompatActivity {
    private static String TAG = "MainActivity";
    private static String ACTION_NORMAL =
        "com.chapter.broadcast.NORMAL";
    private BroadcastReceiver broadcastReceiver;

    protected void onCreate(Bundle savedInstanceState) {
        super.onCreate(savedInstanceState);
        setContentView(R.layout.activity_main);
        broadcastReceiver = new MyBroadcastReceiver();
        IntentFilter filter = new IntentFilter();
        filter.addAction(ACTION_NORMAL);
        registerReceiver(broadcastReceiver, filter);
```

```
        LocalBroadcastManager.getInstance(this)
                .registerReceiver(broadcastReceiver, filter);
    }

    protected void onDestroy() {
        super.onDestroy();
        LocalBroadcastManager.getInstance(this)
                .unregisterReceiver(broadcastReceiver);
    }
}
```

在发送广播时使用 LocalBroadcastManager 的 sendBroadcast()方法。

```
Intent intent = new Intent();
intent.setAction(ACTION_NORMAL);
LocalBroadcastManager.getInstance(this).sendBroadcast(intent);
```

5.4 案例与思考

在移动应用开发中，经常需要对设备的网络状态进行监测，下面通过一个案例来演示如何使用广播实现对设备网络状态的监测。本案例涉及内容如下：

(1) 广播接收器的编写。

(2) 广播接收器的动态注册。

创建用于监测网络状态的广播接收器类“NetWorkChangeReceiver.java”，代码如下：

```
public class NetWorkChangeReceiver extends BroadcastReceiver {
    private final TextView statTxt;

    public NetWorkChangeReceiver(TextView statTxt) {
        this.statTxt = statTxt;
    }

    public void onReceive(Context context, Intent intent) {
        Log.d("NetWorkChangeReceiver", "网络状态发生变化");
        ConnectivityManager connMgr = (ConnectivityManager)
                context.getSystemService(Context.CONNECTIVITY_SERVICE);
        Network[] networks = connMgr.getAllNetworks();
        StringBuilder builder = new StringBuilder();
        for (Network network : networks) {
            NetworkInfo networkInfo = connMgr.getNetworkInfo(network);
            builder.append(networkInfo.getTypeName() + "["
```

```
                + networkInfo.getSubtypeName() + "]" + " connect is "
                + networkInfo.isConnected() + "\r\n");
        }
        this.statTxt.setText(builder);
    }
}
```

上述代码在 onReceive()方法中，通过 Context 类的 getSystemService()方法获得 ConnectivityManager 对象。通过该对象可以获得当前设备的网络信息，即调用该对象的 getAllNetworks()方法即可，然后遍历所有网络，将网络状态信息拼接为字符串后在 TextView 控件中显示出来。

需要注意的是：调用 getAllNetworks()方法需要申请权限，因此还需要在清单文件中添加 ACCESS_NETWORK_STATE 权限才可以正常使用。

```
<uses-permission
    android:name="android.permission.ACCESS_NETWORK_STATE" />
```

由于广播接收器需要将网络状态的信息显示在 TextView 中，因此在使用时需要采用动态注册的方式在构造方法中将控件作为参数进行传递。

网络状态的显示需要涉及常用控件的使用，简单地对显示界面进行布局，创建布局文件并命名为“activity_main.xml”。代码如下：

```
<?xml version="1.0" encoding="utf-8"?>
<LinearLayout
    xmlns:android="http://schemas.android.com/apk/res/android"
    android:layout_width="match_parent"
    android:layout_height="match_parent">
    <TextView
        android:id="@+id/state"
        android:layout_width="match_parent"
        android:layout_height="wrap_content"
        android:textSize="20sp" />
</LinearLayout>
```

在该布局中，只需添加一个 TextView 控件用于最终显示即可。接下来编写主活动的实现，完成广播接收器的注册以及网络状态的显示。创建活动并命名为“MainActivity.java”。代码如下：

```
public class MainActivity extends AppCompatActivity {
    private TextView statTxt;
    private NetWorkChangeReceiver netWorkChangeReceiver;

    protected void onCreate(Bundle savedInstanceState) {
        super.onCreate(savedInstanceState);
        setContentView(R.layout.activity_main);
```

```
        this.statTxt = findViewById(R.id.state);
        netWorkChangeReceiver = new NetWorkChangeReceiver(statTxt);
        IntentFilter filter = new IntentFilter();
        filter.addAction(ConnectivityManager.CONNECTIVITY_ACTION);
        registerReceiver(netWorkChangeReceiver, filter);
    }

    protected void onDestroy() {
        super.onDestroy();
        unregisterReceiver(netWorkChangeReceiver);
    }
}
```

当监听网络状态改变时，IntentFilter 中需要设置的 Action 为 ConnectivityManager.CONNECTIVITY_ACTION，这样就完成了完整的网络状态监听的逻辑。运行程序观察实际的效果，首先默认情况下设备的移动网络与 WiFi 网络全部连接，运行效果如图 5.3 所示，当关闭 WiFi 网络后，运行效果如图 5.4 所示。

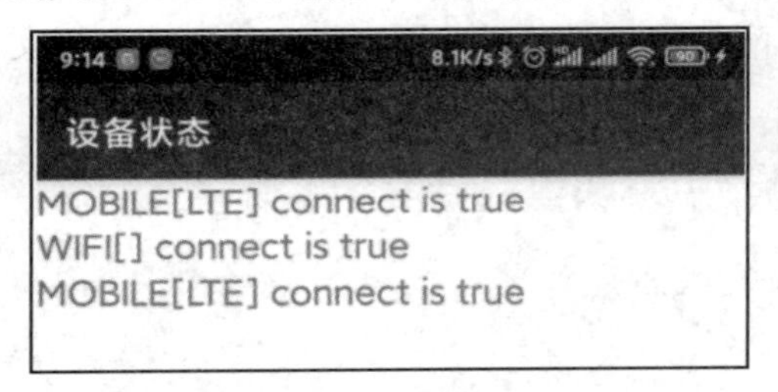

图 5.3 网络信息

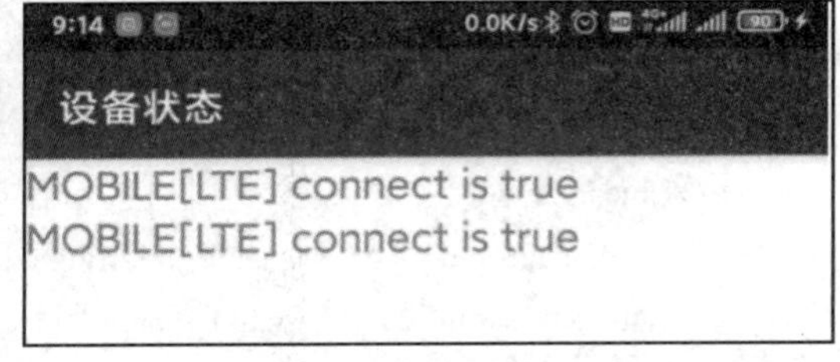

图 5.4 网络状态改变

在案例中，通过监听设备的网络状态变化进行显示，请读者思考，在实际开发中监听设备状态变化的实际场景，通过案例程序举一反三，完成设备其他状态的监听。

习 题

一、选择题

1. 关于 BroadcastReceiver 的说法不正确的是(　　)。

A. 广播接收器是 Android 四大组件之一

B. 对有序广播，系统会根据接收者声明的优先级别按顺序逐个执行接收者

C. 接收者声明的优先级别在 android:priority 属性中声明，数值越大优先级别越高

D. 在配置文件 manifest 中配置接收器叫做动态注册

2. Android 中广播注册方式有几种(　　)。

A. 1　　B. 2　　C. 3　　D. 4

3. 继承 BroadcastReceiver 会重写(　　)方法。

A. OnReceiver()　　B. onUpdate()　　C. onCreate()　　D. onStart()

4. 关于 abortBroadcast 说法正确的是(　　)。

A. 该方法的作用是发送有序广播

B. 该方法的作用是用于拦截无序广播

C. 发送一条有序广播

D. 通过该方法可以终止有序广播

5. 关于广播接收者说法错误的是(　　)。

A. Android 中定义广播接收者要继承 BroadCastReceiver

B. Android 中定义广播接收者的目的之一是方便开发者进行开发

C. Android 系统中内置了很多系统级别的广播

D. Android 中定义广播这个组件意义不是很大

二、简答题

1. 简述广播的注册方式及其优缺点。

2. 简述广播不同发送方式的优缺点。

3. 简述有序广播和无序广播的区别。

三、应用题

1. 使用广播实现设备网络状态的监听，并将网络状态信息通过合适的控件显示到界面上。

2. 界面中添加 EditText 控件，当内容编辑结束后，使用广播发送最终结果，并使用自定义广播接收者接收该广播消息。

第六章　Android 多线程编程

在 Android 中也可以进行多线程编程，多线程可以让应用程序更加充分地利用系统资源以实现更好的性能。

本章学习目标：

1. 了解线程的基本用法；
2. 熟练掌握线程状态的控制；
3. 了解子线程更新 UI。

6.1 线 程 简 介

在操作系统中，独立的正在运行的程序称为进程。一个程序通常被分为多个任务块，任务又进一步被分成更小的块，这些更小的块就是线程，如果一个程序中多个线程同时执行，就称为多线程并行。

一个线程被定义为一个单一的连续控制流。线程也可以称为执行环境或者轻量级程序。当一个程序发起后，首先会生成一个缺省的线程，这个线程被称作主线程。在主线程中，新建并启动的线程称为从线程。从线程有自己的入口方法，这是由开发者自己定义的。

进程是重量级的任务，需要为它们分配独立的内存资源。进程间的通信是昂贵而受限的，因为每个进程的内存资源是独立的，所以进程间的转换也需要很大的系统开销。线程则是轻量级的任务，它们只在单个进程作用域活动，可以共享相同的地址空间，共同处理一个进程。因此，多线程程序比多进程程序需要更少的管理成本。

使用多线程的优势还在于可以编写出非常高效的程序。程序运行中除了 CPU 外，还经常使用存储卡、网络设备等进行数据传输。这些设备的读写速度都比 CPU 执行速度慢得多，因此程序经常等待接收或者发送数据。使用多线程可以充分利用 CPU 资源，当一个线程因为读写需要等待时，另外一个线程就可以运行。

线程有如下几种状态：

(1) 新建(New)：当创建线程后处于该状态。

(2) 就绪(Ready)：创建线程后调用 start()方法，线程就处于就绪状态。

(3) 运行(Running)：当处于就绪的线程得到 CPU 资源后将处于运行状态。

(4) 挂起(Suspend)：程序可以在运行中将线程暂停挂起。

(5) 阻塞(Block)：运行中的线程如果遇到读写或者其他堵塞条件，将转入阻塞状态。

(6) 恢复(Resume)：当处于阻塞状态的线程如果获得资源时或者阻塞事件结束则线程恢复执行。

(7) 终止(Terminate)：当线程遇到异常或者执行结束则终止。

6.2 线程的创建

创建线程有两种方式，一种是继承 Thread，另一种是实现 Runnable 接口。Thread 实际上也实现了 Runnable 接口。

Thread 类实现 Runnable 接口，在使用 Thread 类创建线程时，需要重写 run()方法，该方法需要编写线程运行的逻辑，即线程任务。通常情况下，用户会在该方法中执行比较耗时的操作，比如 IO 操作、访问网络等。

当启动一个线程时，需要调用 Thread 对象的 start()方法，当线程处于运行状态时，会执行 run()方法。需要注意的是：启动线程时，不应该直接调用 run()方法。如果这样做，run()方法会作为普通方法执行，而不会启动线程。代码如下：

```
public class MyThread extends Thread {
    private static String TAG = "MyThread";
    public void run() {
        for (int i = 0; i < 10; i++) {
            Log.i(TAG , "run: " + System.currentTimeMillis());
            try {
                Thread.sleep(1000);
            } catch (InterruptedException e) {
                Log.e(TAG , "run: ", e);
            }
        }
    }
}
```

在上述代码中，自定义了一个线程类，继承自 Thread。在 run()方法中，打印当前系统时间，当 run()方法执行结束后，线程结束。要想启动线程，只需要调用该对象的 start()方法。

```
Thread thread = new MyThread();
thread.start();
```

运行结果如图 6.1 所示。

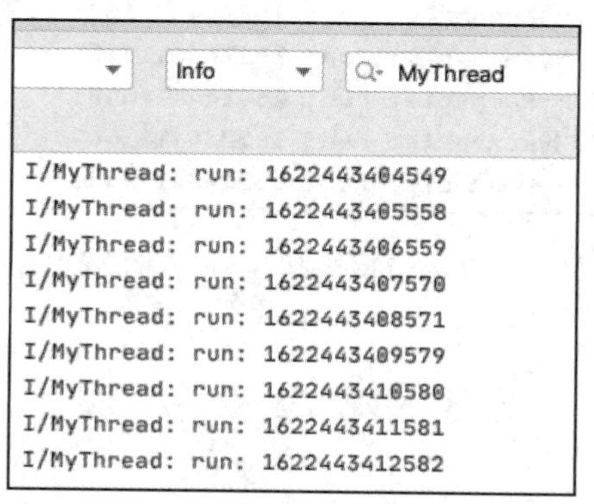

图 6.1 Thread 类创建线程的运行日志

Runnable 接口由那些打算通过某一线程执行其实例的类来实现。类必须定义一个称为 run 的无参数方法。由于 Java 单继承多实现的规则，因此在设计线程类时，应先考虑采用实现 Runnable 方式，方便后期的代码扩展。代码如下：

```
public class MyRunnable implements Runnable {
    private static String TAG = "MyRunnable";
    public void run() {
        for (int i = 0; i < 10; i++) {
            Log.i(TAG , "run: " + System.currentTimeMillis());
            try {
                Thread.sleep(1000);
            } catch (InterruptedException e) {
                Log.e(TAG , "run: ", e);
            }
        }
    }
}
```

实现 Runnable 接口与继承 Thread 类的核心处理逻辑是一样的，只需要将继承 Thread 的代码改成实现 Runnable 接口即可。但是使用实现 Runnable 接口形式的线程，在启动时需要借助 Thread 类进行启动。

```
Runnable runnable = new MyRunnable();
new Thread(runnable).start();
```

运行结果如图 6.2 所示。

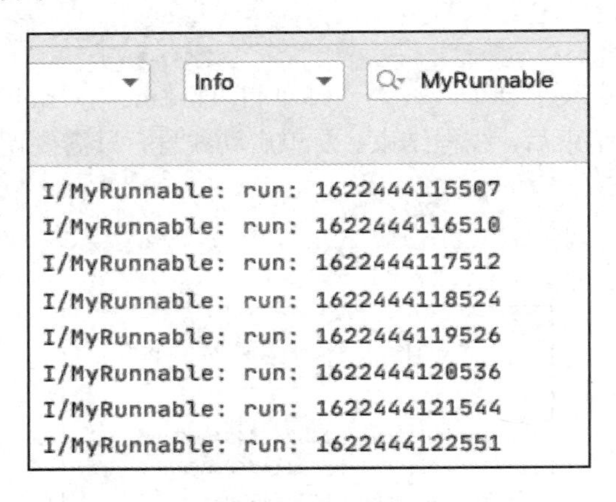

图 6.2 Runnable 接口创建线程的运行日志

6.3 线程优先级

默认情况下，创建的线程具有相同的优先级，各线程获得 CPU 时间片的概率相同。

有时我们希望某些线程优先执行，获得更多的 CPU 资源，就需要提高线程的优先级。在实际应用中，线程获得 CPU 资源的多少除了优先级还由其他因素决定，线程的调用不会绝对按照线程优先级执行。

当多个线程启动加入队列等待执行时，优先级高的优先获得 CPU 资源，优先级取值范围为 1～10，数值越大表示优先级越高。Thread 类中定义了优先级 int 型常量 MAX_PRIORITY、NORM_PRIORITY 和 MIN_PRIORITY，这三个常量表示了三个优先级，其值分别为 10、5、1。Android 应用默认启动的主线程的优先级是 NORM_PRIORITY，也就是 5。代码如下：

```
public class PriorityThread extends Thread {
    private static String TAG = "PriorityThread";

    public PriorityThread(String name) {
        super(name);
    }

    public void run() {
        for (int i = 0; i < 10; i++) {
            Log.i(TAG, Thread.currentThread().getName() + "("
                    + Thread.currentThread().getPriority() + "),
                    run count: " + i);
        }
    }
}
```

上述代码中，Thread.currentThread()可以获得当前正在运行的线程对象，通过该对象可以获得线程名称等线程信息。对线程设置不同的优先级，启动之后观察线程的执行顺序，多次执行可以发现执行顺序并不一样。

```
Thread highThread = new PriorityThread("high-thread");
Thread normalThread = new PriorityThread("narmal-thread");
Thread lowThread = new PriorityThread("low-thread");
highThread.setPriority(Thread.MAX_PRIORITY);
normalThread.setPriority(Thread.NORM_PRIORITY);
lowThread.setPriority(Thread.MIN_PRIORITY);
highThread.start();
normalThread.start();
lowThread.start();
```

运行结果如图 6.3 所示。

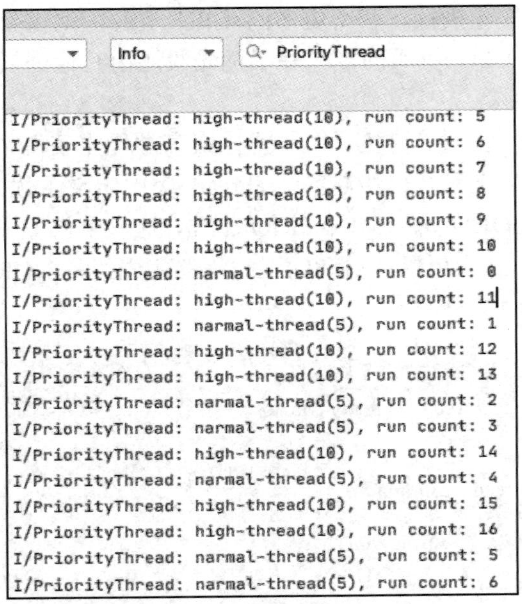

```
Info    PriorityThread
I/PriorityThread: high-thread(10), run count: 5
I/PriorityThread: high-thread(10), run count: 6
I/PriorityThread: high-thread(10), run count: 7
I/PriorityThread: high-thread(10), run count: 8
I/PriorityThread: high-thread(10), run count: 9
I/PriorityThread: high-thread(10), run count: 10
I/PriorityThread: narmal-thread(5), run count: 0
I/PriorityThread: high-thread(10), run count: 11
I/PriorityThread: narmal-thread(5), run count: 1
I/PriorityThread: high-thread(10), run count: 12
I/PriorityThread: high-thread(10), run count: 13
I/PriorityThread: narmal-thread(5), run count: 2
I/PriorityThread: narmal-thread(5), run count: 3
I/PriorityThread: high-thread(10), run count: 14
I/PriorityThread: narmal-thread(5), run count: 4
I/PriorityThread: high-thread(10), run count: 15
I/PriorityThread: high-thread(10), run count: 16
I/PriorityThread: narmal-thread(5), run count: 5
I/PriorityThread: narmal-thread(5), run count: 6
```

图 6.3 不同优先级线程的运行日志

6.4 线程的暂停、恢复与停止

在 JDK 1.2 以前的版本中，如果要实现线程的暂停、恢复和停止，其方法分别是 suspend()、resume()和 stop()。但是从 JDK 1.2 以后这些方法已经被遗弃，因为它们有可能造成严重的系统错误和异常。首先，suspend()方法不会释放线程所占用的资源，如果使用该方法将某个线程挂起，则可能会使其他等待资源的线程被锁死，而 resume()方法本身并无问题，但是不能独立于 suspend()方法存在；其次，调用 stop()可能会导致严重的系统故障，因为不论这段方法是否执行完毕，都会立刻中断指令执行，所以如果这个线程正在执行重要的操作(如，对程序的运行起着支撑作用)，这时突然中断其执行将会导致系统崩溃。

因此，目前这些方法已经不适合挂起和终止线程了。当需要在线程中实现暂停、恢复和停止操作时，可以通过设置标志位来控制线程的执行，通过在线程内部检测标志判断并调用 wait()方法和 notify()方法操作线程的挂起、恢复和正常终止。执行如下代码：

```
public class ControlThread extends Thread {
    private static String TAG = "ControlThread";

    static enum Status {
        STOP, SUSPEND, RUNNING
    }
    private Status status = null;
    private long count = 0;

    public synchronized void run() {
```

```
            Log.i(TAG , this.getName() + "开始运行...");
            status = Status.RUNNING;
            // 判断是否停止
            while (status != Status.STOP) {
                // 判断是否挂起
                if (status == Status.SUSPEND) {
                    try {
                        Log.i(TAG , this.getName() + "挂起...");
                        wait();
                    } catch (InterruptedException e) {
                        Log.e(TAG , "线程异常终止...", e);
                    }
                } else {
                    count++;
                    Log.i(TAG , this.getName() + "第" + count + "次运行...");
                    try {
                        Thread.sleep(1000);
                    } catch (InterruptedException e) {
                        Log.e(TAG , "线程异常终止...", e);
                    }
                }
            }
            Log.i(TAG , this.getName() + "运行结束...");
        }

        public synchronized void myResume() {
            status = Status.RUNNING;
            notifyAll();
            Log.i(TAG , this.getName() + "恢复...");
        }

        public void mySuspend() {
            status = Status.SUSPEND;
        }

        public void myStop() {
            status = Status.STOP;
        }
    }
```

上述代码在自定义的线程类中，首先定义了线程运行状态相关的枚举，在 run()方法中通过 while 循环判断线程状态是否已结束。当线程状态为挂起时，调用 wait()方法，该方法会从对应代码位置中断；需要恢复执行时，调用 notify()方法可唤醒线程对象，使其继续执行。当使用 wait()、notify()方法时，需要先获得被锁死的对象，在对应的方法上增加 synchronized 关键字可实现该效果。运行结果如图 6.4 所示。

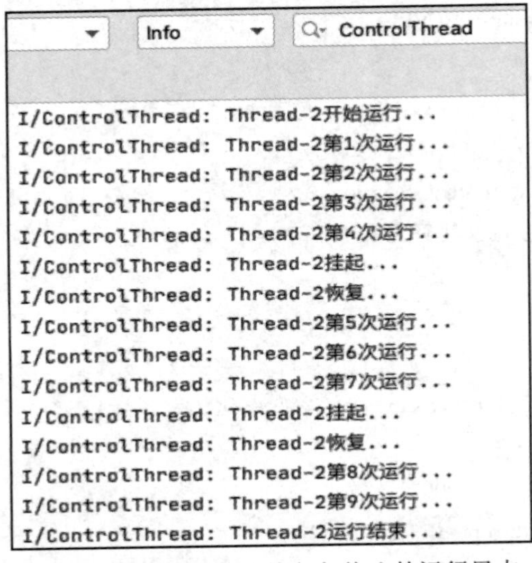

图 6.4 线程的暂停、恢复与停止的运行日志

6.5 子线程更新 UI

线程用来完成比较耗时的任务，当任务完成后，需要向用户进行反馈，通常会更改 UI 中的元素来提示用户任务已经完成。在 Android 中负责 UI 绘制的线程为 UI 线程，应用程序有专门的 UI 线程来完成控件的绘制刷新工作。在子线程中无法直接对控件进行操作，这是为了避免多线程并发造成用户体验效果不佳。

在子线程中更新控件时，系统会抛出异常，想要解决这个问题，可以借助 Handler。Handler 在 Android 中用于消息的处理，可以定义自己的 Handler 并重写 handleMessage (Message msg)方法，当通过 Handler 对象发送消息后会回调该方法。代码如下：

```
public class MyHandler extends Handler {
    private final Context context;

    public MyHandler(Context context) {
        this.context = context;
    }

    public void handleMessage(Message msg) {
        int what = msg.what;
```

```
        switch (what) {
          case 1:
            Toast.makeText(context, "消息 1", Toast.LENGTH_SHORT).show();
            break;
          case 2:
            Toast.makeText(context, "消息 2", Toast.LENGTH_SHORT).show();
            break;
          default:
            Toast.makeText(context, "默认消息",
                    Toast.LENGTH_SHORT).show();
        }
      }
    }
```

使用 Handler 发送的消息将被封装在 Message 对象中，通过该对象的 what 属性对同一个 Handler 对象的消息进行分类，收到不同的消息后，显示 Toast 信息模拟对 UI 界面的更新。代码如下：

```
new Thread() {
  public void run() {
    for (int i = 0; i < 10; i++) {
      Log.i(TAG, "run count: " + i);
    }
    handler.sendEmptyMessage(1);
  }
}.start();
```

开启一个线程，在线程任务执行完成后，通过 handler 对象发送消息。如果消息仅包含 what 属性而不包含数据，则可以直接使用 sendEmptyMessage()方法发送一个空的消息。运行结果如图 6.5 所示。

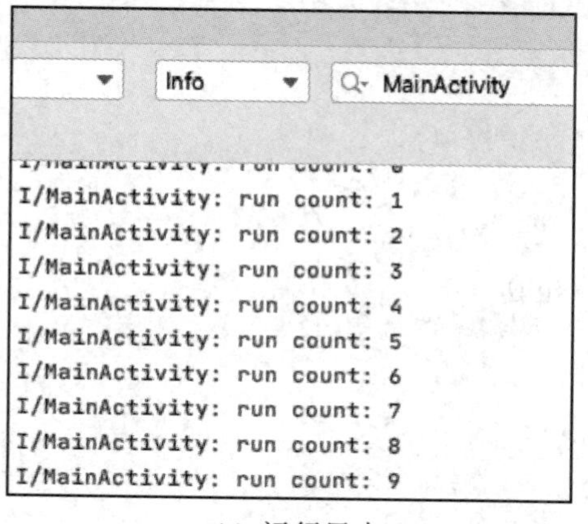

(a) 运行日志

(b) 运行效果

图 6.5 子线程更新 UI

上述代码除了 sendEmptyMessage()方法，还可以使用 sendMessage()将要发送的数据包装在一个 Message 中进行发送。当调用这两个方法后，消息会被立即发送。如果希望消息延迟发送或者在指定时间发送，则在 Handler 中也有相应的方法进行处理。

```
handler.sendEmptyMessageDelayed(2, 5000);
handler.sendEmptyMessageAtTime(0,
    SystemClock.uptimeMillis() + 5000);
```

上述代码中，sendEmptyMessageDelayed()方法用于延迟一段时间后发送消息，第二个参数表示延迟的时间，单位为 ms。sendEmptyMessageAtTime()方法用于在指定时间发送消息。需要注意的是：第二个参数指的是相对系统开机时间的绝对时间，使用 SystemClock.uptimeMillis()可以获得当前的开机时间，上面的代码发送消息本质上是等价的，都是延迟 5 s 后发送。

6.6 AsyncTask

使用线程搭配 Handler 可以实现异步任务的处理，任务处理完成后，修改 UI 给予用户相应的提示，但是使用这种方式比较烦琐，需要自己维护线程以及 Handler。在 Android 开发中，对于异步任务的处理，有更简单的方法来实现相同的功能，通常采用 AsyncTask 来处理。在 AsyncTask 中，可以监听任务处理进度，在任务处理完成后可直接操作 UI，降低维护线程出错的概率。代码如下：

```
public class MyAsyncTask extends AsyncTask<Void, Integer, Void> {
  private static String TAG = "MyAsyncTask";
  private final Context context;

  public MyAsyncTask(Context context) {
    this.context = context;
  }

  protected void onPreExecute() {
    Log.i(TAG, "onPreExecute...");
  }

  protected void onProgressUpdate(Integer... values) {
    Log.i(TAG, "onProgressUpdate:" + values[0]);
  }

  protected void onPostExecute(Void unused) {
    Log.i(TAG, "onPostExecute...");
    Toast.makeText(context, "异步任务执行完成",
        Toast.LENGTH_SHORT).show();
```

```
    }
    protected Void doInBackground(Void... voids) {
        Log.i(TAG, "start doInBackground...");
        for (int i = 0; i < 10; i++) {
            try {
                Thread.sleep(500);
            } catch (InterruptedException e) {}
            publishProgress(i);
        }
        Log.i(TAG, "finish doInBackground...");
        return null;
    }
}
```

上述代码中，AsyncTask 是一个抽象类，使用时必须重写 doInBackground()方法。该方法可以完成复杂耗时的任务，等价于线程的 run()方法，并且不允许直接操作 UI 控件。

AsyncTask 有三个泛型参数，分别表示参数类型、进度类型和结果类型。AsyncTask 执行时会先执行 onPreExecute()方法，该方法可以操作 UI 控件，进行一些准备操作。紧接着会执行真正的 doInBackground()方法，异步任务的核心逻辑需要在该方法中执行，执行过程中，可以更新任务进度，比如当缓冲视频时可以看到缓冲进度，使用 publishProgress()方法即可更新进度实现该效果。当异步任务执行完成后会调用 onPostExecute()方法，并且会将异步任务执行的结果作为执行完成的参数。运行结果如图 6.6 所示。

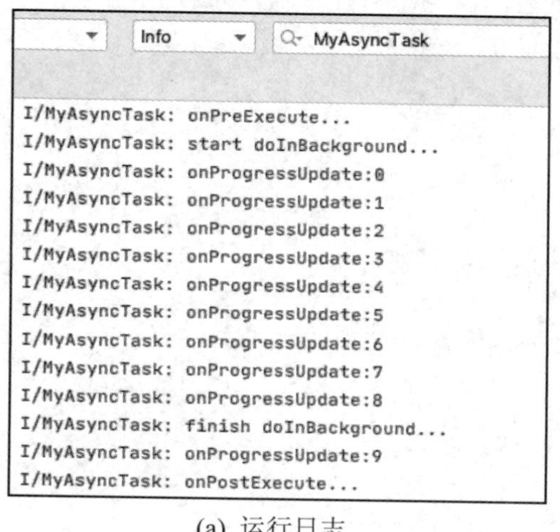

(a) 运行日志

异步任务执行完成

(b) 运行效果

图 6.6 Async Task 类

6.7 案例与思考

秒表是生活中常见的小工具，下面结合多线程实现一个简易的秒表。本案例涉及内容如下：

(1) 线程的开启与关闭。

(2) 子线程更新 UI。

首先设计秒表所需的界面布局，准备两个小图片用于开始和关闭按钮，素材如图 6.7 所示。

图 6.7 秒表素材

创建布局文件并命名为“activity_main.xml”。代码如下：

```
<?xml version="1.0" encoding="utf-8"?>
<LinearLayout
  xmlns:android="http://schemas.android.com/apk/res/android"
  android:layout_width="match_parent"
  android:layout_height="match_parent"
  android:orientation="vertical">
  <TextView
    android:id="@+id/timeTxt"
    android:layout_width="match_parent"
    android:layout_height="wrap_content"
    android:gravity="center"
    android:text="--"
    android:textSize="40sp" />
  <LinearLayout
    android:layout_width="match_parent"
    android:layout_height="wrap_content"
    android:layout_marginTop="20dp"
    android:gravity="center"
    android:orientation="horizontal">
    <ImageButton
      android:layout_width="50dp"
      android:layout_height="50dp"
      android:background="@drawable/start"
      android:onClick="handleStart" />
    <ImageButton
      android:layout_width="50dp"
      android:layout_height="50dp"
      android:layout_marginLeft="20dp"
      android:background="@drawable/stop"
```

```
            android:onClick="handleStop" />
    </LinearLayout>
</LinearLayout>
```

在秒表的布局中，使用 TextView 显示计数信息。与其他案例不同的是，秒表的布局使用 ImageButton 而不是原来的 Button，这两者的使用方式基本相同，选择 ImageButton 而非 Button 是为了设置背景图片。除此之外，在布局中指定秒表开始和结束的处理方法分别为 handleStart 和 handleStop。

完成了秒表的基本布局，接下来就可以编写活动类。创建活动并命名为“MainActivity.java”，代码如下：

```
public class MainActivity extends AppCompatActivity
        implements Runnable {
    private TextView timeTxt;
    private long startTime = 0;
    private boolean isStart = false;
    private Thread stopwatchThread = null;
    private Handler handler = null;

    protected void onCreate(Bundle savedInstanceState) {
        super.onCreate(savedInstanceState);
        setContentView(R.layout.activity_main);
        this.timeTxt = findViewById(R.id.timeTxt);
        this.handler = new Handler() {
            public void handleMessage(Message msg) {
                long growthTime = System.currentTimeMillis() - startTime;
                timeTxt.setText(MainActivity.this
                        .convert(growthTime / 1000));
            }
        };
    }

    private String convert(long second) {
        long days = second / 86400;
        second = second % 86400;
        long hours = second / 3600;
        second = second % 3600;
        long minutes = second / 60;
        second = second % 60;
        if (days > 0) {
            return days + "天" + hours + "时"
```

```
                + minutes + "分" + second + "秒";
        } else {
            return hours + "时" + minutes + "分" + second + "秒";
        }
    }

    public void handleStart(View v) {
        if (this.isStart) {
            return;
        }
        this.isStart = true;
        this.stopwatchThread = new Thread(this);
        this.stopwatchThread.start();
    }

    public void run() {
        this.startTime = System.currentTimeMillis();
        while (this.isStart) {
            try {
                Thread.sleep(100);
            } catch (InterruptedException e) {
                e.printStackTrace();
            }
            this.handler.sendEmptyMessage(0);
        }
    }

    public void handleStop(View v) {
        this.isStart = false;
        this.stopwatchThread = null;
    }
}
```

在秒表中涉及对线程的开始以及停止的控制，因此需要额外定义一个标志位 isStart 进行辅助处理，当秒表开始时，获取当前系统时间。为了降低秒表的误差，在 run()方法中，每次让线程睡眠 100 ms，然后利用 Handler 发送消息。在 Handler 的 handleMessage()方法中，通过计算当前时间与开始时间的差值来计算秒表记录的时间并更新 TextView 显示的数据。还有一种比较简单的常规的实现方式：在 run()方法中，每次让线程睡眠 1000 ms，然后通过计数器记录秒数。程序运行效果如图 6.8 所示。

图 6.8 秒表运行结果

多线程的核心是执行一个异步任务，从而延伸出定时任务，秒表可以理解为基本的定时任务。在案例中，采用原始的 Thread 与 Handler 联合的方式实现了一个简易的秒表。读者可以思考是否还有其他实现方式，并分析不同实现方式之间的优缺点以及使用场景。

习　　题

一、选择题

1. 以下不属于线程的状态的是(　　)。

A. New　　B. Terminate　　C. Destory　　D. Block

2. 以下用于启动一个线程的 Thread 的方法是(　　)。

A. run()　　B. start()　　C. notify()　　D. stop()

3. 默认创建的线程的优先级为(　　)。

A. 10　　B. 5　　C. 3　　D. 1

4. 下列不属于异步任务类 AsyncTask 提供的方法的是(　　)。

A. onPreExecute()　　B. doInBackground()

C. start()　　D. onPostExecute()

5. Handler 位于软件包 Android. (　　)内。

A. content　　B. app　　C. os　　D. provider

二、简答题

1. 简述进程与线程之间的关系。

2. 简述如何在 Android 中实现多线程。

3. 简述 Android 中子线程更新 UI 界面的方法。

三、应用题

1. 结合案例与思考，实现简易秒表功能。

2. 使用 AsyncTask 实现水平进度条效果。

第七章 服　务

一个完整的应用除了包含与用户交互的图形界面以外，还可以有在后台工作的任务，比如应用数据更新、用户操作行为上报、消息推送等，这类任务可以使用第六章中的多线程编程进行处理。但是 Android 提供了更为专业的组件进行处理，这就是服务。通过本章的学习，可以了解服务的基本用法。

本章学习目标：

1. 了解服务的使用场景；
2. 熟练掌握服务的使用；
3. 了解服务的生命周期。

7.1 服务简介

Service 是一种可在后台执行，长时间运行操作而不提供界面的应用组件。Service 可由其他应用组件启动，而且即使用户切换到其他应用，它仍将在后台继续运行。此外，组件可通过绑定到服务与之进行交互，甚至是执行进程间通信(IPC)。例如，服务可在后台处理网络事务、播放音乐，执行文件 I/O 或与内容提供程序进行交互。

Service 和 Activity 是两个相似的组件。区别在于：Service 是长时间在后台运行、没有用户界面的 Android 组件；Activity 的作用是向用户提供界面并与用户交互等。Android 赋予了 Service 比非活动状态的 Activity 更高的优先级，因此当系统请求资源时，它们被终止的可能性更小，必要时，一个 Service 的优先级可以提升到和前台 Activity 的优先级一样高。这是为了应对终止 Service 会显著影响用户体验的极端情况，比如，当我们正在听音乐时，播放音乐的 Service 被系统终止了，这会导致非常糟糕的使用体验。

通过使用 Service，即使在 UI 界面不可见时也可以保证应用程序的持续运行。虽然 Service 在运行过程中没有专门的 GUI，但还是运行在应用程序进程的主线程中，这一点和 Activity 是一样的，Service 依赖于创建服务时所在的应用程序的进程。当某个应用程序被关掉时，所有依赖于该进程的服务不会全被终止掉。

虽然 Service 是在后台运行的，但服务并不会自动开启线程，所有的代码默认都是运行在主线程当中的。也就是说，需要在服务的内部手动创建子线程，并在这里执行具体的任务，否则就可能出现主线程被阻塞的情况。

以下是三种不同的服务类型：

(1) 前台服务：执行用户能注意到的操作。例如，音频应用会使用前台服务来播放音频曲目。前台服务必须显示通知，即使用户停止与应用的交互，前台服务仍会继续运行。

(2) 后台服务：执行用户不会直接注意到的操作。例如，如果应用使用某个服务来压缩其存储空间，则此服务通常是后台服务。

(3) 绑定服务：当应用组件通过调用 bindService()绑定到服务时，服务即处于绑定状态。绑定服务会提供客户端—服务器接口，以便组件与服务进行交互、发送请求、接收结果，甚至是利用进程间的通信(IPC)跨进程执行这些操作。仅当与另一个应用组件绑定时，绑定服务才会运行。多个组件可同时绑定到该服务，但全部取消绑定后，该服务即会被销毁。

7.2 服务的基本用法

7.2.1 创建服务

当需要使用 Service 时，需要创建一个类并让其继承 Service，然后对其进行扩展，比如：自定义一个 MyService 服务。代码如下：

```
public class MyService extends Service {
    public IBinder onBind(Intent intent) {
        return null;
    }
}
```

这样就创建了一个空白的服务，即什么也不做。Service 类是一个抽象类，必须要实现它的一个抽象方法 onBind()。该方法用于当 Service 与 Activity 进行绑定时回调，我们可以先忽略它，直接返回“null”即可。

一般情况下，除了必须要实现的 onBind()方法，在扩展的服务类中，还需要实现 onCreate()、onStartCommand()和 onDestroy()方法。在 onCreate()和 onDestroy()方法中，可以完成资源的初始化以及释放工作，这里最重要的方法就是 onStartCommand()，每次启动服务时都会调用。通常情况，我们将对应的逻辑放在 onStartCommand()方法中，以便启动后就立即执行这个动作。创建了一个 Service 后，需要在清单文件中对其进行注册，这样才可以被正常启动。

```
<service android:name=".MyService"/>
```

7.2.2 启动和停止服务

定义好 Service 后，就可以编写 Activity 相关逻辑，用于启动和停止定义的 Service。首先编写所需的布局文件。代码如下：

```
<?xml version="1.0" encoding="utf-8"?>
<LinearLayout
    xmlns:android="http://schemas.android.com/apk/res/android"
    android:layout_width="match_parent"
    android:layout_height="match_parent"
    android:orientation="vertical">
```

```
    <Button
      android:layout_width="match_parent"
      android:layout_height="wrap_content"
      android:onClick="handleStartService"
      android:text="startService"
      android:textAllCaps="false" />
    <Button
      android:layout_width="match_parent"
      android:layout_height="wrap_content"
      android:onClick="handleStopService"
      android:text="stopService"
      android:textAllCaps="false" />
</LinearLayout>
```

上述代码，在布局中使用了两个按钮，分别对应 Activity 中的 handleStartService()方法和 handleStopService()方法，用于启动服务和停止服务。接下来修改 Activity 的代码，对相关方法进行完善。代码如下：

```
public class MainActivity extends AppCompatActivity {
  public void handleStartService(View v) {
    Intent intent = new Intent(this, MyService.class);
    startService(intent);
  }

  public void handleStopService(View v) {
    Intent intent = new Intent(this, MyService.class);
    stopService(intent);
  }
}
```

上述代码中，使用 Context 类中的 startService()方法和 stopService()方法来启动和停止服务，这两个方法都接受一个 Intent 对象。在 Intent 中，只需要明确要操作哪个服务即可。运行程序，观察日志输出，运行结果如图 7.1 所示。

(a) 程序界面

Debug MyService
r D/MyService: onCreate
r D/MyService: onStartCommand
r D/MyService: onDestroy

(b) 运行日志

图 7.1 启动和停止服务

运行程序后，点击对应的按钮。虽然完成了服务的启动与停止，但是可以发现，当服务启动后，只有当点击“stopService”按钮后，服务才会停止，即服务的运行状态完全由Activity进行控制。很多时候，我们希望当Service执行结束后可以自动停止服务，这时就可以在Service任意需要停止服务的地方调用stopSelf()方法即可。正常情况下，当Service处理完成后，都需要使用Context类中的stopService()方法或Service类中的stopSelf()方法停止Service。

在自定义的Service中，重写onStartCommand()方法以执行一个由Service封装的任务，也可以指定Service的重新启动行为。当一个Service通过Context类的startService()方法启动时，就会执行Service类的onStartCommand()方法，因此这个方法在Service生命周期内可能被多次执行。当Service运行终止后，可以通过onStartCommand()方法的返回值控制。系统应该如何响应Service的重新启动，可以使用的返回值常量以及说明如下：

(1) START_STICKY：描述标准的重新启动行为。如果返回此值，那么在运行终止Service后，重新启动Service时，将会调用onStartCommand()方法。需要注意的是：当重新启动Service时，传入onStartCommand()方法的Intent参数将是“null”。这种模式通常用于处理自身状态的Service，以及根据需要通过startService()方法和stopService()方法现实启动和终止的Service。这些Service包括播放音乐的Service或者处理其他持续进行的后台任务的Service。

(2) START_NOT_STICKY：用于启动以处理特殊的操作和命令的Service。通常当命令完成后，这些Service会调用stopSelf()方法进行终止。当被运行终止后，只有存在未处理的启动调用时，设为这个模式的Service才会重新启动。如果在终止Service后没有调用startService()方法，那么Service将停止运行，而不会调用onStartCommand()方法。对于处理特殊请求，尤其是诸如更新或者网络轮询这样的定期处理。这种模式比较谨慎，当停止Service后，它会在下一个调度间隔中尝试重新启动，而不会在存在资源竞争时重新启动Service。

(3) START_REDELIVER_INTENT：有时需要确保从Service中请求的命令得以完成，例如在时效性比较重要时。这种模式是上面两种模式的组合。如果Service被运行终止，那么只有当存在未处理的启动调用或者进程在调用stopSelf()方法之前被终止时，才会重新启动Service。在后一种情况中，将会调用onStartCommand()方法并传入没有正常完成处理的Intent。

在onStartCommand()方法的返回值中，指定的重新启动模式将会影响到后面调用中传入的参数值。最初启动Service时，会传入一个Intent参数给startService()方法来启动Service。当系统重新启动Service后，Intent在START_STICKY模式中为“null”，而在START_REDELIVER_INTENT模式中为初始的Intent，可以通过onStartCommand()方法的第二个参数flags来判断启动Service启动的方式。

(4) START_FLAG_REDELIVERY：表示Intent参数是由于系统运行时，在调用stopSelf()方法显示停止Service之前终止它而重新传递的。

(5) START_FLAG_RETRY：表示Service已经在异常终止后重新启动。如果Service之前被设置为START_STICKY，则会传入这个标志。

7.2.3 服务和活动间通信

7.2.2节完成了Service的启动与停止。对于调用方而言，在Activity中所能做的操作并不多，在启动服务后，Service就脱离了Activity。实际开发中，如果Activity需要与Service

进行通信，可以将 Service 与 Activity 进行绑定。Activity 中持有一个 Service 对象的引用，这样就能在启动和停止服务的基础上对正在运行的 Service 进行方法调用。代码如下：

```
private final IBinder binder = new MyBind();

public class MyBind extends Binder {
  MyService getService() {
    return MyService.this;
  }
}

public IBinder onBind(Intent intent) {
  return binder;
}

public void execute() {
  Log.d("MyService", "execute");
}
```

要完成 Service 与 Activity 之间的绑定，需要借助 Service 类中的 onBind()方法。该方法在调用 Context 类的 bingdService()方法时执行，返回一个自定义的 IBinder 对象。通常情况下，可以在 Service 中自定义一个类使其继承 Binder，并添加获取当前服务的方法，以便在 Service 类的 onBind()方法中返回自定义的 IBinder 对象。在自定义的 Service 类中，增加了一个 execute()方法，该方法仅仅用于演示如何在 Service 与 Activity 绑定后，在 Activity 中调用 Service 中的方法。

然后，调整布局文件，增加 bindService 和 unBindService 两个按钮，分别对应绑定服务和解绑服务。代码如下：

```
<Button
  android:layout_width="match_parent"
  android:layout_height="wrap_content"
  android:onClick="handleBindService"
  android:text="bindService"
  android:textAllCaps="false" />
<Button
  android:layout_width="match_parent"
  android:layout_height="wrap_content"
  android:onClick="handleUnBindService"
  android:text="unBindService"
  android:textAllCaps="false" />
```

最后，在 Activity 中对相关方法进行实现。代码如下：

```
private MyService myService;
private ServiceConnection serviceConnection =
```

```
        new ServiceConnection() {
    public void onServiceConnected(ComponentName name,
        IBinder service) {
      myService = ((MyService.MyBind) service).getService();
      myService.execute();
    }

    public void onServiceDisconnected(ComponentName name) {
        myService = null;
    }
};

public void handleBindService(View v) {
    Intent intent = new Intent(this, MyService.class);
    bindService(intent, serviceConnection, BIND_AUTO_CREATE);
}

public void handleUnBindService(View v) {
    unbindService(serviceConnection);
}
```

代码中，Service 和其他组件之间的连接表示为 ServiceConnection。要想将一个 Service 和其他组件进行绑定，需要实现一个新的 ServiceConnection。在示例中，创建了 ServiceConnection 的匿名类，并在里面重写了 onServiceConnected() 方法和 onServiceDisconnected() 方法。当 Service 与其他组件建立连接绑定后，会调用 ServiceConnection 类的 onServiceConnected()方法，该方法第二个参数即为在 Service 类中重写的 onBind()方法返回的 IBinder 对象，强制转换后即可获得自定义的 Service 的实例对象并调用其中的方法。当需要绑定 Service 时，只需要调用 Context 类的 bindService()方法，绑定完成后即可完成对应方法的回调。当需要与 Service 进行解绑操作时，可以调用 Context 类的 unbindService()方法，解绑成功后会回调 ServiceConnection 类的 onServiceDisconnected()方法，该方法可以清除初始化的对象或标记等等。运行结果如图 7.2 所示。

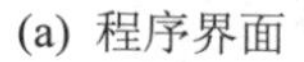
(a) 程序界面

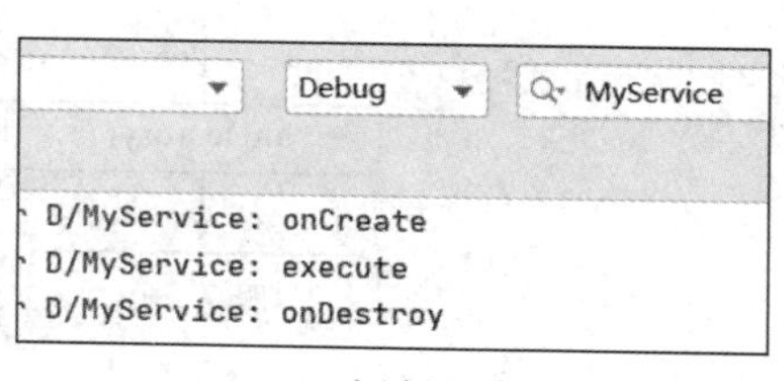

(b) 运行日志

图 7.2 绑定服务和解绑服务

在绑定 Service 时，Context 类的 bindService()方法接受三个参数，前两个参数我们已经知道它的作用，还需要注意第三个参数。在示例中我们使用的是 BIND_AUTO_CREATE，表示自动创建尚未处于活动状态的服务。在开发过程中，如果 Activity 需要绑定 Service，还需要注意以下问题：

(1) 如果只需在 Activity 可见时与服务交互，应在 onStart()期间进行绑定，在 onStop()期间取消绑定。

(2) 如果希望 Activity 即使在后台停止运行状态下仍可接收响应，那么可以在 onCreate()期间绑定，在 onDestroy()期间取消绑定。

通常情况下，不应在 Activity 的 onResume()和 onPause()期间绑定和取消绑定。因为每次切换生命周期状态时都会发生这些回调，所以应将这些转换期间的处理工作保持在最低水平。此外，如果应用内的多个 Activity 绑定到同一服务，并且其中两个 Activity 之间发生了转换，那么如果当前 Activity 先取消绑定(暂停期间)，然后下一个 Activity 再进行绑定(恢复期间)，系统可能就会销毁后再重新创建该服务。

7.3 服务的生命周期

Activity 和 Fragment 都有自己的生命周期，同样地，Service 在运行过程中也具有自己的生命周期。在示例中使用的 onCreate()、onStartCommand()等都是 Service 生命周期内的方法回调，服务的生命周期比 Activity 的生命周期要简单得多，如图 7.3 所示。但是，密切关注如何创建和销毁服务反而更加重要，因为服务可以在用户未意识到的情况下在后台运行。

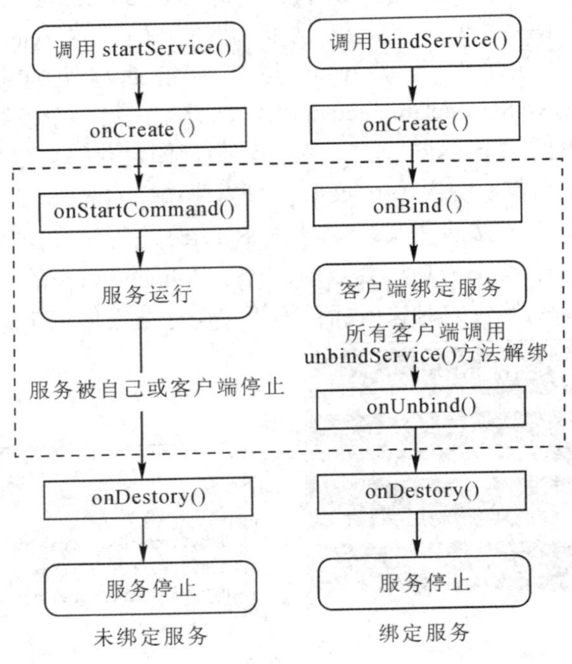

图 7.3　服务生命周期

服务生命周期(从创建到销毁)可遵循以下任一路径：

(1) 启动服务：该服务在其他组件调用 startService()方法时创建，然后无限期运行，且必须通过调用 stopSelf()方法来自行停止运行。此外，其他组件也可通过调用 stopService()方法来停止此服务。服务停止后，系统会将其销毁。

(2) 绑定服务：该服务在其他组件(客户端)调用 bindService()方法时创建，然后客户端通过 IBinder 接口与服务进行通信。客户端可通过调用 unbindService()关闭连接。多个客户端可以绑定到相同的服务，而且当所有绑定全部取消后，系统即会销毁该服务(服务不必自行停止运行)。

这两条路径并非完全独立。可以绑定到已使用 startService()方法启动的服务。例如，可以使用 Intent(标识要播放的音乐)来调用 startService()方法，从而启动后台音乐服务。随后，当用户需控制播放器或获取有关当前所播放歌曲的信息时，Activity 可通过调用 bindService()绑定到服务。此类情况下，在所有客户端取消绑定前，调用 stopService()方法或 stopSelf()方法实际不会停止服务。

当服务与所有客户端之间的绑定全部取消时，Android 系统会销毁该服务(除非还使用 startService()方法调用启动了该服务)。因此，如果服务是纯粹的绑定服务，则无需对其生命周期进行管理，Android 系统会根据它是否绑定到任何客户端来管理。如果选择实现 onStartCommand()回调方法，就必须显式停止服务，因为系统将服务视为已启动状态，所以在此情况下，服务将一直运行，直到通过调用 stopSelf()方法自行停止，或其他组件调用 stopService()方法(与该服务是否绑定到任何客户端无关)。

此外，如果服务已启动并接受绑定，那么当系统调用 onUnbind()方法时，要想在客户端下一次绑定到服务时接收 onRebind()方法调用，可以选择在 onUnbind()方法中返回“true”。

7.4 前台服务

正常情况下，服务都是在后台运行的。Android 采用一种动态的方法管理资源，导致应用可能在内存不足等情况下被异常终止，出现这种情况时，后台运行的任务优先级较低，更容易被系统回收，而且很少会感知到服务是否还存在。如果希望 Service 可以一直保持运行状态，而不会因为系统内存不足被回收，可以提升 Service 的优先级，采用前台服务的方式运行。下面我们对自定义的 Service 进行改造，使其变成一个前台服务。代码如下：

```
public void onCreate() {
    super.onCreate();
    Intent notificationIntent = new Intent(this, MainActivity.class);
    PendingIntent pendingIntent =
    PendingIntent.getActivity(this, 0, notificationIntent, 0);
    NotificationChannel notificationChannel =
            new NotificationChannel("foreground", "前台服务",
                NotificationManager.IMPORTANCE_HIGH);
```

```
NotificationManager notificationManager = (NotificationManager)
        this.getSystemService(Context.NOTIFICATION_SERVICE);
    notificationManager
        .createNotificationChannel(notificationChannel);
    Notification notification =
        new Notification.Builder(this, "foreground")
        .setContentTitle(getText(R.string.app_name))
        .setContentText("消息内容")
        .setSmallIcon(R.mipmap.ic_launcher)
        .setContentIntent(pendingIntent)
        .build();
    startForeground(1, notification);
    Log.d("MyService", "onCreate");
}
```

运行结果如图 7.4 所示。

图 7.4 前台服务通知

将一个 Service 改造成前台服务，只需要构造出一个 Notification 对象。与直接显示 Notification 通知不同，需要调用 startForeground()方法，该方法接受两个参数，第一个参数为通知的 ID，该值不能为“0”，第二个参数就是构建出来的 Notification 对象。调用 startForeground()方法后就可以让服务变成前台服务，并且在系统的状态栏显示。

当 Service 不需要前台运行的优先级时，可以使用 stopForeground()方法，把 Service 移到后台。如果调用该方法时传入参数为“true”，则可以清除通知。使用前台服务可以有效的避免 Service 运行时因为释放资源被终止。如果同时运行多个这种不可终止的 Service，将会使系统很难从资源缺乏的状态下恢复正常运行，只有在有助于 Service 正确运行时才使用前台服务。

7.5 IntentService

通常情况，在使用 Service 时，会在 onStartCommand()方法中开启一个新的线程执行任务，当任务执行完成后，调用 stopSelf()方法结束当前服务。代码如下：

```
public int onStartCommand(Intent intent, int flags, int startId) {
    Log.d("MyService", "onStartCommand");
    new Thread() {
        public void run() {
            MyService.this.stopSelf();
        }
    }.start();
    return super.onStartCommand(intent, flags, startId);
}
```

在开发中经常出现的问题是：在 Service 中执行耗时复杂任务未开启异步线程，导致主线程阻塞。线程任务执行结束后，未调用 Service 类的 stopSelf()停止服务导致服务一直运行。

为了解决这些问题，可以使用 IntentService 类。快速简单地创建一个异步的、会自动停止的服务。代码如下：

```
public class MyIntentService extends IntentService {
    public MyIntentService() {
        super("MyIntentService");
    }

    protected void onHandleIntent(Intent intent) {
        Log.d("MyIntentService", "onHandleIntent, thread id:"
                + Thread.currentThread().getId());
    }

    public void onDestroy() {
        Log.d("MyIntentService", "onDestroy");
        super.onDestroy();
    }
}
```

代码中，自定义一个服务类使其继承 IntentService。首先需要定义一个无参构造方法，在该方法中，调用 IntentService 类的构造方法，把类名作为构造方法参数。与直接使用 Service 不同的是，在 IntentService 中，需要重写 onHandleIntent()方法，用于当调用 Context 类的 startService()方法时回调。该方法可以编写服务具体的任务逻辑，而不需要自己新建异步线程。为了验证 onHandleIntent()方法会在不同的异步线程中执行，我们将当前线程的 ID 作为日志打印出来，最后重写 onDestroy()方法，观察任务完成后是否会自动结束。与使用普通的 Service 一样，IntentService 同样需要在清单文件中进行声明注册。

```
<service android:name=".MyIntentService" />
```

修改 Activity 中的 handleStartService()方法，将 MyService 替换为新建的 MyIntentService，运行程序后，观察日志的输出。

```
Intent intent = new Intent(this, MyIntentService.class);
startService(intent);
```

运行结果如图 7.5 所示。

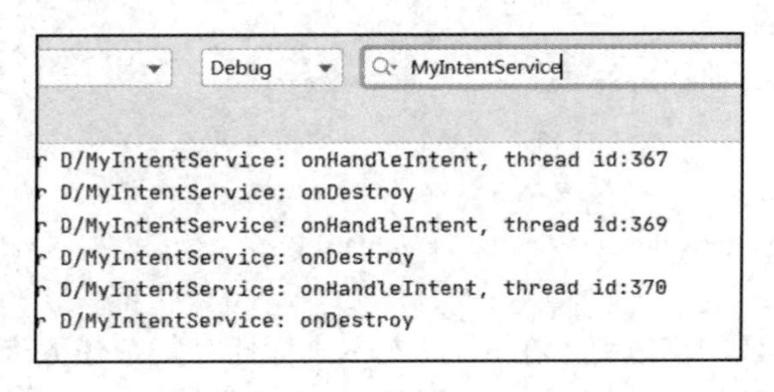

图 7.5 IntentService 运行日志

使用 IntentService 可以方便快捷地完成后台任务的处理，同时简化 Service 的操作，避免不必要的问题，因此在开发过程中，需要根据业务的实际情况进行选择。

7.6 案例与思考

现在使用的软件，很多时候都会将数据存储在服务端，程序启动后通过策略进行数据同步，比如游戏会同步本地数据与云端数据是否匹配、聊天类软件登录后会同步历史消息，手机的账本信息也可以在登录应用后进行同步。下面我们通过一个案例来模拟这个同步的过程。本案例涉及内容如下：

(1) IntentService 的使用。

(2) 自定义广播。

在第四章案例的基础上继续新增功能，首先，借助 IntentService 来模拟下载服务，由于我们没有服务端程序，因此在 IntentService 中只需要对该过程进行模拟即可。创建服务并命名为“DownloadService.java”。代码如下：

```
public class DownloadService extends IntentService {
  protected void onHandleIntent(Intent intent) {
    Log.d("DownloadService", "手机账本后台下载开始...");
    int count = 10;
    for (int i = 0; i < count; i++) {
      try {
        Thread.sleep(500);
      } catch (InterruptedException e) {
        e.printStackTrace();
      }
      Log.d("DownloadService", "手机账本后台下载中" + i + "...");
    }
    Log.d("DownloadService", "手机账本后台下载结束...");
```

```
        sendBroadcast(new Intent(ACTION_DOWNLOAD));
    }
}
```

在 DownloadService 中，通过 Thread.sleep()方法模拟阻塞的过程，当达到设定的次数后结束下载服务，然后调用 sendBroadcast()方法发布一个自定义广播告知相关的广播接收器账本已经下载完成。

接下来对主活动进行改造，当活动创建完成后启动下载服务，并对结果进行监听，改造 MainActivity.java，修改后的代码如下：

```
public class MainActivity extends AppCompatActivity {
  private BroadcastReceiver broadcastReceiver =
      new BroadcastReceiver() {
    public void onReceive(Context context, Intent intent) {
      Toast.makeText(context, "手机账本下载完成",
          Toast.LENGTH_SHORT).show();
    }
  };

  protected void onCreate(Bundle savedInstanceState) {
    super.onCreate(savedInstanceState);
    setContentView(R.layout.activity_main);
    getSupportFragmentManager().beginTransaction()
        .setReorderingAllowed(true)
        .replace(R.id.menuFragment, MenuFragment.class,
            null).commit();
    IntentFilter filter = new IntentFilter();
    filter.addAction(DownloadService.ACTION_DOWNLOAD);
    registerReceiver(broadcastReceiver, filter);
    startService(new Intent(this, DownloadService.class));
  }

  protected void onDestroy() {
    super.onDestroy();
    unregisterReceiver(broadcastReceiver);
  }

  public void openContent(int position) {
      ...
  }
```

```
    private void openFragment(Class<? extends Fragment> clazz) {
        ...
    }
}
```

通过动态注册广播接收器的方式注册自定义的广播接收器用于接收下载完成后的广播通知，然后通过 Toast 将结果信息进行显示以告知用户，运行应用后观察日志信息以及 Toast 信息，日志信息如图 7.6 所示，下载完成的通知效果如图 7.7 所示。

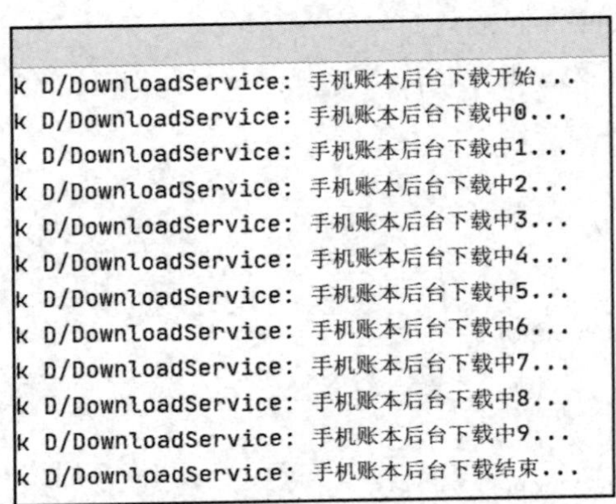

图 7.6　服务运行日志

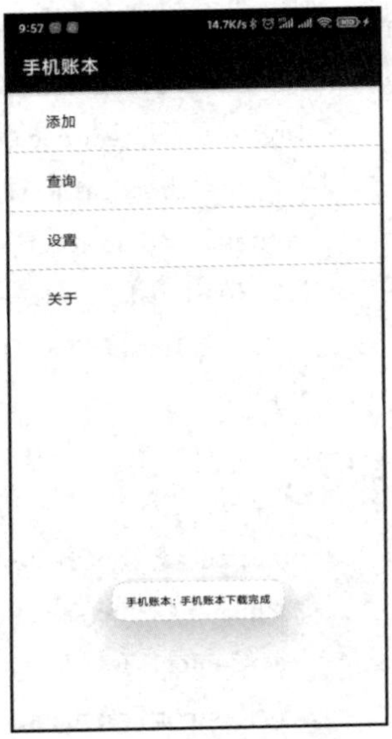

图 7.7　程序界面

在开发中，我们可以发现：很多时候同样的功能使用线程和服务都可以实现，而且线程相较于服务更加轻量。那么，为什么还需要有服务的存在？请读者思考服务与线程的区别并阐述二者的使用场景。

习　题

一、选择题

1. 以下不属于 Service 生命周期的方法是(　　)。

A. onCreate　　B. onDestory　　C. onStop　　D. onStart

2. Service 中实现更改 Activity 界面元素的方法是(　　)。

A. 通过把当前 Activity 对象传递给 Service 对象

B. 通过向 Activity 发送广播

C. 通过 COntext 对象更改 Activity 界面元素

D. 可以在 Service 中，调用 Activity 的方法更改界面元素

3. 关于 ServiceConnection 接口的 onServiceConnected()方法的触发条件描述正确的是(　　)。

A. bindService()方法执行之后执行

B. bindService()方法执行成功同时 onBind()方法返回非空 IBinder 对象

C. Service 的 onCreate()方法和 onBind()方法执行成功后

D. Service 的 onCreate()和 onStartCommand()方法启动成功后

4. 通过 bindServce()启动 Service，如果 Service 还未启动会有什么操作？当调用退出，Service 会出现的操作是(　　)。

A. 失败、不终止　　B. 启动、终止

C. 失败、终止　　D. 启动、不终止

5. Android 四大组件中，可以在后台长时间执行，而不需要提供用户界面的是(　　)。

A. Service　　B. Activity

C. BroadcastReceiver　　D. ContentProvider

二、简答题

1. 简述服务与多线程之间的异同。

2. 简述服务的生命周期转换过程。

3. Service 的 onStartCommand 方法有几种返回值？各代表什么意思？

三、应用题

1. 使用服务实现定时关闭应用功能。

2. 使用服务与广播实现水平进度条效果。

第八章 绘图与动画基础

虽然使用 Android 内置的控件可以实现基本的布局与效果，但是如果想要开发出精美的界面效果，这是远远不够的。通常会在原生控件基础上增加一些交互动画以丰富应用的界面，比如点击按钮时绘制水波纹效果、拖拽控件动态改变透明度等。本章将介绍 Android 图像绘制及动画实现原理和开发方式。

本章学习目标：

1. 了解 View 类与 SurfaceView 类；
2. 熟练掌握 Graphics 相关类的使用；
3. 了解常用动画实现。

8.1 View 类与 SurfaceView 类

View 类是 Android 中的一个超类，几乎在屏幕上看到的组件都需要继承 View 类。每一个 View 类都有一个用于绘画的画布，可以对这个画布进行扩展。在前面的章节中，通过布局文件的方式组织界面内容，其本质上也是将布局的内容绘制在对应的 View 类画布上。如果需要更加灵活地在画布上进行绘制，可以通过重写 View 类的 onDraw() 方法实现界面显示，自定义的视图可以是简单的文本形式，也可以是复杂的 3D 实现。代码如下：

```
public class MyView extends View {
    public MyView(Context context) {
        super(context);
    }

    public MyView(Context context, AttributeSet attr) {
        super(context, attr);
    }
}
```

自定义一个 View，使其继承 View 类，并在其中添加两个构造方法，这样就完成了一个简单的 View 创建。需要注意的是：如果使用 Java 代码的形式创建 View 对象，只需要一个包含 Context 类的构造方法即可。如果希望在布局文件中使用并可以通过 Android Studio 进行预览，则必须要添加含有 AttributeSet 类的构造方法。建议在开发中同时包含所需的构造方法，定义完成后，在 Android Studio 自动打开 View 的预览界面，方便快速查看

View 的渲染效果，如图 8.1 所示。

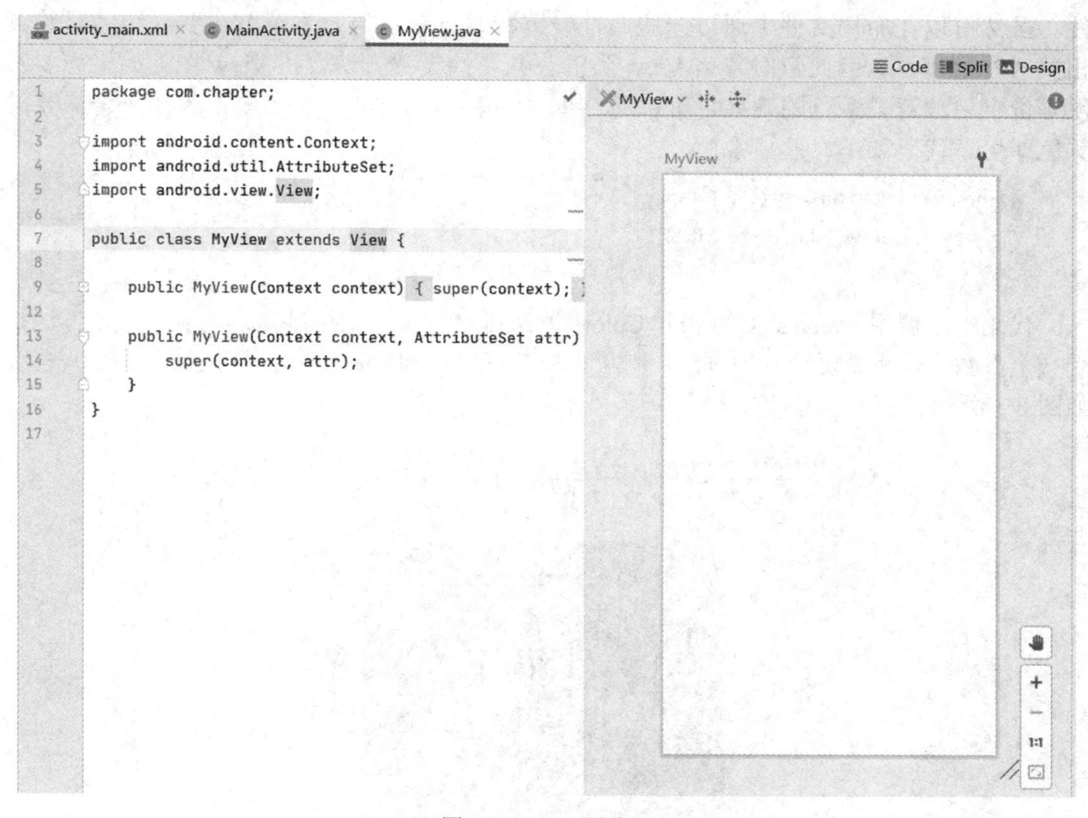

图 8.1　View 预览图

除此之外，在布局编辑器，也可以预览实际的 View 的渲染效果，通过调整预览选项可以使预览效果更加贴近实际运行的效果，如图 8.2 所示。

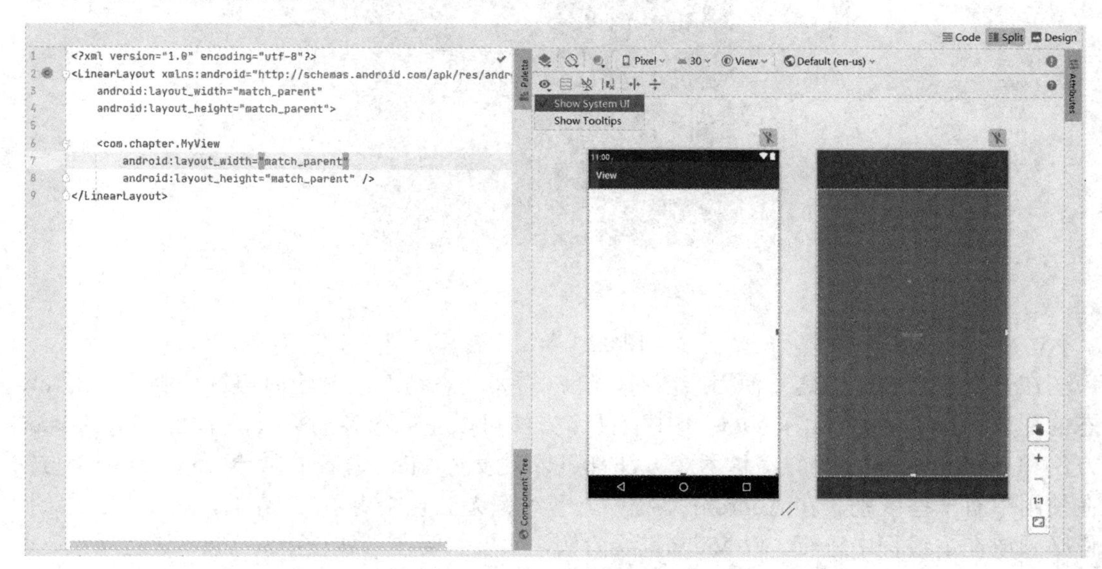

图 8.2　编辑器预览

在默认情况下，自定义的 View 组件在渲染时会渲染成一个具有白色背景的空白组件。虽然可以在布局文件中通过一些属性设置背景色等，但是本章节主要介绍的是绘图相关 API 的用法，因此暂时忽略 View 类的公共属性设置方法。在 View 中，如果想要实现等价于更改背景颜色的效果，可以通过重写 onDraw()方法，在屏幕上绘制一个需要的颜色即可。代码如下：

```
protected void onDraw(Canvas canvas) {
    canvas.drawColor(Color.GRAY);
}
```

代码中，调用 Canvas 类的 drawColor()方法可以在画布上绘制指定的颜色。该方法接受一个参数，即为需要绘制的颜色，刷新布局后可以看到 View 的背景色已经改变为灰色，如图 8.3 所示。

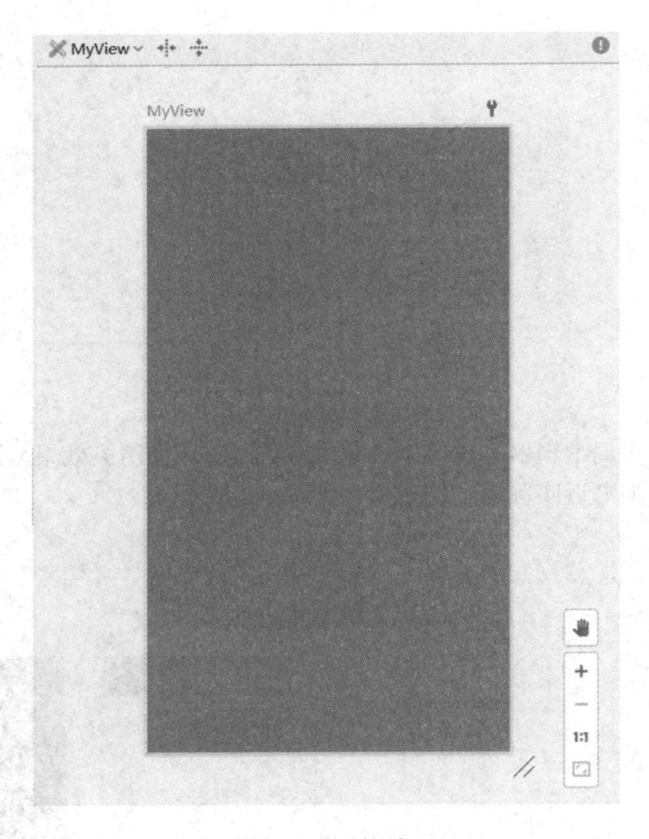

图 8.3　绘制颜色

在开发过程中，当需要使用绘图时，经常需要动态地对绘制的内容进行刷新，比如动态的图表、天气背景等。在 View 类中有两个方法可以完成内容的重绘，分别为 invalidate()方法和 postInvalidate()方法。这两个方法都可以触发对 View 内容的重绘，但是这两个方法在使用中有一些区别。在 Android 系统中，子线程无法直接更新 UI 界面，所有 UI 重绘操作必须放在主线程中进行。以 View 重绘为例，如果需要在子线程中对 View 进行重绘，若使用 invalidate()方法，则需要借助 Handler 类进行处理。代码如下：

```
private final int INVALIDATE = 1;
private Handler handler = new Handler() {
    public void handleMessage(Message msg) {
        if (msg.what == INVALIDATE) {
            MyView.this.invalidate();
        }
    }
};

public void startRefresh() {
    new Thread() {
        public void run() {
            handler.sendEmptyMessage(INVALIDATE);
            while (Thread.currentThread().isInterrupted()) {
                try {
                    Thread.sleep(100);
                } catch (InterruptedException e) {
                    Thread.currentThread().interrupt();
                }
            }
        }
    }.start();
}
```

invalidate()方法必须在主线程中进行调用，通过上述代码可以发现这种方式相对较为烦琐，因此在 Android 中提供了一种更为便捷的方法，那就是 postInvalidate()方法。该方法使用起来相对更加简单，不需要借助 Handler 类，可以直接在线程中对 UI 进行重绘操作。代码如下：

```
public void startRefresh() {
    new Thread() {
        public void run() {
            MyView.this.postInvalidate();
            while (Thread.currentThread().isInterrupted()) {
                try {
                    Thread.sleep(100);
                } catch (InterruptedException e) {
                    Thread.currentThread().interrupt();
                }
            }
```

```
        }
    }.start();
}
```

对于一些简单的图像绘制，使用 View 就足够了，但是如果需要开发复杂的游戏而且对程序的执行效率要求很高时，View 类就无法满足需求。这时需要借助 SurfaceView 类进行开发。在 SurfaceView 中可以直接访问一个画布，这是提供给需要直接画像素而不是使用窗体部件的应用使用的。

在使用 SurfaceView 开发时需要注意的是：使用 SurfaceView 类进行绘图，一般都是出现在最顶层。使用 SurfaceView 通常需要重写 surfaceCreated(...)、surfaceDestory(...)等方法，分别用于在 SurfaceView 创建时做初始化操作以及在销毁时进行相应的资源释放处理，同时可能还需要对 SurfaceView 状态进行监控并做出反应，这就要实现 SurfaceHolder.Callback 接口。如果要对被绘制的画布进行裁剪，控制其大小都需要使用 SurfaceHolder 来完成处理。在程序中，SurfaceHolder 需要通过 getHolder()方法来获得，同时还需要调用 addCallback()方法来添加回调函数。代码如下：

```
public class MySurfaceView extends SurfaceView
        implements SurfaceHolder.Callback {
    private SurfaceHolder mSurfaceHolder = null;
    private boolean mLoop = false;

    public MySurfaceView(Context context) {
        super(context);
        this.init();
    }

    public MySurfaceView(Context context, AttributeSet attrs) {
        super(context, attrs);
        this.init();
    }

    private void init() {
        mSurfaceHolder = this.getHolder();
        mSurfaceHolder.addCallback(this);
        this.setFocusable(true);
    }

    public void surfaceCreated(SurfaceHolder holder) {
        this.mLoop = true;
        new Thread() {
```

```
            public void run() {
                while (mLoop) {
                    try {
                        Thread.sleep(100);
                    } catch (InterruptedException e) {
                    }
                    synchronized (mSurfaceHolder) {
                        draw();
                    }
                }
            }
        }.start();
    }

    private void draw() {
        Canvas canvas = mSurfaceHolder.lockCanvas();
        if (canvas == null) {
            return;
        }
        mSurfaceHolder.unlockCanvasAndPost(canvas);
    }

    public void surfaceChanged(SurfaceHolder holder,
            int format, int width, int height) {
    }

    public void surfaceDestroyed(SurfaceHolder holder) {
        this.mLoop = false;
    }
}
```

上述代码中，创建 SurfaceView 类和创建 View 类的步骤是一样的。定义一个自己的类后，使其继承 SurfaceView 类并添加相关构造方法。在示例中，除了继承 SurfaceView 类，还实现了 SurfaceHolder.Callback 接口。通过该接口开发人员可以在 SurfaceView 状态发生改变时作出相应的处理，在该接口中包含三个回调方法。作用分别如下：

(1) surfaceCreated()：在创建 SurfaceView 对象时回调，在该方法中可以开启绘制线程对 SurfaceView 进行绘制。

(2) surfaceChanged()：在 SurfaceView 的大小发生改变时触发。

(3) surfaceDestroyed()：在 SurfaceView 销毁时触发，在该方法中可以对创建时申请的资源进行回收。

对比 View 和 SurfaceView 示例，可以发现 SurfaceView 和 View 的不同之处在于 SurfaceView 不需要像 View 那样通过调用 postInvalidate()等方法触发重绘操作，但是 SurfaceView 在绘制前必须使用 SurfaceHolder 类的 lockCanvas()方法锁定并得到画布，然后在画布上进行绘制，绘制的操作和使用 View 是一致的。当画布绘制完成后，需要调用 SurfaceHolder 类的 unlockCanvasAndPost()方法来解锁画布，这样才能让绘制的结果显示在屏幕上。正如示例中的操作，在自定义的 SurfaceView 类中添加了 draw()方法用于绘制图像，在该方法中完成画布锁定、绘制、解锁等操作。运行结果如图 8.4 所示。

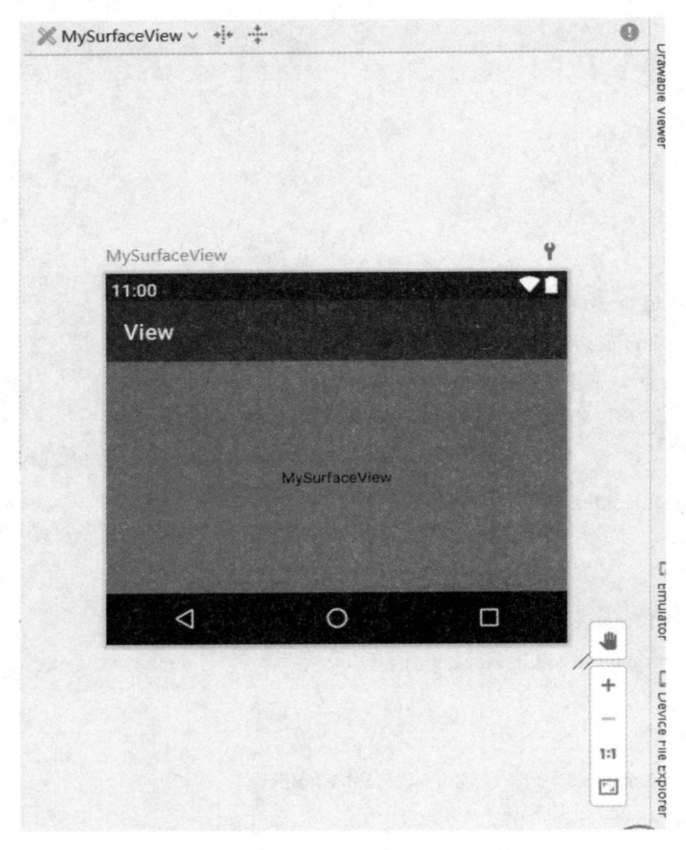

图 8.4 SurfaceView 效果

8.2 Graphics 相关类

不管是使用 View 类还是使用 SurfaceView 类进行绘图通常都需要使用到与 Graphics 相关的类，比如 Canvas、Paint、Color 等。接下来就来介绍 Graphics 类的具体使用。

8.2.1 Paint 和 Color 类介绍

在现实生活中，当我们画画的时候需要准备画笔、水彩等工具，然后再在画布上进行创作。Android 开发中也是如此，如果要绘图，首先我们需要调整画笔，调整完成后就可以将图像绘制到画布上，最终显示在屏幕上展示给用户。Android 中的画笔对应 Paint 类，通过 Paint 可以对很多属性进行设置，常用的属性如下：

(1) setAntiAlias()：设置画笔抗锯齿效果。

(2) setColor()：设置画笔颜色。

(3) setAlpha()：设置画笔的 Alpha 值。

(4) setTextSize()：设置字体尺寸。

(5) setStyle()：设置画笔的风格，空心或者实心。

(6) setStrokeWidth()：设置空心的边框的宽度。

这些方法是使用 Paint 绘图时比较常用的方法。下面结合实例来介绍画笔的用法，代码如下：

```
public class PaintView extends View {
  private Paint mPaint = null;

  public PaintView(Context context, AttributeSet attrs) {
    super(context, attrs);
    this.mPaint = new Paint();
  }

  protected void onDraw(Canvas canvas) {
    super.onDraw(canvas);
    // 设置 Paint 抗锯齿
    this.mPaint.setAntiAlias(true);
    // 设置画笔颜色为红色
    this.mPaint.setColor(Color.RED);
    // 设置画笔的 Alpha 值
    this.mPaint.setAlpha(100);
    this.mPaint.setTextSize(32);
    canvas.drawText("This is Text", 10, 40, this.mPaint);
    this.mPaint.setTextSize(64);
    canvas.drawText("This is Text", 10, 100, this.mPaint);
    this.mPaint.setStyle(Paint.Style.STROKE);
    this.mPaint.setStrokeWidth(10);
    canvas.drawRect(100, 100, 400, 400, this.mPaint);
    this.mPaint.setStyle(Paint.Style.FILL);
    // 绘制一个矩形
    canvas.drawRect(400, 400, 700, 700, this.mPaint);
  }
}
```

通过预览界面看看实际的效果，如图 8.5 所示。

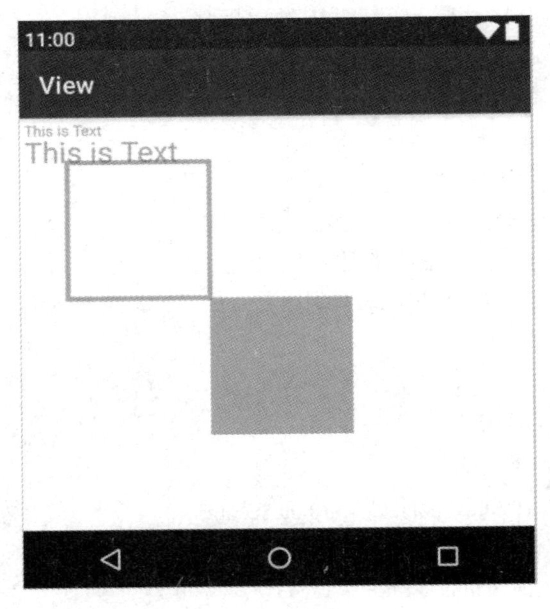

图 8.5 画笔的使用

了解了画笔的使用后，一副完整的画作还需要适当的颜色进行填充。在 Android 中颜色使用 Color 类进行处理，Color 中定义了一些颜色常量以及对颜色的转换等。在上面的示例中，通过 Color.RED 获得了一个红色的 Color 对象，Color.RED 是内置的颜色常量之一，除此之外，在 Color 中内置的颜色常量主要有表 8.1 中的 12 种。

表 8.1 内置颜色常量

颜色常量	含 义	颜色常量	含 义
Color.BLACK	黑色	Color.GREEN	绿色
Color.BLUE	蓝色	Color.LTGRAY	浅灰色
Color.CYAN	青绿色	Color.MAGENTA	红紫色
Color.DKGRAY	灰黑色	Color.RED	红色
Color.YELLOW	黄色	Color.TRANSPARENT	透明
Color.GRAY	灰色	Color.WHITE	白色

除了内置的颜色常量外，Color 类还提供了 Color.rgb()方法将整型的颜色转换成 Color 类型。另外调用 Color 类的 parseColor()方法可以将颜色字符串转换为 Color 对象。实际开发中，需要根据实际情况选择最合适的方法进行转换。除了对颜色进行转换，通过 Color 类的 red()、green()、blue()和 alpha()方法获得指定颜色的红色、绿色、蓝色以及 alpha 分量的值。

8.2.2 Canvas 类介绍

Android 中的画布对应的是 Canvas 类，在前面的示例中，已经有所了解。除了在画布上绘制之外，还可以对 Canvas 的属性进行配置，比如：画布的颜色、尺寸等。代码如下：

```
protected void onDraw(Canvas canvas) {
    super.onDraw(canvas);
    canvas.drawColor(Color.GRAY);
}
```

如上述代码通过调用 Canvas 类的 drawColor()方法，就可以设置画布的颜色，得到一个具有指定颜色的画布。除了基本的属性配置外，Canvas 还有更加强大的功能，通过 Canvas 类的 rotate()、scale()方法实现对画布的旋转、缩放操作。代码如下：

```
protected void onDraw(Canvas canvas) {
    super.onDraw(canvas);
    this.mPaint.setAntiAlias(true);
    this.mPaint.setStyle(Paint.Style.STROKE);
    this.mPaint.setStrokeWidth(15);
    int width = canvas.getWidth();
    int height = canvas.getHeight();
    canvas.save();
    canvas.rotate(45, width / 2, height / 2);
    canvas.drawRect(width / 2 - 100, height / 2 - 100,
            width / 2 + 100, height / 2 + 100, this.mPaint);
    canvas.restore();
    canvas.scale(2, 1, width / 2, height / 2);
    canvas.drawRect(width / 2 - 100, height / 2 - 100,
            width / 2 + 100, height / 2 + 100, this.mPaint);
}
```

运行结果如图 8.6 所示。

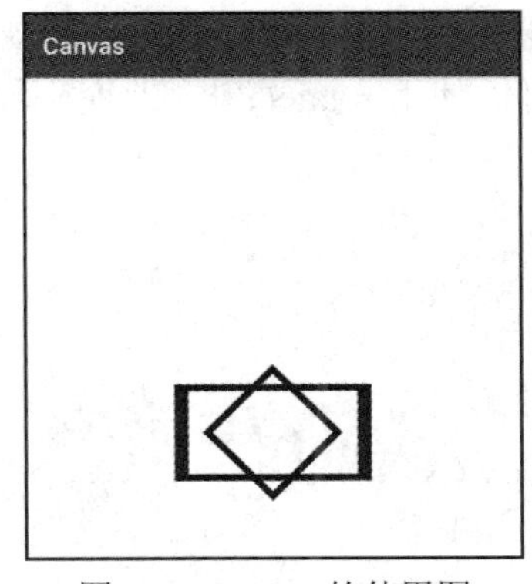

图 8.6 Canvas 的使用图

对画布进行旋转、缩放等操作时会改变画布当前的状态，在实际操作前，可以通过 Canvas 类的 save()方法保存当前的画布状态，然后进行旋转等操作。在一次改变绘制完成后，可以调用 Canvas 类的 restore()方法恢复画布状态。通常这两个方法会成对出现，有时希望在某一时刻恢复到画布任意保存的状态，可以将 save()方法的返回值记录下来，在需要调用 restore()方法的地方将其作为参数即可。

对于一个画布而言，屏幕左上角为坐标原点，水平方向为 X 轴，垂直方向为 Y 轴，垂直于屏幕方向为 Z 轴，如图 8.7 所示。屏幕水平方向从左向右为 X 轴的正方向，屏幕垂直方向从上向下为 Y 轴正方向，垂直于屏幕方向从下向上为 Z 轴正方向。需要注意的是：Z 轴是一个虚拟的概念，体现了绘图在屏幕上的层级关系，先绘制的图形会在最底层，后绘制的图形覆盖在先绘制的图形的上方。

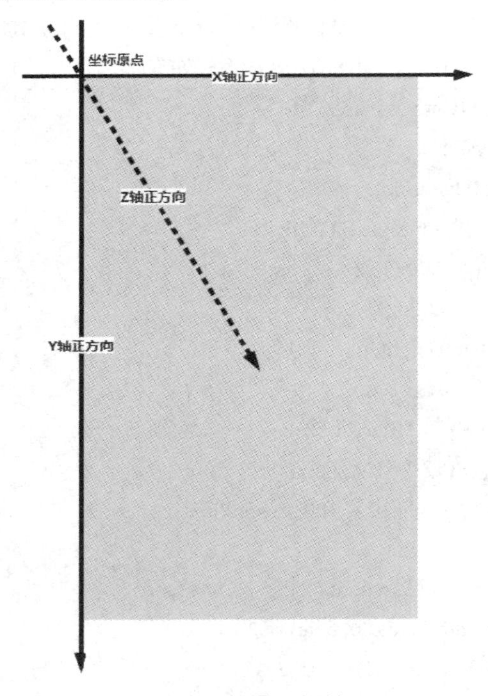

图 8.7　屏幕坐标轴

若要将画布旋转，可以通过调用 Canvas 类的 rotate()方法实现，将需要旋转的角度作为参数传给该方法。画布会以坐标系原点进行旋转，在默认情况下为屏幕左上角。当这种情况不满足实际旋转要求时，可以使用 rotate()包含改变坐标原点的重载方法，即上面示例中的写法，将坐标原点更改为屏幕的中心点，以屏幕中心进行旋转。同理在使用 Canvas 类的 scale()方法对画布进行缩放时，也是将坐标原点更改为屏幕中心。代码如下：

```
protected void onDraw(Canvas canvas) {
    super.onDraw(canvas);
    this.mPaint.setAntiAlias(true);
    this.mPaint.setStyle(Paint.Style.STROKE);
    this.mPaint.setStrokeWidth(15);
    int width = canvas.getWidth();
    int height = canvas.getHeight();
    canvas.drawRect(width / 2 - 100, height / 2 - 100,
            width / 2 + 100, height / 2 + 100, this.mPaint);
    canvas.save();
```

```
    canvas.rotate(45);
    canvas.drawRect(width / 2 - 100, height / 2 - 100,
          width / 2 + 100, ht / 2 + 100, this.mPaint);
    canvas.restore();
    canvas.rotate(45, width / 2, height / 2);
    canvas.drawRect(width / 2 - 100, height / 2 - 100,
          width / 2 + 100, height / 2 + 100, this.mPaint);
}
```

通过示例，可以观察到以不同的点作为坐标原点进行旋转的效果。运行结果如图 8.8 所示。

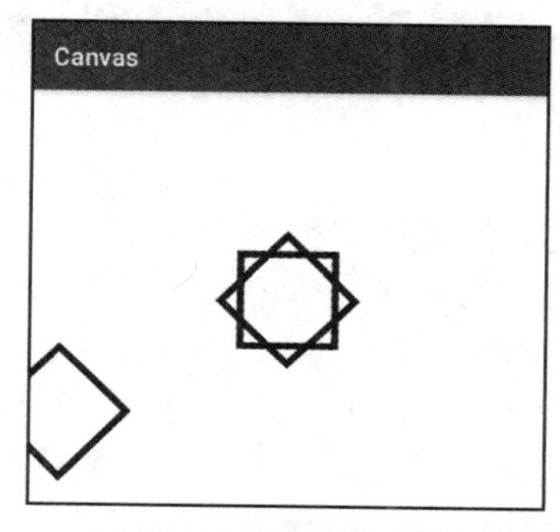

图 8.8 坐标轴绘制效果

8.2.3 几何图形绘制

了解了画笔、颜色以及画板的使用，就可以在画布上绘制内容。常规的内容为简单的几何图形，一些比较常见的几何图形都可以通过 Canvas 类的 draw 开头的方法进行绘制。在 Canvas 类中，可以绘制的几何图形有如下几种：

(1) drawRect：绘制矩形。

(2) drawCircle：绘制圆形。

(3) drawOval：绘制椭圆。

(4) drawPath：绘制任意多边形。

(5) drawLine：绘制直线。

(6) drawPoint：绘制点。

代码如下：

```
protected void onDraw(Canvas canvas) {
    super.onDraw(canvas);
    this.mPaint.setAntiAlias(true);
    this.mPaint.setStyle(Paint.Style.STROKE);
    this.mPaint.setStrokeWidth(10);
    // 绘制矩形
    canvas.drawRect(10, 10, 100, 100, this.mPaint);
```

```
    Rect rect = new Rect(120, 10, 220, 100);
    canvas.drawRect(rect, this.mPaint);
    // 绘制圆形
    canvas.drawCircle(275, 55, 45, this.mPaint);
    // 绘制椭圆
    canvas.drawOval(10, 110, 200, 200, this.mPaint);
    // 绘制任意多边形
    Path path = new Path();
    path.moveTo(10, 210);
    path.lineTo(110, 210);
    path.lineTo(160, 310);
    path.lineTo(60, 310);
    path.close();
    canvas.drawPath(path, this.mPaint);
    // 绘制直线
    canvas.drawLine(10, 330, 210, 330, this.mPaint);
    // 绘制点
    this.mPaint.setStrokeWidth(64);
    canvas.drawPoint(350, 350, this.mPaint);

    this.mPaint.setStyle(Paint.Style.FILL);
    // 绘制实心矩形
    canvas.drawRect(10, 500, 500, 600, this.mPaint);
}
```

运行结果如图8.9所示。通过设置画笔的Style属性可以实现绘制实心或空心几何图形。在几何图形绘制时还需要知道图形在画布坐标系中的位置和不同的几何图形位置计算规则。首先来看矩形的绘制，使用Canvas类的drawRect()方法绘制矩形时，不管是直接将坐标位置作为参数，还是构造一个Rect对象，本质上都是一样的，需要确定矩形的左上右下位置，这几个位置都是相对于坐标原点的位置，如图8.10所示。

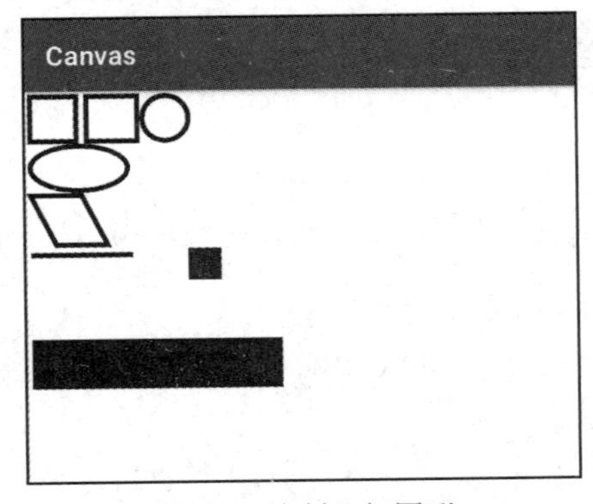

图8.9 绘制几何图形

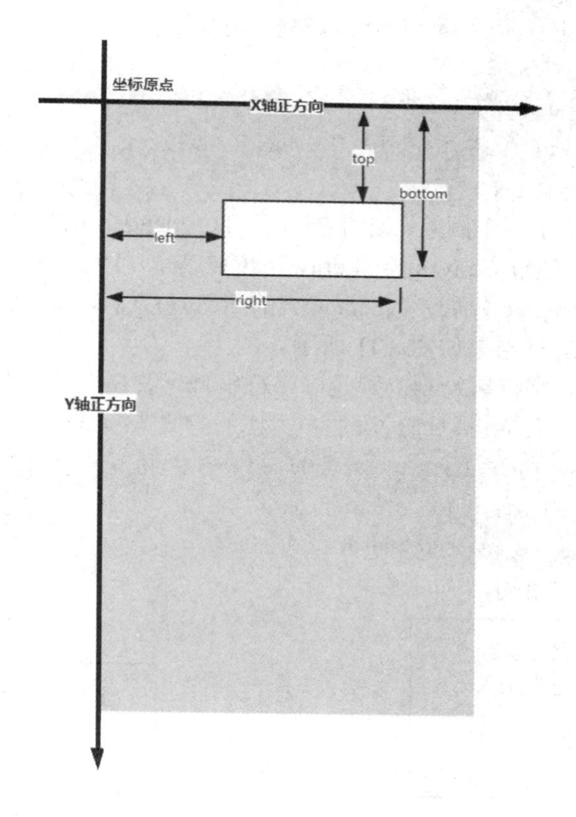

图 8.10　Rect 坐标系

理解了矩形的定位逻辑，椭圆的边界定位规则与矩形是一样的。在绘制任意多边形时，需要借助 Path 类。在 Path 中定义了路径变化的轨迹，首先需要调用 Path 类的 moveTo()方法，表示移动到指定的点，即轨迹开始的位置，然后调用 lineTo()方法可以完成两点之间的连线操作，最后调用 close()方法使轨迹闭合，这样一个完整的多边形就可以绘制出来。

8.2.4　字符串绘制

在画布上，不仅可以绘制几何图形，也可以直接绘制字符串。绘制字符串时主要需要考虑颜色、大小、字体等属性。下面通过一个示例来介绍具体的用法。代码如下：

```
protected void onDraw(Canvas canvas) {
    super.onDraw(canvas);
    this.mPaint.setAntiAlias(true);
    this.mPaint.setTextSize(64);
    this.mPaint.setUnderlineText(true);
    this.mItalicPaint.setAntiAlias(true);
    this.mItalicPaint.setTextSize(64);
    canvas.drawText("This is Text", 100, 100, this.mPaint);
```

```
    Typeface font = Typeface.create(Typeface.SANS_SERIF,
            Typeface.ITALIC);
    this.mItalicPaint.setTypeface(font);
    canvas.drawText("This is Text", 100, 200, this.mItalicPaint);
}
```

上述代码中，定义了两个画笔，调用 Paint 类的 setUnderlineText()方法可以设置绘制字符串时是否有下划线，通过 Canvas 类的 drawText()方法即可完成字符串的绘制。在 Android 中，字体被描述成 Typeface，通过 Typeface 类的 create()方法，可以创建一个新的字体样式并在画笔中使用它。运行结果如图 8.11 所示。

在绘制字符串时，字符串绘制位置是以字符串首字符左下角相对于坐标原点进行定位的，这一点需要注意，我们可以通过添加参考线的方式来验证一下。

```
canvas.drawText("This is Text", 100, 100, this.mPaint);
canvas.drawLine(100, 100, 100, 0, this.mPaint);
canvas.drawLine(100, 100, 500, 100, this.mPaint);
```

运行结果如图 8.12 所示。

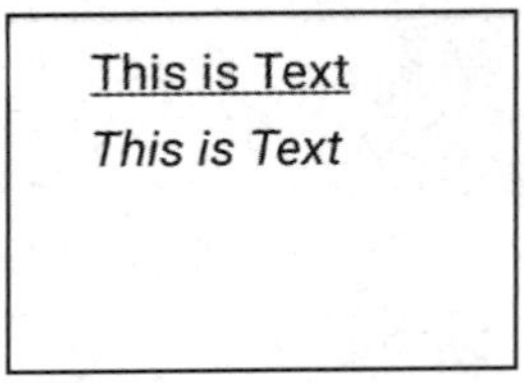

图 8.11　字符串的绘制图

图 8.12　字符串坐标系

8.2.5　图像绘制

在资源文件中，可以放置图片资源，比如应用图标等。使用画布也可以将资源中的图片或其他地方的图片文件绘制到画布中。Android 中提供了 Bitmap 来存放这些资源，可以通过 BitmapFactory 类提供的以 decode 开头的静态方法将资源文件、输入流等解析成 Bitmap 对象。

准备一张图片放入\res\drawable 文件夹中，然后就可以调用 BitmapFactory 类的 decodeResource()方法将资源解码成一个 Bitmap 对象。

```
BitmapFactory.decodeResource(getResources(), R.drawable.image);
```

除了使用 BitmapFactory 类进行解码，如果只需要将资源文件中的指定图像资源转换为 Bitmap，还可以通过调用 getResources()方法将资源进行转换。

```
((BitmapDrawable) getResources()
    .getDrawable(R.drawable.image, null)).getBitmap();
```

可以调用 Canvas 类的 drawBitmap()方法将一个 Bitmap 绘制在画布上。代码如下：

```
public class CanvasView extends View {
    private Bitmap bitmap =null;
```

```
    public CanvasView(Context context, AttributeSet attrs) {
        super(context, attrs);
        bitmap = BitmapFactory
                .decodeResource(getResources(), R.drawable.image);
    }

    protected void onDraw(Canvas canvas) {
        super.onDraw(canvas);
        canvas.drawBitmap(bitmap, 0, 0, null);
    }
}
```

在绘制图像时，需要指定图像在画布上的绘制位置。在示例代码中，drawBitmap()方法的最后一个参数为画笔对象，此处可以指定为“null”，当然也可以使用自定义的画笔。运行结果如图 8.13 所示，图像已经可以正常地绘制出来。

图 8.13 绘制图像

虽然图像可以正常被绘制出来，但是通过这种方式绘制的图像会保持原图像大小。对比原始图像和绘制后的图像，可以发现当图像尺寸变大时，超出部分不会被绘制。比如在开发游戏时，需要绘制地图，如果将一张完整的图像绘制在屏幕上是非常浪费资源的。这时我们会希望将图像的指定区域绘制在屏幕的指定区域，并自动在该区域进行填充，这种情况可以借助 Rect 类，通过 drawBitmap 的其他重载方法进行处理。代码如下：

```
protected void onDraw(Canvas canvas) {
    super.onDraw(canvas);
    // 图像显示区域
    Rect src = new Rect(0, 0, bitmap.getWidth() / 2,
          bitmap.getHeight() / 2);
    //画布显示区域
    Rect dst = new Rect(10, 10, canvas.getWidth() - 10,
          canvas.getHeight() - 10);
    canvas.drawBitmap(bitmap, src, dst, null);
}
```

上述代码中，首先定义一个 Rect 截取原始图像的一半，然后定义一个新的 Rect 填充画布并在四周留下宽度为 10 的边距，最终绘制的效果如图 8.14 所示。实现了将一半的图像填充在了画布指定的区域内，使用这种方式，如果将 src 定义为“null”则表示不对原始图像进行裁剪。

图 8.14　截取图像并绘制

在学习 Canvas 类时，我们知道可以通过 Canvas 类的 rotate()方法对画布进行旋转以达到旋转绘制内容的目的。如果希望对绘制的图像进行旋转或缩放操作，可以在绘制的时候直接处理，而不需要旋转画布，其实前面通过 Rect 的方式已经实现了对图像的缩放，但是这种缩放的比例依赖于传入的画布的渲染区域比例。Android 中对图像进行旋转与缩放操作，可以使用 Matrix 类完成，它包含一个 3×3 的矩阵，专门用于进行图像变换匹配。代码如下：

```
public class CanvasView extends View {
    private Bitmap bitmap = null;
    private Matrix matrix = new Matrix();

    public CanvasView(Context context, AttributeSet attrs) {
        super(context, attrs);
        bitmap = BitmapFactory
                .decodeResource(getResources(), R.drawable.image);
        matrix.setRotate(45);
        matrix.setScale(0.5f, 0.5f);
    }

    protected void onDraw(Canvas canvas) {
        super.onDraw(canvas);
        Bitmap newBitmap = Bitmap.createBitmap(bitmap, 0, 0,
                bitmap.getWidth(), bitmap.getHeight(), matrix, true);
        canvas.drawBitmap(newBitmap,
                (canvas.getWidth() - newBitmap.getWidth()) / 2,
```

```
                (canvas.getHeight() - newBitmap.getHeight()) / 2, null);
    }
}
```

上述代码中，首先定义一个 Matrix 对象，调用 setRotate()方法设置旋转角度，然后调用 setScale()方法设置图像在 X 轴和 Y 轴的缩放比例，示例中设置为 0.5，即宽高调整为原图像的一半。在需要绘制图像时，可以调用 Bitmap 类的 createBitmap()方法创建一个改变后的 Bitmap 对象，最后将经过旋转缩放处理后的图像绘制在画布上。运行结果如图 8.15 所示。

图 8.15　图像旋转缩放绘制

8.2.6　Shader 类介绍

Android 中提供了 Shader 类专门用来渲染图像以及一些几何图形，Shader 包括几个直接子类，分别为 BitmapShader、ComposeShader、LinearGradient、RadialGradient、SweepGradient。BitmapShader 主要用来渲染图像，LinearGradient 用来进行线性渲染，RadialGradient 用来进行环形渲染，SweepGradient 用来进行梯度渲染，ComposeShader 用来进行混合渲染，可以和其他几个子类组合起来使用。代码如下：

```
public class ShaderView extends View {
    private Bitmap bitmap = null;
    private Paint mPaint = null;
    private Shader bitmapShader = null;
    private Shader linearGradient = null;
    private Shader composeShader = null;
    private Shader radialGradient = null;
    private Shader sweepGradient = null;

    public ShaderView(Context context, AttributeSet attrs) {
        super(context, attrs);
        this.bitmap = BitmapFactory
                .decodeResource(getResources(), R.drawable.image);
```

```
        this.bitmapShader
            = new BitmapShader(bitmap, Shader.TileMode.REPEAT,
            Shader.TileMode.MIRROR);
        this.linearGradient = new LinearGradient(0, 0, 100, 100,
            new int[]{Color.RED, Color.GREEN, Color.BLUE, Color.WHITE},
            null, Shader.TileMode.REPEAT);
        this.composeShader = new ComposeShader(this.bitmapShader,
            this.linearGradient, PorterDuff.Mode.DARKEN);
        this.radialGradient = new RadialGradient(50, 200, 50,
            new int[]{Color.RED, Color.GREEN, Color.BLUE, Color.WHITE},
            null, Shader.TileMode.REPEAT);
        this.sweepGradient = new SweepGradient(30, 30,
            new int[]{Color.RED, Color.GREEN, Color.BLUE,
            Color.WHITE}, null);
        this.mPaint = new Paint();
    }

    protected void onDraw(Canvas canvas) {
        super.onDraw(canvas);
        //将图片裁剪为椭圆形
        ShapeDrawable shapeDrawable =
            new ShapeDrawable((new OvalShape()));
        shapeDrawable.getPaint().setShader(this.bitmapShader);
        //设置显示区域
        shapeDrawable.setBounds(0, 0, canvas.getWidth(), 200);
        //绘制图像
        shapeDrawable.draw(canvas);

        // 绘制渐变的矩形
        this.mPaint.setShader(this.linearGradient);
        canvas.drawRect(0, 200, canvas.getWidth(), 400, this.mPaint);

        // 绘制混合渲染效果
        this.mPaint.setShader(this.composeShader);
        canvas.drawRect(0, 400, canvas.getWidth(), 600, this.mPaint);

        // 绘制环形渐变
        this.mPaint.setShader(this.radialGradient);
        canvas.drawRect(0, 600, canvas.getWidth(), 800, this.mPaint);
```

```
        //绘制梯度渐变
        this.mPaint.setShader(this.sweepGradient);
        canvas.drawRect(0, 800, canvas.getWidth(), 1000, this.mPaint);
    }
}
```

可以通过示例观察每种 Shader 的效果，如图 8.16 所示。

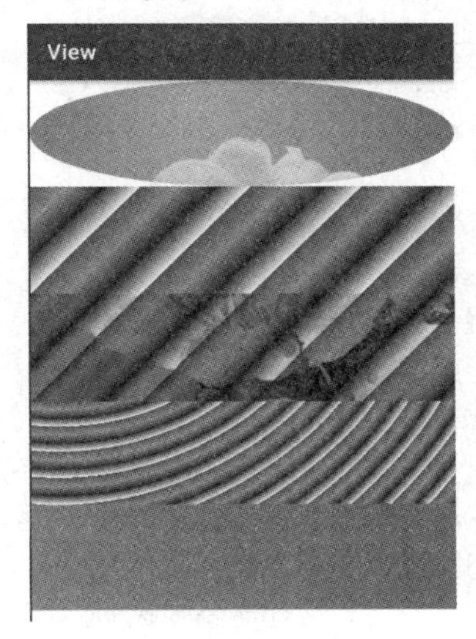

图 8.16　Shader 绘制效果

8.2.7　双缓冲技术

当以一定的时间间隔依次绘制图像时，便形成了动画效果（有关使用多线程技术实现动画的方法会在 8.4 节讲解和演示）。动画依次绘制图像的过程中，若前一幅图像还未绘制完毕，程序又开始绘制下一幅图像，画面就会不停地闪烁。为了解决这个问题，可以将要处理的图片在内存中处理好后，再将其显示到屏幕上，这样显示出来的总是完整的图像，不会出现闪烁的现象，这种技术就叫做双缓冲技术。

Android 中的 SurfaceView 类其实就是一个双缓冲机制。在开发游戏或绘制较为复杂的效果时可能会使用 SurfaceView 类来完成，这样具有更高的效率，而且 SurfaceView 类的功能也更加完善。代码如下：

```
public class DoubleBufferView extends View {
    private Bitmap bitmap = null;
    private Paint mPaint = null;
    private Bitmap buffer = null;

    public DoubleBufferView(Context context, AttributeSet attrs) {
        super(context, attrs);
```

```
        this.bitmap = BitmapFactory
                .decodeResource(getResources(), R.drawable.image);
        this.buffer = Bitmap.createBitmap(500, 500,
                Bitmap.Config.ARGB_8888);

        Canvas canvas = new Canvas();
        canvas.setBitmap(buffer);
        this.mPaint = new Paint();
        canvas.drawBitmap(bitmap, 0, 0, this.mPaint);
    }

    protected void onDraw(Canvas canvas) {
        super.onDraw(canvas);
        canvas.drawBitmap(buffer, 0, 0, this.mPaint);
    }
}
```

上面示例代码模拟了双缓冲的过程。首先需要创建一个指定屏幕大小 Bitmap 作为缓冲区，然后创建一个新的 Canvas 对象并将缓冲的 Bitmap 对象作为 Canvas 类的 setBitmap() 方法的参数传入，最后将准备好要绘制的屏幕元素绘制在自定义的 Canvas 中。这里简单地使用了图片资源作为要绘制的内容，这样需要回执的内容就完整地绘制在定义的缓冲区的 Bitmap 中，当 View 的画布实际绘制时，只需要绘制生成的缓冲区 Bitmap。运行结果如图 8.17 所示。

图 8.17　双缓冲绘制

8.3 动画实现

Android 提供了两类动画：一类是 Tween 动画，即通过对场景内的对象不断地进行图像的变换(平移、缩放、旋转)来产生动画效果；第二类是 Frame 动画，即顺序播放事先做好的图像，和电影类似。

8.3.1 Tween 动画

Tween 动画，即通过对场景内的对象不断地进行图像的变换(平移、缩放、旋转)来产生动画效果，主要包括四种动画效果：

(1) Alpha：渐变透明度动画效果。

(2) Scale：渐变尺寸伸缩动画效果。

(3) Translate：画面转换位置移动动画效果。

(4) Rotate：画面旋转动画效果。

Tween 动画本质上是通过预先定义一组指定了图形变换的类型、触发时间、持续时间的指令，程序沿着时间线执行这些指令就可以实现动画效果。对于 Tween 动画的处理，流程是一致的，首先需要定义 Animation 动画对象，然后对动画的属性进行设置，最后通过 startAnimation 方法开始动画。下面演示 Tween 动画的四种动画效果。

AlphaAnimation 构建一个渐变透明的动画，主要接受两个参数，分别为起始时透明度和结束时透明度，透明度为浮点型数据，当取值为 0.0 时表示完全透明，取值为 1.0 时表示完全不透明。代码如下：

```
AlphaAnimation animation = new AlphaAnimation(1.0f, 0.5f);
animation.setDuration(3000);
startAnimation(animation);
```

动画会继承 Animation 类，在该类中可以调用 setDuration()方法设置动画执行时间，对动画属性进行设置后，调用 View 类的 startAnimation()方法就会开始我们配置的动画。

ScaleAnimation 构建一个渐变尺寸伸缩动画，在创建该动画时，需要指定起始和结束时 X 轴与 Y 轴坐标上面的伸缩尺寸以及伸缩模式，同时需要指定伸缩动画相对于 X 轴、Y 轴的坐标开始位置。代码如下：

```
ScaleAnimation animation = new ScaleAnimation(1, 1.5f, 1, 1.5f,
    Animation.RELATIVE_TO_SELF, 0.5f,
    Animation.RELATIVE_TO_SELF, 0.5f);
animation.setDuration(3000);
startAnimation(animation);
```

上述代码中，Animation.RELATIVE_TO_SELF 伸缩模式表示相对于自身位置，还可以设置为 Animation.RELATIVE_TO_PARENT 表示相对于父组件位置。

TranslateAnimation 构建一个画面转换位置移动动画，在创建该动画时，需要指定起始与结束坐标。代码如下：

```
TranslateAnimation animation =
    new TranslateAnimation(10, 100, 10, 100);
animation.setDuration(3000);
startAnimation(animation);
```

RotateAnimation 构建一个画面旋转动画，在创建该动画时，需要指定开始与结束角度以及 X 轴与 Y 轴上的伸缩模式，同时需要指定伸缩动画相对于 X 轴、Y 轴的坐标开始位置。代码如下：

```
RotateAnimation animation =
        new RotateAnimation(0, 45,
                Animation.RELATIVE_TO_SELF, 0.5f,
                Animation.RELATIVE_TO_SELF, 0.5f);
animation.setDuration(3000);
startAnimation(animation);
```

在定义 Tween 动画效果时，不仅可以在 Java 代码中定义，还可以通过资源文件进行定义。以 AlphaAnimation 动画为例，可以新建一个资源文件，命名为“alpha_animation”，如图 8.18 所示。

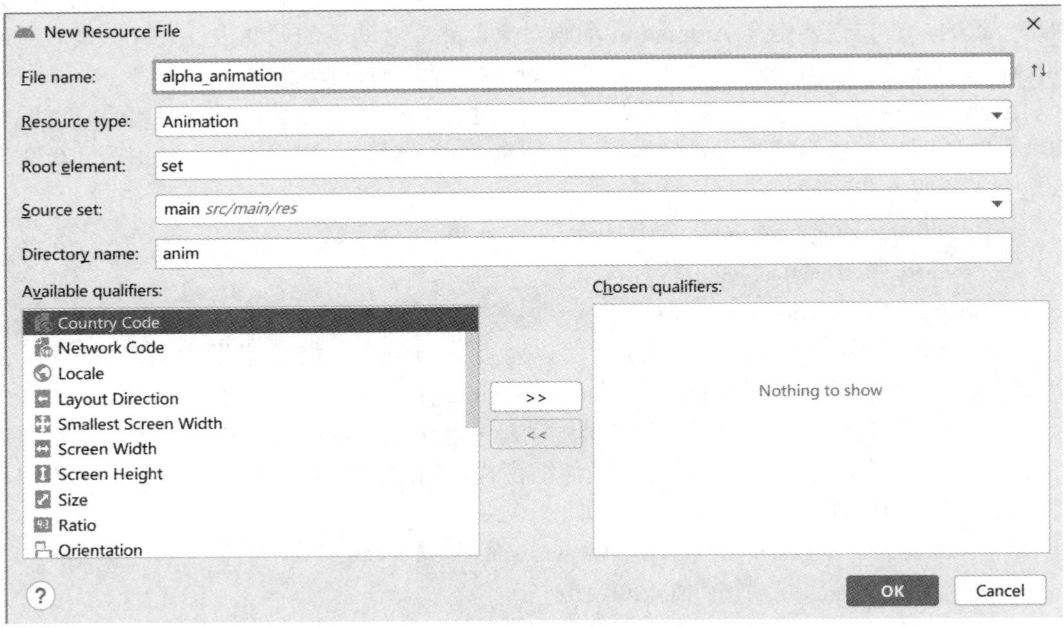

图 8.18　新建资源文件

在资源文件中定义和 Java 代码中同样的动画效果。

```
<?xml version="1.0" encoding="utf-8"?>
<set xmlns:android="http://schemas.android.com/apk/res/android">
  <alpha android:duration="3000" android:fromAlpha="1.0"
      android:toAlpha="0.5" />
</set>
```

准备好动画资源文件后，可以通过调用 AnimationUtils 类的 loadAnimation()方法获得指定资源文件的动画 Animation 对象，后续的操作就和使用 Java 代码的形式一样了，另外三种动画效果与 Alpha 效果类似，这里就不再赘述。

```
Animation animation = AnimationUtils.loadAnimation(getContext(),
        R.anim.alpha_animation);
```

8.3.2 Frame 动画

我们平时在使用软件时见到的最多的是 Frame 动画。在 Android 中实现一个 Frame 动画比较简单，只需要创建一个 AnimationDrawable 对象来表示 Frame 动画，然后通过 addFrame()方法把每一帧要显示的内容添加进去，最后通过 start()方法就可以播放这个动画。同时，还可以通过 setOneShot()方法来设置该动画是否可以重复播放。代码如下：

```
private AnimationDrawable animationDrawable = null;

public AnimationView(Context context, AttributeSet attrs) {
    super(context, attrs);
    this.animationDrawable = new AnimationDrawable();

    //装载资源
    for (int i = 1; i <= 15; i++) {
        int id = getResources().getIdentifier("frame" + i,
                "drawable", context.getPackageName());
        Drawable drawable = getResources().getDrawable(id, null);
        // 添加动画帧，显示时间为 500 ms
        this.animationDrawable.addFrame(drawable, 500);
    }
    // 设置不循环
    this.animationDrawable.setOneShot(false);
    // 设置显示这个 Frame 动画
    this.setBackground(this.animationDrawable);
}

public void startFrameAnimation() {
    this.animationDrawable.start();
}
```

8.4 案例与思考

图表是展示数据的常用手段。接下来通过案例，利用绘图相关方法实现的折线图。本案例涉及内容如下：

(1) Canvas 类以及 Paint 类的使用。

(2) 几何图形绘制。

(3) 字符串绘制。

绘制一个折线图一般分为三个步骤，分别为确定原点与坐标轴、绘制坐标轴以及刻度、绘制折线图数据。按照这个思路编写折线图控件，创建一个自定义控件并命名为“LineChartView.java”。代码如下：

```
public class LineChartView extends View {
    // X 轴最大值
    public int xMax = 500;
    // Y 轴最大值
    public int yMax = 1000;
    // X 轴步长
    public int xStep = 50;
    // Y 轴步长
    public int yStep = 100;
    //背景颜色的
    public int bgColor = Color.rgb(244, 244, 245);
    // 是否绘制网格线
    public boolean drawLine = true;
    // 坐标轴以及网格线颜色
    public int lineColor = Color.BLACK;

    // 数字与轴之间距离
    private final int margin = 10;
    // X 轴比例
    private float xScale = 1;
    // Y 轴比例
    private float yScale = 1;
    // X 轴长度
    private int xLength = 0;
    // Y 轴长度
    private int yLength = 0;
    // X 轴刻度个数
    private int xCount = 0;
    // Y 轴刻度个数
    private int yCount = 0;
    // Y 轴刻度宽度
    private int yALength = 0;
    // 数据点
    private PointF[] points = null;
    // 画笔
    private Paint mPaint = null;
```

```
// 字体宽度
private int fWidth = 0;
// 字体高度
private int fHeight = 0;
// 原点
private Point originPoint = null;

public LineChartView(Context context) {
    super(context);
    this.init();
}

public LineChartView(Context context, AttributeSet attrs,
        int defStyleAttr) {
    super(context, attrs, defStyleAttr);
    this.init();
}

public LineChartView(Context context, AttributeSet attrs) {
    super(context, attrs);
    this.init();
}

private void init() {
    this.mPaint = new Paint();
    this.mPaint.setAntiAlias(true);
    this.points = new PointF[0];
    Rect rect = new Rect();
    this.mPaint.getTextBounds("0", 0, 1, rect);
    this.fWidth = rect.width();
    this.fHeight = rect.height();
    this.originPoint = new Point(0, 0);
}

public void setData(PointF[] points) {
    if (points != null) {
        Arrays.sort(points, new Comparator<PointF>() {
            public int compare(PointF p1, PointF p2) {
```

```
                if (p1.x < p2.x) {
                    return -1;
                } else if (p1.x == p2.x) {
                    return 0;
                } else {
                    return 1;
                }
            }
        });
        this.points = points;
        postInvalidate();
    } else {
        this.points = new PointF[0];
        postInvalidate();
    }
}

protected void onSizeChanged(int width, int height,
        int oldw, int oldh) {
    super.onSizeChanged(width, height, oldw, oldh);
    float w = (float) (width * 0.9);
    float h = (float) (height * 0.9);
    // 计算纵坐标刻度最大宽度
    this.yALength = (this.yMax + "").length() * this.fWidth;
    // 计算坐标轴长度
    this.xLength = (int) (w - this.margin - this.yALength);
    this.yLength = (int) (h - this.margin - this.fHeight);
    // 计算原点位置
    this.originPoint.set((int) (w - this.xLength + (width - w) / 2),
            (int) (this.yLength + (height - h) / 2));
    // 计算坐标轴刻度个数
    this.xCount = (int) Math.round(this.xMax * 1.0 / this.xStep);
    this.yCount = (int) Math.round(this.yMax * 1.0 / this.yStep);
    // 计算坐标轴比例
    this.xScale = (float) (this.xLength * 0.95 / this.xMax);
    this.yScale = (float) (this.yLength * 0.95 / this.yMax);
}
```

```
protected void onDraw(Canvas canvas) {
    super.onDraw(canvas);
    canvas.drawColor(this.bgColor);
    this.drawLine(canvas);
    this.drawMark(canvas);
    this.drawData(canvas);
}

private void drawLine(Canvas canvas) {
    this.mPaint.setColor(this.lineColor);
    this.mPaint.setAlpha(255);
    // 纵轴线
    canvas.drawLine(this.originPoint.x,
            this.originPoint.y - this.yLength, this.originPoint.x,
            this.originPoint.y, this.mPaint);
    // 纵轴箭头
    canvas.drawLine(this.originPoint.x,
            this.originPoint.y - this.yLength, this.originPoint.x - 5,
            this.originPoint.y - this.yLength + 5, this.mPaint);
    canvas.drawLine(this.originPoint.x,
            this.originPoint.y - this.yLength, this.originPoint.x + 5,
            this.originPoint.y - this.yLength + 5, this.mPaint);
    // 横轴线
    canvas.drawLine(this.originPoint.x, this.originPoint.y,
            this.originPoint.x + this.xLength, this.originPoint.y,
            this.mPaint);
    // 横轴箭头
    canvas.drawLine(this.originPoint.x + this.xLength,
            this.originPoint.y, this.originPoint.x + this.xLength - 5,
            this.originPoint.y + 5, this.mPaint);
    canvas.drawLine(this.originPoint.x + this.xLength,
            this.originPoint.y, this.originPoint.x + this.xLength - 5,
            this.originPoint.y - 5, this.mPaint);
}

private void drawMark(Canvas canvas) {
    this.mPaint.setColor(this.lineColor);
    this.mPaint.setAlpha(255);
```

```
// 原点刻度
canvas.drawText("0",
        this.originPoint.x - this.fWidth - this.margin,
        this.originPoint.y + this.fHeight / 2.0f, this.mPaint);
// 纵轴
for (int i = 1; i <= this.yCount; i++) {
    this.mPaint.setAlpha(255);
    float lengthTemp = i * this.yStep * this.yScale;
    // 刻度值
    canvas.drawText(i * this.yStep + "",
            this.originPoint.x - this.yALength - this.margin,
            this.originPoint.y - lengthTemp + this.fHeight / 2.0f,
            this.mPaint);
    // 刻度线
    canvas.drawLine(this.originPoint.x - this.margin / 2.0f,
            this.originPoint.y - lengthTemp, this.originPoint.x,
            this.originPoint.y - lengthTemp, this.mPaint);
    if (this.drawLine) {
        this.mPaint.setAlpha(50);
        canvas.drawLine(this.originPoint.x,
                this.originPoint.y - lengthTemp,
                this.originPoint.x + this.xLength,
                this.originPoint.y - lengthTemp, this.mPaint);
    }
}

// 横轴
for (int i = 1; i <= this.xCount; i++) {
    this.mPaint.setAlpha(255);
    float lengthTemp = i * this.xStep * this.xScale;
    // 刻度值
    canvas.drawText(i * this.xStep + "",
            this.originPoint.x + lengthTemp
            - this.fWidth * (i * this.xStep + "").length() / 2.0f,
            this.originPoint.y + this.fHeight + this.margin,
            this.mPaint);
    // 刻度线
    canvas.drawLine(this.originPoint.x + lengthTemp,
```

```
                this.originPoint.y, this.originPoint.x + lengthTemp,
                this.originPoint.y + this.margin / 2.0f, this.mPaint);
            if (this.drawLine) {
                this.mPaint.setAlpha(50);
                canvas.drawLine(this.originPoint.x + lengthTemp,
                    this.originPoint.y, this.originPoint.x + lengthTemp,
                    this.originPoint.y - this.yLength, this.mPaint);
            }
        }
    }

    private void drawData(Canvas canvas) {
        if (this.points != null && this.points.length > 0) {
        this.mPaint.setAlpha(255);
        int i = 0;
        // 画线
        for (; i < this.points.length - 1; i++) {
            // 绘制两点间连线
            canvas.drawLine(this.originPoint.x
                    + this.points[i].x * this.xScale,
                    this.originPoint.y - this.points[i].y * this.yScale,
                    this.originPoint.x + this.points[i + 1].x * this.xScale,
                    this.originPoint.y - this.points[i + 1].y * this.yScale,
                    this.mPaint);
            // 绘制数据点
            canvas.drawCircle(this.originPoint.x
                    + this.points[i].x * this.xScale,
                    this.originPoint.y - this.points[i].y * this.yScale, 3,
                    this.mPaint);
                    }
            canvas.drawCircle(this.originPoint.x
                    + this.points[i].x * this.xScale,
                    this.originPoint.y - this.points[i].y * this.yScale, 3,
                    this.mPaint);
        }
    }
}
```

看起来折线图控件的代码比较复杂，但实际上只要理解了原理，对代码进行拆分后，就会发现并不复杂，可以直接通过预览模式观察折线图控件的默认绘制效果，如图 8.19 所示。

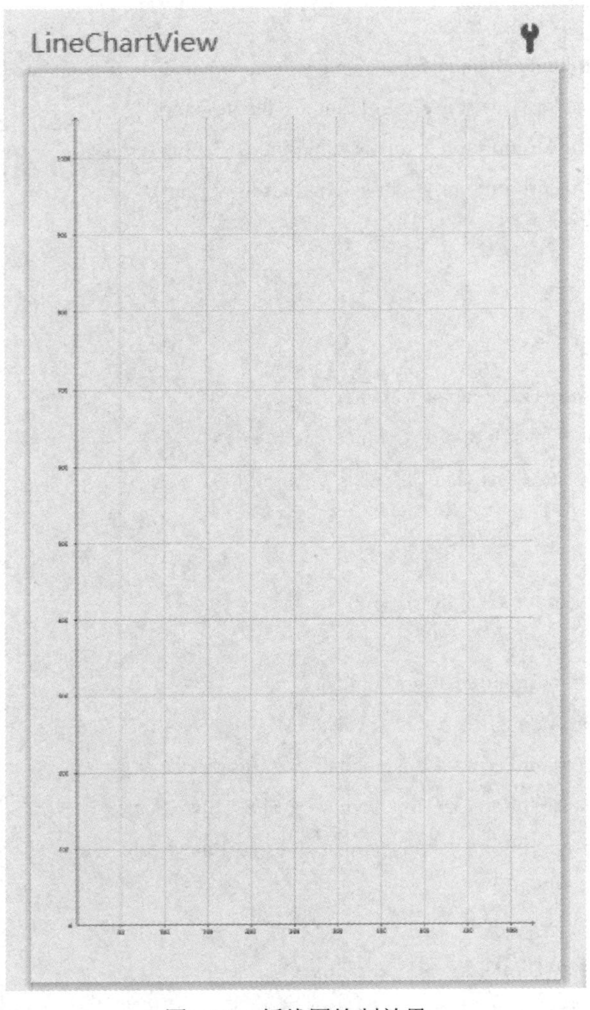

图 8.19 折线图绘制效果

接下来对折线图控件的代码进行分解查看，第一部分为所需变量的定义部分，这里定义了折线图相关的最大值以及步长等信息，并且属性为公开属性，允许调用者在外部进行修改。除了公开属性，其余的属性为绘图的辅助属性，比如坐标轴逻辑长度与物理长度的比例等，最后一部分属性就是绘图所必需的画笔以及数据信息。

在折线图控件创建后，先调用 init()方法对画笔的基本属性进行设置并计算坐标原点的刻度字符串的大小。通过画笔的 getTextBounds()方法可以获得指定字符串的长度与宽度信息，得到单个字符的尺寸后，在绘制刻度时就很容易进行定位。

折线图控件在显示或者尺寸调整时会回调 onSizeChanged()方法，对坐标轴的基本信息进行计算，避免每次绘制的时候重复计算。得到控件尺寸大小后，结合坐标轴最大值等属性即可计算坐标轴物理长度与逻辑长度的比例关系，同时也可以确定原点的坐标信息。

最后真正绘制的方法即为 onDraw()方法。首先绘制控件的背景色，清除历史的数据，然后将整个绘制过程拆分为多个部分，分别为坐标轴、刻度以及参考线、数据的绘制。代码看上去很复杂，但本质上是几何图形的位置坐标的计算，读者也可以按照自己的思路计算几何图形的位置并绘制。

当需要设置折线图控件数据时，只需要调用 setData()方法将数据的点信息传入即可，控件会先根据 X 轴数据对点进行排序，然后再逐一绘制。

完成了折线图控件的编写，下面结合活动来感受一下实际的绘制效果，让折线图动起来。创建布局文件并命名为“activity_main.xml”。代码如下：

```
<LinearLayout
    xmlns:android="http://schemas.android.com/apk/res/android"
    android:layout_width="match_parent"
    android:layout_height="match_parent"
    android:orientation="vertical">
    <com.chapter.chart.LineChartView
        android:id="@+id/lineChartView"
        android:layout_width="match_parent"
        android:layout_height="0dp"
        android:layout_weight="1" />
    <Button
        android:id="@+id/lineChartBtn"
        android:layout_width="match_parent"
        android:layout_height="wrap_content"
        android:text="开始/暂停"
        android:textSize="30sp" />
</LinearLayout>
```

在布局文件中，通过线性布局垂直方向放置两个控件，分别为自定义的折线图控件以及用于控制折线图数据的按钮控件。然后编写活动类，对控件进行操作，创建活动并命名为“MainActivity.java”。代码如下：

```
public class MainActivity extends AppCompatActivity
        implements Runnable {
    private Button lineChartBtn = null;
    private LineChartView lineChartView = null;
    private PointF[] points = null;
    private Random random = null;
    private boolean isPause = true;

    protected void onCreate(Bundle savedInstanceState) {
        super.onCreate(savedInstanceState);
        setContentView(R.layout.activity_main);
        init();
```

```
    }

    private void init() {
        this.points = new PointF[20];
        for (int i = 0; i < this.points.length; i++) {
            this.points[i] = new PointF(i * 100 + 100, 0);
        }
        this.random = new Random();
        this.lineChartBtn = findViewById(R.id.lineChartBtn);
        this.lineChartView = findViewById(R.id.lineChartView);
        this.lineChartView.xMax = 2000;
        this.lineChartView.xStep = 100;
        this.lineChartView.yMax = 1000;

        this.lineChartBtn.setOnClickListener(new OnClickListener() {
            public void onClick(View v) {
                isPause = !isPause;
            }
        });
        new Thread(this).start();
    }

    public void run() {
        while (!Thread.currentThread().isInterrupted()) {
            try {
                Thread.sleep(300);
            } catch (InterruptedException e) {
                Thread.currentThread().interrupt();
            }
            if (!this.isPause) {
                for (int i = 0; i < this.points.length - 1; i++) {
                    this.points[i].set(this.points[i].x,
                            this.points[i + 1].y);
                }
                this.points[this.points.length - 1]
                        .set(this.points[this.points.length - 1].x,
                        this.random.nextInt((int) this.lineChartView.yMax));
                this.lineChartView.setData(points);
            }
```

```
        }
      }
    }
```

上述代码在活动的 init()方法中获得自定义的折线图控件并对默认的最大值等属性进行修改。然后为按钮添加单击事件监听器，用于控制线程是否自动产生折线图的数据。

在产生数据的线程中，使用 Random 来随机产生数据，这样数据看起来是变化的而且具有层次感，运行程序，运行效果如图 8.20 所示。

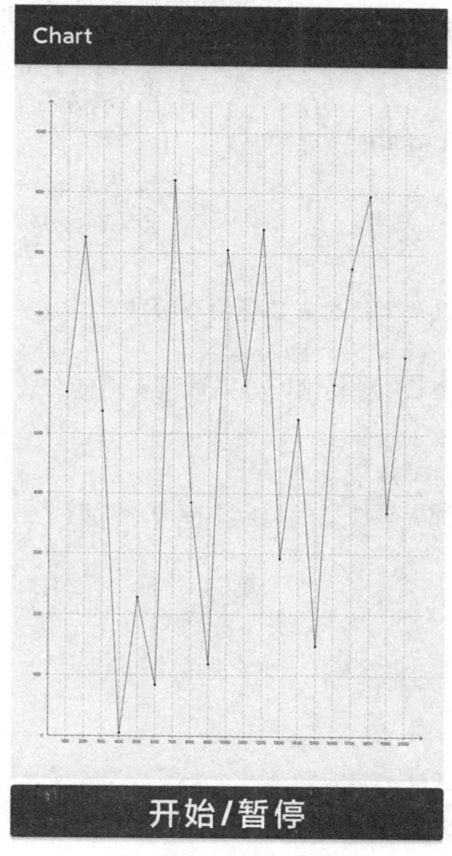

图 8.20 动态折线图

常见的数据图表有折线图、柱形图、饼形图等。在案例中我们只对折线图进行了绘制，请读者在理解折线图绘制的基础上思考如何通过绘图相关 API 绘制柱形图等图表，举一反三实现自定义的各类图标的绘制。

习 题

一、选择题

1. 在子线程中可以使用 View 的什么方法直接对控件进行重新绘制(　　)。

A. postInvalidate()　　　　B. invalidate()

C. paint()　　D. repaint()

2. 下列不属于 SurfaceHolder.Callback 接口中的方法的是(　　)。

A. surfaceCreated()　　B. surfaceChanged()

C. surfaceDestroyed()　　D. surfaceResume()

3. 在 Paint 中用于设置画笔抗锯齿效果的方法为(　　)。

A. setAntiAlias()　　B. setAlpha()

C. setStyle()　　D. setStrokeWidth()

4. 在 Android 中，画布的原点位置是(　　)。

A. 屏幕左上角　　B. 屏幕左下角

C. 屏幕右上角　　D. 屏幕右下角

5. Tween 动画可以实现透明度改变的是(　　)。

A. AlphaAnimation　　B. ScaleAnimation

C. TranslateAnimation　　D. RotateAnimation

二、简答题

1. 简述双缓冲的原理以及为什么需要使用双缓冲？

2. 简述 View 与 SurfaceView 的异同。

3. 简述 Android 中提供了几种动画，分别可以实现什么效果？

三、应用题

1. 自定义控件，绘制时钟效果。

2. 自定义控件，结合触屏事件完成画板小应用，绘制手指滑动轨迹。

第九章 数据存储

应用在运行的过程中或多或少都会产生一些数据，比如在学习活动时，当活动重新创建后对截面数据进行恢复时，由于这些数据都是内存级别的，当应用停止后数据将不复存在，因此需要让一些数据在应用停止后依然可以保存下来，这就需要将数据进行持久化。本章将介绍在 Android 中如何实现对数据的持久化。

本章学习目标：

1. 了解文件的存储方式；
2. 熟练掌握 SharedPreferences 存储；
3. 熟练掌握 SQLite 数据库；
4. 了解数据共享。

9.1 数据持久化

系统或应用运行过程产生的数据主要存储在内存中，称为瞬时数据。在程序关闭或内存回收瞬时数据时，数据可能会丢失。对于一些关键的数据如果丢失，可能会导致严重的后果。因此需要一种机制，可以将运行时的瞬时数据或者需要长期存在的数据保存到存储设备中，使其不会因为应用的关闭或内存回收而丢失，这就需要将数据进行持久化。

数据持久化就是将内存中的数据模型转换为存储模型，以及将存储模型转换为内存中的数据模型的统称。数据模型可以是任何数据结构或对象模型，存储模型可以是关系模型、XML、二进制流等。持久化技术提供了一种可以让数据在瞬时状态和持久状态之间进行转换的机制。除了将数据持久化存储在本地，还可以利用网络通信，将数据存储在服务端，比如 QQ。当我们登录 QQ 后，会从 QQ 服务器将历史聊天记录同步到本机上，这就是利用网络通信实现的数据持久化的一种形式。

Android 使用的文件系统类似于其他平台上基于磁盘的文件系统。在该系统中提供了以下几种方式用于保存应用数据：

(1) 应用专属存储空间：存储仅供应用使用的文件，可以存储到内部存储卷中的专属目录或外部存储空间中的其他专属目录。使用内部存储空间中的目录保存其他应用不应访问的敏感信息。

(2) 共享存储：存储应用打算与其他应用共享的文件，包括媒体、文档和其他文件。

(3) 偏好设置：以键值对形式存储私有原始数据。

(4) 数据库：使用 Room 持久性库将结构化数据存储在专用数据库中。

总的来说，在 Android 中常用的持久化存储方式分别为文件存储、偏好存储和数据库存储。

9.2 文件存储

文件存储是 Android 中最简单的一种数据持久化方式。根据存储文件内容是否为字符可将文件分为字符文件和二进制(字节)文件，字符本质上也是通过指定编码而成的字节数据。在文件中，可以存储任何结构的数据，完全由开发者自己定义，如文本、音频、视频等。但是复杂的数据结构会增大存储解析成本，因此在实际开发中，一般利用文件存储解决数据结构相对简单的数据持久化问题。由于文件存储的开放性，为用户提供了存储个性化结构数据的可能。

在 Android 中，提供两类物理存储位置：内部存储空间和外部存储空间。在大多数设备上，内部存储空间小于外部存储空间。所有设备上的内部存储空间都是始终可用的，因此在存储应用的数据时，内部存储的可靠性要大于外部存储。默认情况下，应用本身存储在内部存储空间中。有时，APK 可能会非常大，内部存储无法满足存储要求时，可以通过在清单文件中指明偏好设置，将应用安装到外部存储空间。

```
<manifest ...
  android:installLocation="preferExternal">
    ...
</manifest>
```

下面介绍在 Android 中如何使用文件存储。熟悉 Java 开发的读者应该知道，操作文件的常见流程如下：

```
InputStream in = null;
try {
  in = new FileInputStream("file.dat");
  // 文件处理
} catch (IOException e) {
  // 异常处理
} finally {
  if (in != null) {
    try {
      in.close;
    } catch(IOException ex) {
    }
  }
}
```

Android 中对文件的读写也是如此，但是在获取文件时略有不同。首先介绍内部存储的操作。在 Context 类中提供了 openFileOutput()方法用于从内部存储中打开和当前 Context 关联文件的输出流，如果文件不存在，则会自动创建。该方法接收两个参数，第一个参数为文件名称，第二个参数为操作模式。用户可以用 0 或者 MODE_PRIVATE 作为默认的操作模式，使用 MODE_APPEND 可以向已存在的文件追加数据。

通过 openFileOutput()方法可以获得一个 FileOutputStream 对象，通过该对象就可以像在 Java 中一样对文件输出流进行处理。接下来结合图形界面实际使用 openFileOutput()方法来完成文件的存储。代码如下：

```
<?xml version="1.0" encoding="utf-8"?>
<LinearLayout
    xmlns:android="http://schemas.android.com/apk/res/android"
    xmlns:tools="http://schemas.android.com/tools"
    android:layout_width="match_parent"
    android:layout_height="match_parent"
    android:orientation="vertical">
    <EditText
      android:id="@+id/text"
      android:layout_width="match_parent"
      android:layout_height="wrap_content"
      android:lines="5" />
    <Button
      android:layout_width="match_parent"
      android:layout_height="wrap_content"
      android:onClick="handleSave"
      android:text="保存文本" />
</LinearLayout>
```

在布局文件中，使用 EditText 控件编辑文本信息，然后通过一个 Button 触发保存文本的操作。保存文件的代码如下：

```
public void handleSave(View v) throws IOException {
  try (FileOutputStream out = this.openFileOutput("test.txt",
      MODE_PRIVATE)) {
    out.write(this.text.getText().toString()
        .getBytes(Charset.forName("UTF-8")));
    out.flush();
  }
}
```

运行结果如图 9.1 所示。

保存文件后，可以通过 Android Studio 提供的 Device File Explorer 工具查看刚刚保存的文件。当使用内部存储保存文件时，文件将会保存在/data/data/<应用包名>/files/路径下，此处的文件路径为：/data/data/com.datastorage/files/test.txt，如图 9.2 所示。

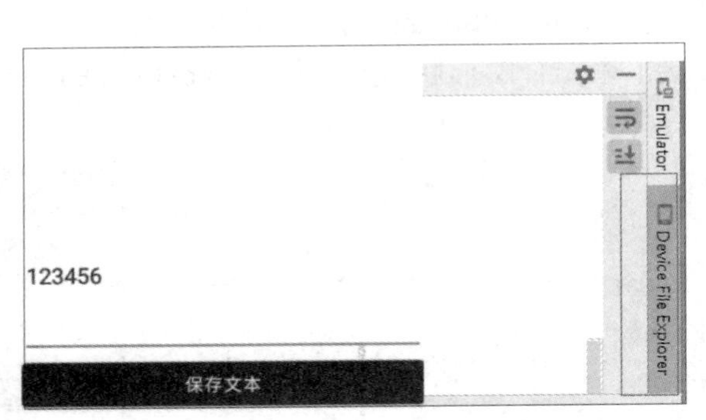

图 9.1　保存文本

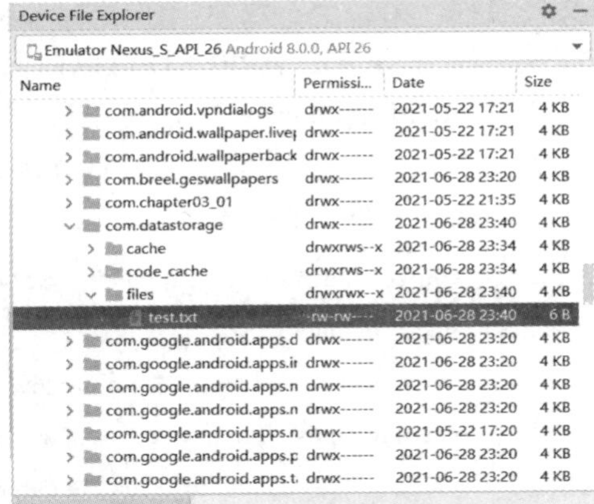

图 9.2　查看设备文件

找到生成的文件后，可以直接查看文件的内容，如图 9.3 所示。在使用 openFileOutput()方法操作文件时，MODE_PRIVATE 模式每次都会将之前的文件覆盖，如果我们希望每次输入的文本可以在源文件中追加而不是覆盖，则可以将 MODE_PRIVATE 更改为 MODE_APPEND。

图 9.3　保存文件内容

保存完所需数据后，当需要使用该数据时，只需要读取该文件内容和 openFileOutput()方法对应的内容。在 Context 类中可以使用 openFileInput()方法获取指定的文件，该方法接收一个文件名作为参数，返回一个 FileInputStream 对象。通过该对象，即可完成数据的读取操作。对上面的实例进行修改，增加读取的按钮，将保存的数据读取并显示给用户。代码如下：

```
<?xml version="1.0" encoding="utf-8"?>
<LinearLayout
    xmlns:android="http://schemas.android.com/apk/res/android"
    xmlns:tools="http://schemas.android.com/tools"
    android:layout_width="match_parent"
    android:layout_height="match_parent"
    android:orientation="vertical">
    <EditText
```

```
            android:id="@+id/text"
            android:layout_width="match_parent"
            android:layout_height="wrap_content"
            android:lines="5" />
        <Button
            android:layout_width="match_parent"
            android:layout_height="wrap_content"
            android:onClick="handleSave"
            android:text="保存文本" />
        <Button
            android:layout_width="match_parent"
            android:layout_height="wrap_content"
            android:onClick="handleRead"
            android:text="读取文本" />
    </LinearLayout>
```

这里的布局很简单，仅仅是增加了一个 Button，同时指定单击处理的方法为 handleRead()。接下来在 Activity 中添加相应的处理方法。代码如下：

```
public void handleRead(View v) throws IOException {
    FileInputStream fis = context.openFileInput("test.txt");
    InputStreamReader inputStreamReader =
            new InputStreamReader(fis, Charset.forName("UTF-8"));
    StringBuilder stringBuilder = new StringBuilder();
    try (BufferedReader reader =
        new BufferedReader(inputStreamReader)) {
        String line = reader.readLine();
        while (line != null) {
            stringBuilder.append(line).append('\n');
            line = reader.readLine();
        }
    }
    Toast.makeText(this, stringBuilder.toString(),
            Toast.LENGTH_SHORT).show();
}
```

在 Context 类中，不仅可以针对指定的文件进行读写，而且还可以获得所有的文件名称。fileList()方法可以获得内部存储文件夹内所有文件名称的数组。有时在应用中想要暂时存储部分数据，可以在应用内部存储空间中的指定缓存目录保存数据。缓存目录和普通的文件存储一样，当用户卸载应用后，系统会移除存储在此目录中的文件，也可以更早地移除此目录中的文件。Context 类的 getCacheDir()方法可以获得当前应用在内部存储中的缓存目录，当需要创建缓存文件时，可以如下操作：

```
File.createTempFile(filename, null, context.getCacheDir());
```

对于已经创建的缓存文件，可以直接使用 getCacheDir()方法结合缓存文件名称获得对应的缓存文件。

```
File cacheFile = new File(context.getCacheDir(), filename);
```

在内部存储中可以很方便地完成数据的持久化。但是当需要存储的数据比较大，内部存储不足时，可以考虑改用外部存储空间。Android 系统会在外部存储空间中提供目录，应用可以在该存储空间中存储仅在应用内对用户有价值的文件。与内部存储类似，在外部存储中，也可以存储常规文件和缓存文件。当需要使用外部存储的缓存文件目录时，仅需要将 Context 类的 getCacheDir()更改为 getExternalCacheDir()方法即可。

在 Android 4.4(API 级别 19)或更高版本中，应用不需要请求任何与存储空间相关的权限即可访问外部存储空间中的应用专属目录。卸载应用后，系统会移除这些目录中存储的文件。当需要外部存储对应用专属目录以外的文件进行读写时，需要在清单文件中添加两个权限：READ_EXTERNAL_STORAGE 和 WRITE_EXTERNAL_STORAGE。

因为外部存储空间位于用户能够移除的物理卷上，比如可插拔的 SD 卡，所以当需要在外部存储空间对文件进行读写时，应该首先判断外部存储空间是否可用。通过调用 Environment.getExternalStorageState()可以查询外部存储空间的状态。如果返回的状态为“MEDIA_MOUNTED”，那么表示外部存储空间正常，可以在应用中对其进行读写操作；如果返回的状态为“MEDIA_MOUNTED_READ_ONLY”，则表示只能读取这些文件而不允许写入数据。代码如下：

```
private boolean isExternalStorageWritable() {
    return Environment.getExternalStorageState() ==
            Environment.MEDIA_MOUNTED;
}
```

正如上面这段代码一样，在操作外部存储前，应当首先判断外部存储是否可写，然后继续应用的存储操作。

9.3 SharedPreference 存储

使用文件存储可以自由地保存数据结构。很多时候，在应用中需要保存用户的偏好设置，这些数据通常都是相对较小键值对集合，如果继续使用文件存储的方式，就显得有些麻烦。Android 中提供了 SharedPreferences API 和 SharedPreferences 对象指向包含键值对的文件，并提供读写这些键值对的简单方法。每个 SharedPreferences 文件均由框架进行管理，可以是私有文件，也可以是共享文件，用户可以很容易地在应用中完成对键值对数据的修改。

使用 SharedPreferences API 保存键值对首先需要获得 SharedPreferences 对象。这可以通过如下几种方式获得：

第一种方式是通过Context类的getSharedPreferences()方法获得。该方法接收两个参数，第一个参数为 SharedPreferences 文件名称，第二个参数为操作模式，这与内部存储的openFileOutput()方法是一致的。使用该方法允许创建多个自定义名称的 SharedPreferences 文件。

第二种方式是通过 Activity 类的 getPreferences()方法获得。该方法只接收一个操作方式参数，无法指定 SharedPreferences 文件名称。通过此方法获得的 SharedPreferences 文件将以 Activity 类名作为 SharedPreferences 文件名称。

第三种方式是通过 PreferenceManager.getDefaultSharedPreferences()方法获得。该方法接收一个 Context 对象作为参数，无法指定 SharedPreferences 文件名称与操作模式。通过该方法创建的 SharedPreferences 文件将以传入的 Context 对象的包名+_preferences 后缀作为文件名，同时操作模式为 MODE_PRIVATE。

下面通过一个简单的示例看看这三种方式执行的效果。代码如下：

```
this.getSharedPreferences("custom", MODE_PRIVATE).edit().commit();
this.getPreferences(MODE_PRIVATE).edit().commit();
PreferenceManager.getDefaultSharedPreferences(this)
        .edit().commit();
```

在 Activity 中直接通过三种方式进行调用，SharedPreferences 文件将会保存在/data/data/<应用包名>/shared_prefs/路径下，此处的文件路径为/data/data/com.datastorage/shared_prefs，如图 9.4 所示。

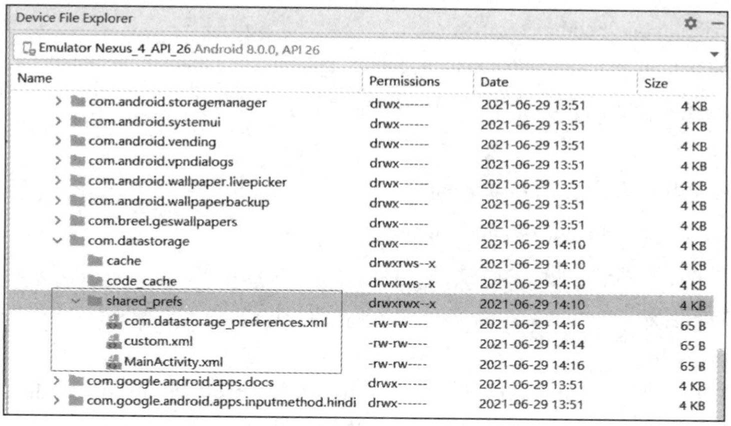

图 9.4　SharedPreferences 文件

需要注意的是：在上面的示例代码中，不仅仅是通过三种方式获得了 SharedPreferences 对象，同时通过链式调用的形式调用了 edit()方法和 commit()方法。这两个方法分别用于开始编辑 SharedPreferences 和提交更改。如果只是单纯地获得 SharedPreferences 对象或者对其进行只读操作，当 SharedPreferences 文件不存在时并不会创建相关的 SharedPreferences 文件，只有当对其编辑并且提交修改后才会将实际的数据写入内部存储中。

在实际开发中，用户应该根据实际情况选择上述三种创建方式，比如对一个 Context 中的全局配置存储时，可以直接使用 PreferenceManager.getDefaultSharedPreferences()方法获得；指定 Activity 相关的配置存储可以使用 Activity 类的 getPreferences()方法获得；需要根据自己的业务灵活命名时，可以使用 Context 类的 getSharedPreferences()方法获得。

SharedPreferences 文件本质上是一个 XML 文件。通过示例不难发现最终生成的 SharedPreferences 文件是以.xml 结尾的。下面结合实际的界面来看看 SharedPreferences 的具体用法。代码如下：

```
<?xml version="1.0" encoding="utf-8"?>
<LinearLayout
    xmlns:android="http://schemas.android.com/apk/res/android"
    android:layout_width="match_parent"
    android:layout_height="match_parent"
    android:orientation="vertical">
    <EditText
        android:id="@+id/key"
        android:layout_width="match_parent"
        android:layout_height="wrap_content"
        android:hint="SharedPreferences 键"
        android:singleLine="true" />
    <EditText
        android:id="@+id/value"
        android:layout_width="match_parent"
        android:layout_height="wrap_content"
        android:hint="SharedPreferences 值"
        android:singleLine="true" />
    <Button
        android:layout_width="match_parent"
        android:layout_height="wrap_content"
        android:onClick="handleSave"
        android:text="保存" />
</LinearLayout>
```

在布局文件中，使用 EditText 控件输入 SharedPreferences 的键值对信息，然后通过一个 Button 触发保存 SharedPreferences 数据的操作，保存 SharedPreferences 的代码如下：

```
public void handleSave(View v) {
    SharedPreferences sharedPreferences =
            PreferenceManager.getDefaultSharedPreferences(this);
    SharedPreferences.Editor editor = sharedPreferences.edit();
    editor.putString(key.getText().toString(),
            value.getTransitionName().toString());
    boolean success = editor.commit();
    Toast.makeText(this, success ? "Success" : "Fail",
```

```
        Toast.LENGTH_SHORT).show();
    }
```

运行结果如图 9.5 所示。

查看生成的 SharedPreferences 文件内容，可以看到如图 9.6 所示的结果。

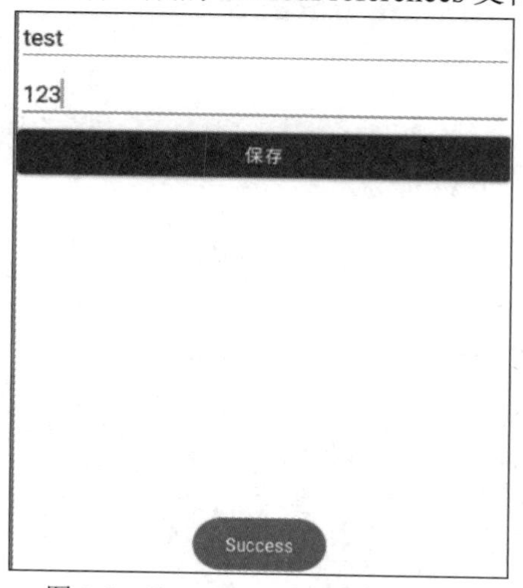

图 9.5 SharedPreferences 保存数据

```
com.datastorage_preferences.xml
1  <?xml version='1.0' encoding='utf-8' standalone='yes' ?>
2  <map>
3      <string name="test">123</string>
4  </map>
5
```

图 9.6 SharedPreferences 文件内容

通过 SharedPreferences 保存数据时，首先调用 SharedPreferences 对象的 edit()方法创建一个 SharedPreferences.Editor 对象，所有对 SharedPreferences 文件修改的操作都应该使用该对象完成。SharedPreferences.Editor 类中有一系列用于添加、删除的方法。SharedPreferences 支持的数据类型有 String、String 集合、int、long、float 和 boolean，对应添加数据的方法分别为 SharedPreferences.Editor 对象的 putString()、putStringSet()、putInt()、putLong()、putFloat()和 putBoolean()，在最终生成的 SharedPreferences 文件中则以 string、int 等表示对应的数据类型。除了 put 相关的添加数据，当需要删除 SharedPreferences 对象中的某些数据时，可以使用 Editor 对象的 remove()和 clear()方法，分别表示移除指定键值的数据和清空所有数据。

当在 Editor 对象中对数据的添加、删除修改完成后，并不会将结果同步到 SharedPreferences 对象，需要显式调用 Editor 对象的 apply()方法或 commit()方法。这两个方法都可以将修改变更同步到 SharedPreferences 对象中，但是 apply()方法仅仅是在内存中进行应用，并不会实际修改将数据刷新到 SharedPreferences 文件中；而 commit()方法会将最后的结果同步修改到 SharedPreferences 文件，通过该方法的返回值判断提交操作是否完成以做相应的处理。

对保存 SharedPreferences 的示例进行简单修改，使其可以读取 SharedPreferences 中已存储的数据。在布局文件中再添加一个 EditText 控件和一个 Button 控件，用于读取指定的数据。代码如下：

```
<EditText
    android:id="@+id/key2"
    android:layout_width="match_parent"
    android:layout_height="wrap_content"
```

```
    android:hint="SharedPreferences 值"
    android:singleLine="true" />
<Button
    android:layout_width="match_parent"
    android:layout_height="wrap_content"
    android:onClick="handleRead"
    android:text="读取" />
```

同步在 Activity 中添加读取操作方法。

```
public void handleRead(View v) {
    SharedPreferences sharedPreferences =
        PreferenceManager.getDefaultSharedPreferences(this);
    Toast.makeText(this,
        sharedPreferences.getString(key2.getText().toString(),
        "数据不存在"), Toast.LENGTH_SHORT).show();
}
```

运行结果如图 9.7 所示。

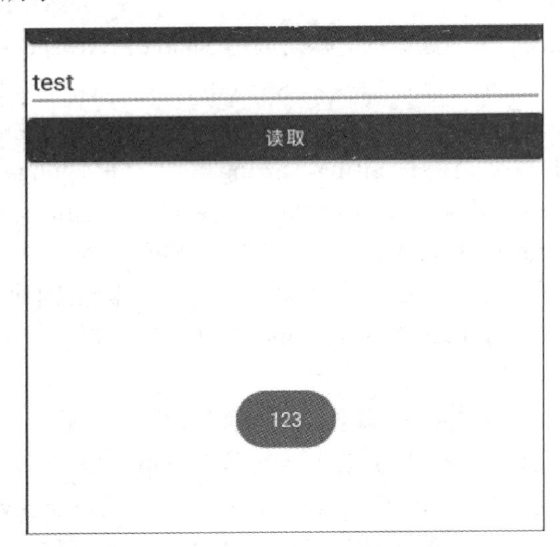

图 9.7　读取 SharedPreferences 文件

与 SharedPreferences.Editor 对象添加数据对应，在 SharedPreferences 中可以通过 get 相关方法获得指定类型的数据，分别为 getString()、getStringSet()、getInt()、getLong()、getFloat()和 getBoolean()。这类方法都接收两个参数，第一个参数为需要读取 SharedPreferences 中存储的指定键的值，第二个参数表示当指定键不存在时返回的默认值。

9.4 SQLite 数据库

了解了内部存储以及 SharedPreferences 存储可以解决日常开发中很多的数据持久化问

题。在实际开发中，对于重复数据或结构化数据，比如联系人信息、操作记录等，采用数据库形式的存储是一种理想的选择，这时就需要借助 Android 提供的数据库存进行处理。在 Android 中内置的数据库为 SQLite。SQLite 是一个软件库，实现了自给自足的、无服务器的、零配置的、事务性的 SQL 数据库引擎，同时也是在世界上最广泛部署的 SQL 数据库引擎。

9.4.1　创建数据库

使用 SQL 数据库的主要原则之一是架构，即数据库组织方式的正式声明。在创建数据库时，应该定义数据库的表结构信息，通常使用常量枚举出数据库中包含的表与列信息。这样，当数据库的结构需要变化时，只需要对常量对应的值进行修改即可完成整个应用的变更。代码如下：

```
public final class Database {
  private Database() {}

  public static class User implements BaseColumns {
    public static final String TABLE_NAME = "user";
    public static final String COLUMN_NAME_USER_NAME = "name";
    public static final String COLUMN_NAME_PHONE = "phone";
    public static final String COLUMN_NAME_ADDRESS = "address";
  }
}
```

用户采用全局的类定义结合内部类的方式定义数据库表结构所需的常量信息。每个内部类定义一个表结构常量。通过实现 BaseColumns 接口，内部类可以继承名为 _ID 的主键字段，CursorAdapter 等某些 Android 类需要内部类拥有该字段。虽然 Android 中没有强制要求必须要这样做，但是使用这种方式有助于创建的数据库与 Android 框架和谐地工作。

定义完数据库所需表结构常量后，需要编写对应的 DDL 语句，用于初始化数据库。代码如下：

```
private static final String SQL_CREATE_USER =
    "CREATE TABLE " + User.TABLE_NAME + " (" +
    User._ID + " INTEGER PRIMARY KEY," +
    User.COLUMN_NAME_USER_NAME + " TEXT," +
    User.COLUMN_NAME_PHONE + " TEXT," +
    User.COLUMN_NAME_ADDRESS + " TEXT)";

private static final String SQL_DELETE_USER =
    "DROP TABLE IF EXISTS " + User.TABLE_NAME;
```

数据库的创建需要获得 SQLiteDatabase 对象，获得该对象的方式有如下几种：

(1) 通过 Context 类的 openOrCreateDatabase()方法获得。该方法是一个重载方法，以数据库名称、操作模式等信息作为参数，调用后将返回一个 SQLiteDatabase 对象。代码如下：

```
context.openOrCreateDatabase(dbName, MODE_PRIVATE, null);
```

(2) 通过继承 SQLiteOpenHelper 方式创建数据库。SQLiteOpenHelper 类包含数据库的创建和升级方法，在开发中建议使用该方式。下面将详细介绍该种方式，如果需要更加个性化地操作数据库，也可以直接使用 SQLiteDatabase 类提供的 openOrCreateDatabase()、create()、openDatabase()等静态方法分别用来打开或创建数据库、创建数据库、打开数据库。数据库的存储路径可以自定义，而使用 Context 类的 openOrCreateDatabase()方法或 SQLiteOpenHelper 方式默认都会将数据库创建在内部存储中，数据库文件将会保存在/data/data/<应用包名>/databases/路径下。接下来通过 SQLiteOpenHelper 来介绍具体的操作方法。代码如下：

```
public static class MyDbHelper extends SQLiteOpenHelper {
  public static final int DATABASE_VERSION = 1;
  public static final String DATABASE_NAME = "database.db";

  public MyDbHelper(Context context) {
    super(context, DATABASE_NAME, null, DATABASE_VERSION);
  }

  public void onCreate(SQLiteDatabase db) {}

public void onUpgrade(SQLiteDatabase db, int oldVersion,
        int newVersion) {}
}
```

首先，需要自定义一个数据库辅助类继承 SQLiteOpenHelper，在该类中必须要实现两个方法，分别为 onCreate()和 onUpgrade()。一般在使用该类时会定义两个常量，分别为当前的数据库版本和数据库名称，在构造方法中将其作为参数传递给 SQLiteOpenHelper 的构造方法以完成类的初始化。

首次使用 SQLiteOpenHelper 获取 SQLiteDatabase 对象时，SQLiteOpenHelper 会判断当前数据库文件是否存在。如果不存在，则会创建数据库文件并执行 onCreate()方法对数据库进行初始化操作，因此在 onCreate()方法中可以添加相应的创建表结构的初始化操作。

```
public void onCreate(SQLiteDatabase db) {
  db.execSQL(SQL_CREATE_USER);
}
```

在需要获取数据库对象时，只要创建 SQLiteOpenHelper 的实例，并将当前 Context 作为参数传递即可。当需要实例化 SQLiteOpenHelper 对象时，并不会创建数据库，只有当显式调用 getReadableDatabase()或 getWritableDatabase()时才会真正地创建数据库文件。

```
Database.MyDbHelper helper = new Database.MyDbHelper(this);
SQLiteDatabase db = helper.getWritableDatabase();
```

同样，可以通过 Device File Explorer 工具查看生成的数据库文件，但是通过设备文件浏览器查看时，只能确定数据库文件是否生成，对于数据库的内部结构还需要借助其他工具进行查看。在 Android Studio 底部找到 Database Inspector 面板并打开，可以很方便地查看当前应用中的数据库信息，在该面板的左侧为应用中创建的数据库，选中指定的数据库后可以查看该数据库中表结构的信息，双击指定的表，在中间区域面板可以查看该表中的数据。使用 Device File Explorer 工具，可以随时查看应用中数据库表结构以及数据的变化。需要注意的是：当不再需要对数据库进行操作时，应该使用 SQLiteOpenHelper 类的 close()方法关闭数据库的连接。由于在数据库关闭时，调用 getWritableDatabase()和 getReadableDatabase()的成本比较高，因此只要是有可能访问数据库，就应保持数据库连接处于打开状态，确定不再使用数据库的时候对其进行关闭操作。生成的数据库内容如图 9.8 所示。

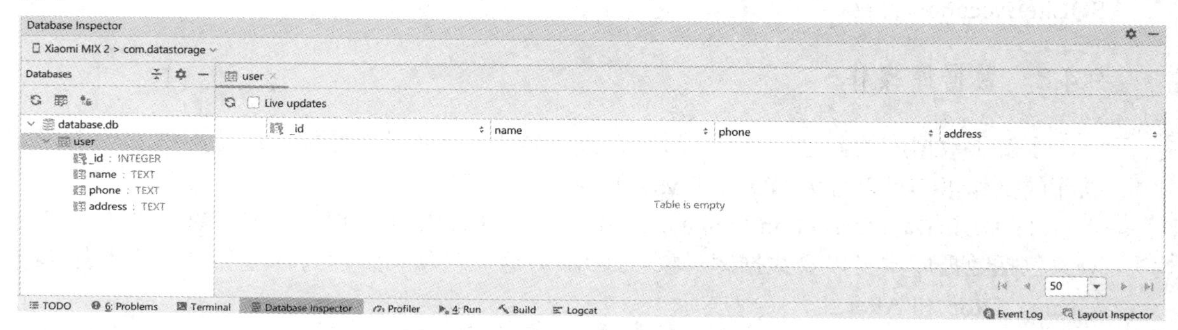

图 9.8 数据库文件

9.4.2 升级数据库

随着应用的迭代升级，存储的数据库的结构也可能会发生变化，这就要求在需要使用数据库时可以根据当前的版本自动地进行升级。在上一节创建数据库中提到，当继承 SQLiteOpenHelper 类时，需要重写 onCreate()和 onUpgrade()方法。onCreate()在数据库创建时已经使用了，那么很容易理解在数据库进行升级时将会执行 onUpgrade()方法。代码如下：

```
public void onUpgrade(SQLiteDatabase db, int oldVersion,
        int newVersion) {
    db.execSQL(SQL_DELETE_USER);
    db.execSQL(SQL_CREATE_USER);
}
```

在 onUpgrade()方法中，会将上一个版本号和当前数据库的版本作为参数传递进来，根据这两个版本号的值判断应该如何对数据库的结构进行修改。在上面的例子中，简单地将初始创建的用户表删除后，重新创建了一次，这只是模拟了数据库升级的过程，但实际开发中，因为用户在使用过程中产生的数据会被清空，所以在 onUpgrade()方法中应该按照版本的跨度依次进行初始化。

当需要对数据库版本进行升级时，可以修改 MyDbHelper 中定义的版本号常量使其递增即可。

```
public static final int DATABASE_VERSION = 2;
```

SQLiteOpenHelper 在获得数据库对象后会将当前的版本号和数据库中记录的版本进行对比，如果当前版本高于历史版本，则会执行 onUpgrade()方法，否则忽略。

在 SQLiteOpenHelper 中还有一个不太常用的方法可以重写。正常情况下，数据库版本号都是递增的，如果不得不做数据库的降级操作，那么可以将数据库版本常量递减。然后重写 onDowngrade()方法，该方法与 onUpgrade()方法类似，区别在于 onUpgrade()方法是用户数据库升级，而 onDowngrade()方法是用户数据库降级。

```
public void onDowngrade(SQLiteDatabase db, int oldVersion,
        int newVersion) {}
```

当没有重写 onDowngrade()方法而对数据库版本进行降级操作时，会显示 SQLiteException 异常。

9.4.3 数据库操作

了解了数据库的创建以及升级过程，接下来就是真正地对数据库进行操作了，对于数据库的操作语句可以分为 DDL、DML 和 DCL 三种。

(1) DDL(Data Definition Language，数据定义语言)用于操作对象和对象的属性。这种对象包括数据库本身以及数据库对象，DDL 对这些对象和属性的管理及定义具体表现在 Create、Drop 和 Alter 上。

① Create 语句：可以创建数据库和数据库的一些对象。

② Drop 语句：可以删除数据表、索引、触发程序、条件约束以及数据表的权限等。

③ Alter 语句：修改数据表定义及属性。

(2) DML(Data Manipulation Language，数据操控语言)用于操作数据库对象中包含的数据，也就是说操作的单位是记录。DML 的主要语句包含：

① Insert 语句：向数据表中插入一条记录。

② Delete 语句：删除数据表中的一条或多条记录，也可以删除数据表中的所有记录。

③ Update 语句：用于修改已存在表中的记录的内容。

(3) DCL(Data Control Language，数据控制语句)操作的是数据库对象的权限，这些操作使数据更加安全。DCL 的主要语句包含：

① Grant 语句：允许对象的创建者给某用户或某组或所有用户某些特定的权限。

② Revoke 语句：可以废除某用户或某组或所有用户访问权限。

创建数据库时，主要是用 DDL 语句对数据库进行初始化或结构等修改。数据库创建完成后，对数据库的操作主要是使用 DML 语句对数据库中的数据进行插入、修改、删除、查询操作。代码如下：

```
<?xml version="1.0" encoding="utf-8"?>
<LinearLayout
  xmlns:android="http://schemas.android.com/apk/res/android"
  android:layout_width="match_parent"
  android:layout_height="match_parent"
```

```
    android:orientation="vertical">
    <TextView
        android:id="@+id/id"
        android:layout_width="match_parent"
        android:layout_height="wrap_content" />
    <EditText
        android:id="@+id/name"
        android:layout_width="match_parent"
        android:layout_height="wrap_content"
        android:hint="name"
        android:singleLine="true" />
    <EditText
        android:id="@+id/phone"
        android:layout_width="match_parent"
        android:layout_height="wrap_content"
        android:hint="phone"
        android:singleLine="true" />
    <EditText
        android:id="@+id/address"
        android:layout_width="match_parent"
        android:layout_height="wrap_content"
        android:hint="address"
        android:singleLine="true" />
    <LinearLayout
        android:layout_width="match_parent"
        android:layout_height="wrap_content"
        android:orientation="horizontal">
        <Button
            android:layout_width="0dp"
            android:layout_height="wrap_content"
            android:layout_weight="1"
            android:onClick="handleInsert"
            android:text="插入" />
        <Button
            android:layout_width="0dp"
            android:layout_height="wrap_content"
            android:layout_weight="1"
            android:onClick="handleQuery"
            android:text="查询" />
```

```
        <Button
            android:layout_width="0dp"
            android:layout_height="wrap_content"
            android:layout_weight="1"
            android:onClick="handleDelete"
            android:text="删除" />
        <Button
            android:layout_width="0dp"
            android:layout_height="wrap_content"
            android:layout_weight="1"
            android:onClick="handleUpdate"
            android:text="修改" />
    </LinearLayout>
</LinearLayout>
```

创建一个布局文件，通过 EditText 输入用户相关信息，然后使用四个“Button”按钮分别对应数据的插入、查询、删除、修改操作。运行结果如图 9.9 所示。

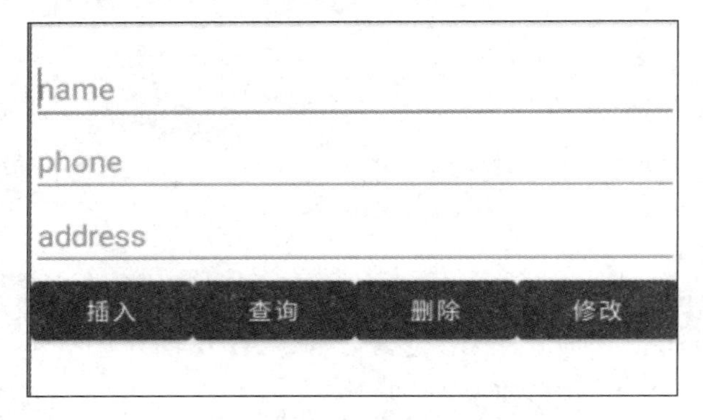

图 9.9　数据库操作

```
public void handleInsert(View v) {
    SQLiteDatabase db = dbHelper.getWritableDatabase();
    ContentValues values = new ContentValues();
    values.put(Database.User.COLUMN_NAME_USER_NAME,
            this.name.getText().toString());
    values.put(Database.User.COLUMN_NAME_PHONE,
            this.phone.getText().toString());
    values.put(Database.User.COLUMN_NAME_ADDRESS,
            this.address.getText().toString());

    long newRowId = db.insert(Database.User.TABLE_NAME, null, values);
    this.id.setText(String.valueOf(newRowId));
    Toast.makeText(this, newRowId > -1 ?
```

```
            "Success": "Fail",Toast.LENGTH_SHORT).show();
    }
```

上述代码使用 SQLiteDatabase 类的 insert()方法可以向数据库中插入数据，该方法接收三个参数。第一个参数表示需要插入数据的表名；第二个参数用于当 ContentValues 为空，即没有 put 任何值时应执行哪些操作，通常可以传入“null”，表示当 ContentValues 不包含任何列数据时，将不会插入一条数据；第三个参数为 ContentValues 对象，所有需要插入的数据都应该使用 ContentValues 的 put()方法进行添加，键值对应数据库表的列名称。

insert() 方法执行完成后会返回新创建行的 ID。如果在插入数据时出错，会返回“-1”。例如，如果违反唯一键约束的情况，插入数据就会失败，则该方法就会返回“-1”。运行结果如图 9.10 所示。

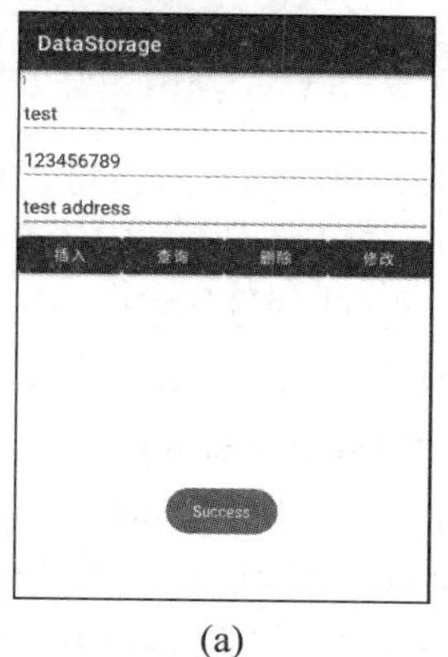

(a)

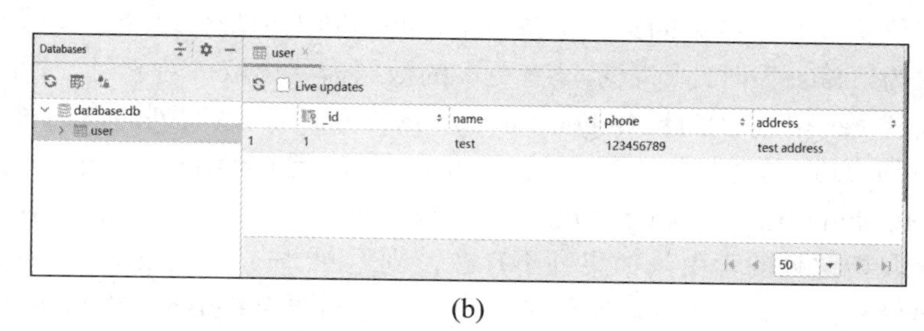

(b)

图 9.10　插入数据

当需要从数据库中读取信息时，可以使用 SQLiteDatabase 类的 query()方法。完善 handleQuery()方法来看看 query()方法的操作过程。代码如下：

```
public void handleQuery(View v) {
    SQLiteDatabase db = dbHelper.getReadableDatabase();
    String[] columns = {
            Database.User._ID,
            Database.User.COLUMN_NAME_USER_NAME,
            Database.User.COLUMN_NAME_PHONE,
            Database.User.COLUMN_NAME_ADDRESS
    };
    Cursor cursor = db.query(
            Database.User.TABLE_NAME, columns, null, null,
            null, null, null
    );
}
```

上述代码中，query()方法是一个重载方法，将一个标准的查询 SQL 拆分成了多个部分，比如去重、查询列、查询条件、动态参数、分组等，可以有效地降低数据库查询的难度，同时，将 SQL 与参数分开，有效地降低因操作不当导致的 SQL 注入问题。

如果习惯于自己编写 SQL 语句而不使用 query()方法的这种分段的形式，可以直接调用 SQLiteDatabase 类的 rawQuery()方法，该方法可以直接传递 SQL 语句和动态参数。不管是 query()方法，还是 rawQuery()方法都会返回一个 Cursor 对象。该对象为查询结果集的游标，通过游标对象可以遍历结果集并获取所在行的数据信息。代码如下：

```
while (cursor.moveToNext()) {
    long id = cursor.getLong(
            cursor.getColumnIndexOrThrow(Database.User._ID));
    String name = cursor.getString(
    cursor.getColumnIndexOrThrow(
            Database.User.COLUMN_NAME_USER_NAME));
}
cursor.close();
```

初次获得的 Cursor 对象，其内部指向从位置 -1 开始。调用 moveToNext()方法会将“读取位置”置于结果的第一个条目上，并返回光标是否已经过最后一个条目标记。当返回结果为“false”时，则表示没有更多的数据需要读取。对于每一行，都可以通过调用 Cursor 类的 get 相关方法(比如 getString()、getLong()等)读取列的值。对于每个 get 方法，需要传递所需列的索引位置，这时可以通过调用 Cursor 类的 getColumnIndex()方法或 getColumnIndexOrThrow()方法获取该位置。这两个方法的区别在于 getColumnIndex()方法获取指定列的索引，如果列不存在，则返回“-1”，而 getColumnIndexOrThrow()方法会抛出异常。最后，当数据遍历完成后，一定要调用 Cursor 类的 close()方法以释放其资源。代码如下：

```
public void handleDelete(View v) {
    SQLiteDatabase db = dbHelper.getWritableDatabase();
    String whereClause = Database.User._ID + " = ?";
    String[] whereArgs = {"1"};
    int deletedRows = db.delete(Database.User.TABLE_NAME,
            whereClause, whereArgs);
}
```

当需要从数据库中删除某些数据时，可以使用 SQLiteDatabase 类的 delete()方法。该方法接受三个参数。第一个参数为需要操作的表名，第二个参数为删除的条件语句，第三个参数为条件语句的动态参数。delete()方法执行完成后会返回当前成功删除的记录行数，通过该结果可以判断删除操作是否成功，例如，删除一条确定存在的数据，当返回的删除记录行数不等于 1 时，则可以判定为本次删除操作失败。代码如下：

```
public void handleUpdate(View v) {
    SQLiteDatabase db = dbHelper.getWritableDatabase();
    ContentValues values = new ContentValues();
    values.put(Database.User.COLUMN_NAME_USER_NAME,
            this.name.getText().toString());
    values.put(Database.User.COLUMN_NAME_PHONE,
```

```
            this.phone.getText().toString());
        values.put(Database.User.COLUMN_NAME_ADDRESS,
            this.address.getText().toString());

        String whereClause = Database.User._ID + " = ?";
        String[] whereArgs = {"1"};
        int count = db.update(Database.User.TABLE_NAME, values,
            whereClause, whereArgs);
    }
```

当数据库中的数据随着用户的使用需要修改时，比如修改昵称等信息，就需要对数据库数据进行修改。在 Android 中修改数据可以使用 SQLiteDatabase 类的 update()方法。该方法接受四个参数：第一个参数为需要操作的表名；第二个参数为修改后的数据，和 insert()方法一样，需要使用 ContentValues 类存储相关修改后的数据信息；第三个参数为修改的条件语句；第四个参数为条件语句的动态参数。delete()方法执行完成返回的是删除的记录条数，update()方法与此类似，执行完成后会返回受影响的记录行数。例如，本次成功修改了 3 条数据，则 update()返回数据为“3”。

9.4.4 事务处理

对于数据库的修改操作，需要确保其操作的原子性，操作结果需要保持一致。同一批次操作如其中的某一步骤失败，则整个操作就会失败，数据恢复为原始状态。例如，使用银行卡进行转账，这是一个整体的流程，转出的银行卡的余额减少，转入的银行卡的余额增加，即一个流程需要多步操作共同组成。假设转出卡扣款成功，转入卡增加金额时失败，那么本次转账的结果应该为失败，同时需要将转出卡已扣除的余额还原，否则将会出现金额不一致的情况。那么要解决这样的问题，在数据操作时就需要结合事务进行处理。

数据库事务是访问并可能操作各种数据项的一个数据库操作序列，这些操作要么全部执行，要么全部不执行，是一个不可分割的工作单元。事务由事务开始与事务结束之间执行的全部数据库操作组成，数据库的事务具有如下特性：

(1) 原子性(Atomicity)：事务中的全部操作在数据库中是不可分割的，要么全部执行，要么全部不执行。

(2) 一致性(Consistency)：几个并行执行的事务，其执行结果必须与按某一顺序串行执行的结果相一致。

(3) 隔离性(Isolation)：事务的执行不受其他事务的干扰，事务执行的中间结果对其他事务必须是透明的。

(4) 持久性(Durability)：对于任意已提交的事务，系统必须保证该事务对数据库的改变不被丢失，即使数据库出现故障。

事务的 ACID 特性是由关系数据库系统(DBMS)来实现的，DBMS 采用日志来保证事务的原子性、一致性和持久性。日志记录了事务对数据库所作的更新。如果某个事务在执行过程中发生错误，就可以根据日志撤销事务对数据库已做的更新，使得数据库还原到执行事务前的初始状态。对于事务的隔离性，DBMS 是采用锁机制来实现的。当多个事务同时更新数据库中相同的数据时，只允许持有锁的事务才能更新该数据，其他事务必须等待，直到前一个事务释放了锁，其他事务才有机会更新该数据。

Android 中的 SQLite 可以很好地支持事务操作，同时事务相关 API 比较简单。代码如下：

```
public void handleDeleteWithTransaction(View v) {
    SQLiteDatabase db = dbHelper.getWritableDatabase();
    try {
        String whereClause = Database.User._ID + " = ?";
        String[] whereArgs = {"1"};
        db.beginTransaction();
        int deletedRows = db.delete(Database.User.TABLE_NAME,
                selection, selectionArgs);
        if (deletedRows == 1) {
            db.setTransactionSuccessful();
        }
    } finally {
        db.endTransaction();
    }
}
```

对前面删除的操作进行修改，使其支持事务操作。要想让操作支持事务，首先需要调用 SQLiteDatabase 类的 beginTransaction()方法，该方法表示开启一个事物，后续的操作都将在这个开启的事务中执行。当数据库修改操作执行完成后，可以通过 SQLiteDatabase 类的 setTransactionSuccessful()显示设置事务执行成功，该方法会对当前事务增加成功标记。数据库操作的最后，需要使用 SQLiteDatabase 类的 endTransaction()方法结束事务，这样整个事务的生命周期结束。标记为成功的事务，在此过程中产生的修改操作将一并生效真正提交至数据库中。没有执行 setTransactionSuccessful()方法标记成功的事务，将会放弃所有修改，恢复原始数据。需要注意的是：在操作成功执行完 setTransactionSuccessful()方法后应该紧接着执行 endTransaction()方法，而不应该在两者之间包含其他的数据库操作。通常情况下，会将 setTransactionSuccessful()方法放在 try 代码段的最后，然后在 finally 代码块中执行 endTransaction()方法，以确保不管操作过程是否出现失败，都可以正常结束事务。

9.4.5 Room 简化数据库操作

对于 Java 程序员来说，面向对象编程倾向于维护对象间的关系，而数据库的二维表与对象之间并不匹配，需要额外维护相关信息。为了解决这样的问题，Android 推出了 Room 操作数据库的形式。Room 在 SQLite 上提供了一个抽象层，以便在充分利用 SQLite 强大功能的同时，能够流畅地访问数据库。

在项目中使用 Room，需要添加 Room 相关依赖。在应用的 build.gradle 文件中添加以下依赖：

```
dependencies {
    def room_version = "2.3.0"
    implementation "androidx.room:room-runtime:$room_version"
    annotationProcessor "androidx.room:room-compiler:$room_version"
    ...
}
```

接下来介绍如何使用 Room 实现 SQLite 等价的增加、删除、修改、查询操作。首先需要使用 Room 实体定义数据，使用 Room 持久性库时，可以将相关字段集定义为实体。对于每个实体，系统会在关联的 Database 对象中创建一个表，以存储这些项。对之前的 User 表进行改造，创建相关的实体类如下：

```
@Entity
public class User {
    @PrimaryKey(autoGenerate = true)
    @ColumnInfo(name = "_id")
    public int id;
    public String name;
    public String lastName;
    public String address;
}
```

在 User 类中，将每个字段的访问修饰符设置为 public，便于 Room 对字段进行访问。如果要将其设置为 private，则必须要遵循 Room 的 JavaBeans 规范，为字段添加相应的 getter/setter 方法。

使用 Room，每个实体必须将至少 1 个字段定义为主键。即使只有 1 个字段，依然需要将其设置为主键。通过添加@PrimaryKey 注解的方式即可将字段标记为主键，如果希望 Room 为实体分配自动 ID，则只需要将@PrimaryKey 的 autoGenerate 属性设置为“true”。@Entity 注解用于标记当前类为一个实体类，通过该注解可以设置实体类对应的表信息，如表名、外键等。如果实体具有复合主键，也可以使用@Entity 注解的 primaryKeys 属性进行配置，此处因为表名与实体名一致，所以可以忽略@Entity 注解的相关属性。@ColumnInfo 注解用于特殊标记字段对应的数据列信息，比如列名、索引等。在 id 字段上增加@ColumnInfo 注解，并设置 name 属性为_id 表示 id 字段对应表中的_id 列，其他字段的字段名与列名一致，可以忽略不配置。

完成了数据库表对应实体的创建，接下来需要使用 Room Dao 访问数据。Room Dao 和 Mybatis 中的 Mapper 接口类似，用于定义一系列操作数据库的方法。不过在 Room 中，Dao 既可以是接口，也可以是抽象类。如果将 Dao 定义为抽象类，则该 Dao 可以选择有一个以 RoomDatabase 为唯一参数的构造函数，Room 会在编译时创建每个 Dao 的实现。在使用原生 SQLite 时，数据库的增加、查询、删除、修改等操作需要编写复杂的代码以实现对应的操作，使用 Room 实现相同的操作，只需要在 Dao 中通过方法定义即可。代码如下：

```
@Dao
public interface UserDao {
```

```
    @Query("SELECT * FROM user")
    List<User> getAll();

    @Query("SELECT * FROM user WHERE _id IN (:ids)")
    List<User> loadAllByIds(int[] ids);

    @Insert
    void insertAll(User... users);

    @Delete
    void delete(User... users);

    @Update
    public void updateUsers(User... users);
}
```

在 Room Dao 中，@Query、@Insert、@Delete 和@Update 四个注解分别对应了 SQLite 中的查询、插入、删除和修改操作。除了查询操作，只需要在 Dao 方法上添加相关注解，通过方法参数 Room 就可以完成实际操作。在上面的示例中，将修改类的方法返回值定义为“void”，即不需要返回值。以删除为例，如果希望像使用 SQLite 一样获得删除的记录条数，则可以将方法返回定义为“int”。在查询操作中，@Query 注解可以定义查询的 SQL 语句。在 SQL 语句中需要用动态参数时，可以采用“:参数名”的形式定义动态参数。该参数名需要与方法的形参名称保持一致，Room 会自动将参数进行映射。这与使用 SQLite 方式的动态参数不同，SQLite 方式操作的动态参数使用“?”表示，Room 使用“:参数名”的形式表示。

最后，需要创建一个类继承 RoomDatabase，将前面定义的 Dao 以及 Entity 进行整合。代码如下：

```
@androidx.room.Database(entities = {User.class}, version = 1,
        exportSchema = false)
public abstract class AppDatabase extends RoomDatabase {
    public abstract UserDao userDao();
}
```

在需要操作数据库的地方，可以通过 Room 类的 databaseBuilder()方法创建最终的 AppDatabase 对象。代码如下：

```
db = Room.databaseBuilder(getApplicationContext(),
        AppDatabase.class, "database-room").build();
```

最后运行程序，可以发现使用 Room 方式生成的数据库结构和直接使用 SQLite 方式创建的数据结构是一致的，如图 9.11 所示。但是使用 Room 形式，流程比较清晰，可以把更多的精力放在业务实现上，而不需要过多地关注数据库相关的重复操作。

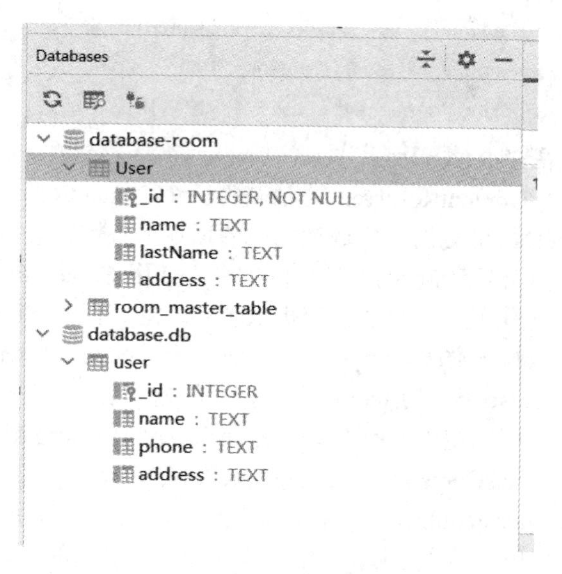

图 9.11 Room 方式数据库文件

不管是直接使用 SQLite 方式，还是使用 Room 方式，由于数据库的操作可能会导致 UI 线程阻塞，因此建议将数据库的操作放在异步线程中进行处理。虽然在主线程中 SQLite 的方式可以使用，但是 Room 将会抛出异常，强制数据库操作放在非主线程的线程中进行处理。如果需要打破这种限制，则在调用 build()方法之前可以调用 allowMainThreadQueries()，设置允许在主线程中使用数据库。

9.5 数据共享

文件存储、SharedPreference 存储、数据库存储都可以将数据持久化到存储设备上。对于本应用存储或读取数据是没有问题的，但是如果有数据共享需求时，直接使用上述三种形式就会比较麻烦。如果数据是存储在内部存储的应用专属目录中，则其他应用是无法获得该应用数据的访问权限的；相反，如果数据持久化在外部存储交由其他应用自由读写，可能会破坏原有数据结构，降低应用中数据的安全性，同时这样的操作也不符合规范。在 Android 中有一套完善的机制用于数据共享，通过 Android 四大组件之一内容提供者(ContentProvider)向其他应用共享数据，同时，可以使用内容解析器(ContentResolver)解析并获取其他应用提供的共享数据。接下来就介绍如何在 Android 中实现应用间的数据共享。

9.5.1 ContentResolver

首先来看看如何获取 Android 系统中其他应用的数据，可以利用前面介绍 ListView 控件时使用的 SimpleCursorAdapter 方法。代码如下：

```
Cursor cursor = this.getContentResolver().
    query(ContactsContract.Contacts.CONTENT_URI,
        null, null, null, null);
```

```
SimpleCursorAdapter adapter = new SimpleCursorAdapter(this,
        android.R.layout.simple_list_item_1, cursor,
        new String[]{ContactsContract.Data.DISPLAY_NAME},
        new int[]{android.R.id.text1}, 0);
```

通过Context类的getContentResolver()方法获得一个ContentResolver对象，在使用SQLite数据库时，使用SQLiteDatabase对象完成数据库的增加、查询、修改、删除操作。同样地，在ContentResolver中也提供了等价的方法。区别在于使用ContentResolver对数据进行查询或修改时，具体的操作逻辑是由具体的内容提供者实现的。正如SimpleCursorAdapter的示例，可以使用ContentResolver类的query()方法完成等价于SQLiteDatabase类的query()方法。区别在于：在SQLiteDatabase类中的query()方法传递的是表名，而ContentResolver中的query()方法传递的是一个URI。可以使用URI标识一种资源，比如Android系统内置的联系人信息的URI定义为ContactsContract.Contacts.CONTENT_URI，对应的字符串表示为content://com.android.contacts/contacts。同样的，对于update()、insert()、delete()方法，只需要将表名替换为对应的URI即可完成对数据的修改操作。具体的操作方式和SQLite方式相似，这里不再赘述。

9.5.2 创建内容提供器

ContentResolver解决了对其他应用数据的读写能力，而使用内容提供者(ContentProvider)则可以将数据共享给其他应用。ContentProvider是一个抽象类，如果需要开发自己的内容提供器，就需要继承这个类并复写其方法。主要方法如下：

(1) onCreate()：初始化内容提供器时调用。通常需要把数据库的初始化和升级的操作放在该方法中，返回“true”表示初始化成功，“false”表示初始化失败。需要注意的是：只有当ContentResolver尝试访问程序中的数据时，内容提供器才会被初始化。

(2) query()：从内容提供器中查询数据。使用URI参数确定要查询的表，其他形参含义和SQLiteDatabase类的query()方法类似。

(3) getType()：根据传入的URI返回响应的MIME类型。

(4) insert()：向内容提供器中插入数据。使用URI参数确定要插入的表，其他形参含义和SQLiteDatabase类的insert()方法类似。

(5) delete()：删除内容提供器中的数据。使用URI参数确定要删除的表，其他形参含义和SQLiteDatabase类的delete()方法类似。

(6) update()：更新内容提供器中的数据。使用URI参数确定要更新的表，其他形参含义和SQLiteDatabase类的update()方法类似。

接下来，使用内容提供器将前面的User相关操作提供给其他应用。新建一个DatabaseProvider，继承ContentProvider并实现前面提到的六个方法。代码如下：

```
public class DatabaseProvider extends ContentProvider {
    public static final int USER_DIR = 0;
    public static final int USER_ITEM = 1;
    public static final String AUTHORITY = "com.datastorage.provider";
```

```
    private static UriMatcher uriMatcher;
    private Database.MyDbHelper dbHelper;

    static {
        uriMatcher = new UriMatcher(UriMatcher.NO_MATCH);
        uriMatcher.addURI(AUTHORITY, Database.User.TABLE_NAME,
                USER_DIR);
        uriMatcher.addURI(AUTHORITY, Database.User.TABLE_NAME + "/#",
            USER_ITEM);
    }

    public boolean onCreate() {
        dbHelper = new Database.MyDbHelper(getContext());
        return true;
    }

    public Cursor query(Uri uri, String[] projection, String selection,
            String[] selectionArgs, String sortOrder) {
        SQLiteDatabase db = dbHelper.getReadableDatabase();
        Cursor cursor = null;
        switch (uriMatcher.match(uri)) {
            case USER_DIR:
                cursor = db.query(Database.User.TABLE_NAME, projection,
                        selection, selectionArgs, null, null, sortOrder);
                break;
            case USER_ITEM:
                String _id = uri.getPathSegments().get(1);
                cursor = db.query(Database.User.TABLE_NAME, projection,
                        Database.User._ID + " = ?",
                        new String[]{_id}, null, null, sortOrder);
                break;
            default: break;
        }
        return null;
    }

    public Uri insert(Uri uri, ContentValues values) {
        SQLiteDatabase db = dbHelper.getWritableDatabase();
        Uri uriReturn = null;
```

```
    switch (uriMatcher.match(uri)) {
        case USER_DIR:
        case USER_ITEM:
            long newId = db.insert(Database.User.TABLE_NAME,
                    null, values);
            uriReturn = Uri.parse("content://" + AUTHORITY + "/"
                    + Database.User.TABLE_NAME + "/" + newId);
            break;
        default: break;
    }
    return uriReturn;
}

public int update(Uri uri, ContentValues values, String selection,
        String[] selectionArgs) {
    SQLiteDatabase db = dbHelper.getWritableDatabase();
    int updatedRows = 0;
    switch (uriMatcher.match(uri)) {
        case USER_DIR:
            updatedRows = db.update(Database.User.TABLE_NAME, values,
                    selection, selectionArgs);
            break;
        case USER_ITEM:
            String _id = uri.getPathSegments().get(1);
            updatedRows = db.update(Database.User.TABLE_NAME, values,
                    Database.User._ID + " = ?", new String[]{_id});
            break;
        default: break;
    }
    return updatedRows;
}

public int delete(Uri uri, String selection,
        String[] selectionArgs) {
    SQLiteDatabase db = dbHelper.getWritableDatabase();
    int deletedRows = 0;
    switch (uriMatcher.match(uri)) {
        case USER_DIR:
            deletedRows = db.delete(Database.User.TABLE_NAME,
```

```
                selection, selectionArgs);
            break;
        case USER_ITEM:
            String _id = uri.getPathSegments().get(1);
            deletedRows = db.delete(Database.User.TABLE_NAME,
                Database.User._ID + " = ?", new String[]{_id});
            break;
        default: break;
    }
    return deletedRows;
}

public String getType(Uri uri) {
    switch (uriMatcher.match(uri)) {
        case USER_DIR:
            return
        "vnd.android.cursor.dir/vnd.com.datastorage.provider.user";
        case USER_ITEM:
            return
        "vnd.android.cursor.item/vnd.com.datastorage.provider.user";
        default: break;
    }
    return null;
}
}
```

上述代码中，一个 ContentProvider 可以处理多种与之匹配的 URI 的操作。一个标准的 URI 字符串表示如 content://com.example.app.provider/table，这表示期望访问的是 com.example.app 应用的 table 表中的数据。如果继续在后面拼接主键信息，即 content://com.example.app.provider/table/1，则表示期望访问的是 com.example.app 应用的 table 表中的主键为 1 的数据。

表示内容的 URI 主要就是上述两种形式，以路径结尾表示期望访问指定表中所有的数据，以主键结尾就表示期望访问该表中对应主键的数据。对于这两种情况，可以使用通配符进行表示，规则如下：

(1) *：表示匹配任意长度的任意字符。

(2) #：表示匹配任意长度的数字。

因此，如果希望匹配所有表时，URI 可以表示为 content://com.example.app.provider/*，而匹配表中的任意一行时可以表示为 content://com.example.app.provider/table/#。在 DatabaseProvider 中，为了匹配相应的 URI，从而获得实际期望访问的数据信息，首先通过 UriMatcher 类实现内容匹配 URI 的功能。在 UriMatcher 中提供了 addURI()方法，该方法接收三个参数，可以分别把权限、路径和一个自定义代码串进去。当调用 UriMatcher 类的 match()方法时，就可以将一个 URI 对象传入，返回某个可以匹配这个 URI 对象所对应的自定义代码，通过该代码可以完成相应的操作。DatabaseProvider 中提供了匹配 user 所有数据和 user 中指定主键数据的 URI 信息，在对应的 insert()、query()、update()、delete()方法中进行匹配判断。

获得期望访问的数据后，对数据的增加、删除、修改、查询操作和使用 SQLite 形式操作数据库是基本一致的。

在 DatabaseProvider 中，有一个方法是需要特别注意的，即 getType()方法，所有的内容提供器都必须实现该方法，返回值为对应 URI 的 Mime 信息。一个 MIME 字符串由三部分组成，在 Android 中对这三个部分做了如下规定：

(1) 必须以 vnd 开头。

(2) 如果内容 URI 以路径结尾，则后接 android.cursor.dir/；如果内容以主键结尾，则后接 android.cursor.item/。

(3) 最后拼接 vnd.<authority>.<path>。

因此，在 DatabaseProvider 中，访问 user 表中的所有数据的 MIME 可以写成 vnd.android.cursor.dir/vnd.com.datastorage.provider.user，访问 user 表中指定主键的数据的 MIME 可以写成 vnd.android.cursor.item/vnd.com.datastorage.provider.user。

完成了 DatabaseProvider 的创建，想要使自己的内容提供器被 Android 系统识别，只需要将其添加到清单文件中，通过 provider 节点进行指定。

```
<provider android:name=".DatabaseProvider"
    android:authorities="com.datastorage.provider" />
```

在 provider 节点中，需要指定内容提供器的名称，该属性为内容提供器的全限定类名。与其他属性一样，如果内容提供器的类路径在应用的包下面，则可以省略包路径。第二个属性为 authorities，此值和内容提供器中的 AUTHORITY 保持一致即可，这样其他的应用就可以利用 ContentResolver 以及提供的内容提供器，通过指定 URI 完成对应用中数据的访问与操作。

9.6 案例与思考

手机账本添加完信息后，需要将数据进行持久化，方便下次登录后查询数据，否则再次使用时数据将会丢失。接下来通过 Room 方式将账本信息存储在 SQLite 数据库中。本案例涉及内容如下：

(1) Room 数据库操作。

(2) 数据持久化。

首先，回顾一下记账本添加账本信息的界面，在该界面中包含账类型、条目项、金额、日期、备注，因此可以根据界面信息设计数据库表的存储结构。因为这里采用 Room 方式进行数据库操作，所以首先来定义账本的实体类，创建实体类并命名为“Account.java”。代码如下：

```
@Entity
@TypeConverters(AccountConverter.class)
public class Account implements Serializable {
  @PrimaryKey(autoGenerate = true)
  @ColumnInfo(name = "_id")
  public int id;
  public String type;
  public String entry;
  public BigDecimal amount;
  public Date date;
  public String memo;
}
```

上述代码中，Account 类包含了界面所需的所有信息，同时新增一个 id 作为记录的主键。在实体类中，使用 BigDecimal 存储金额信息，使用 Date 存储账本日期。但是，由于默认情况下，Room 无法对这两种数据类型进行转换，这时需要自定义转换器，在实体类上可以通过 TypeConverters 注解进行指定。AccountConverter 的实现如下：

```
public class AccountConverter {
  @TypeConverter
  public BigDecimal parseBigDecimal(String value) {
    return value == null ? null : new BigDecimal(value);
  }

  @TypeConverter
  public String toString(BigDecimal value) {
    if (value == null) { return null; }
    else {
      return value.setScale(2).toString();
    }
  }

  @TypeConverter
  public Date parseDate(String value) {
    try {
      return value == null ? null :
          new SimpleDateFormat("yyyyMMdd").parse(value);
    } catch (ParseException e) {
      throw new RuntimeException(e);
    }
  }
```

```
    @TypeConverter
    public String toString(Date value) {
        if (value == null) { return null; }
        else {
            return new SimpleDateFormat("yyyyMMdd").format(value);
        }
    }
}
```

在转换器的实现类中，在转换方法上面添加 TypeConverter 注解表示该方法为转换方法，这样 Room 就可以正常识别 BigDecimal 与 Date 类型。有了实体类后，继续定义 Account 操作的 Dao，创建 Dao 并命名为“AccountDao.java”。代码如下：

```
@Dao
public interface AccountDao {
    @Query("SELECT * FROM account")
    List<Account> getAll();

    @Insert
    void insertAll(Account... accounts);

    @Delete
    void delete(Account... accounts);

    @Update
    public void updateAccounts(Account... accounts);
}
```

上述代码，在 AccountDao 中定义了对账本信息的查询、插入、删除、修改操作。最后创建 RoomDatabase，将前面定义的 Dao 以及 Entity 进行整合。创建 RoomDatabase 并命名为“AccountDatabase.java”。代码如下：

```
@androidx.room.Database(entities = {Account.class}, version = 1,
        exportSchema = false)
public abstract class AccountDatabase extends RoomDatabase {
    public abstract AccountDao accountDao();
}
```

到这里，账本数据库操作相关的准备工作就已经完成。在应用开发中，一般采用单例模式创建数据库，在手机账本应用中，将数据库的打开与关闭操作放在主活动中，修改 MainActivity 代码，增加数据库操作方法。代码如下：

```
public class MainActivity extends AppCompatActivity {
```

```
    ...
    private AccountDatabase db = null;

    protected void onCreate(Bundle savedInstanceState) {
        ...
        this.db = Room.databaseBuilder(getApplicationContext(),
                AccountDatabase.class, "account-db")
                .allowMainThreadQueries().build();
    }

    protected void onDestroy() {
        ...
        this.db.close();
    }

    public <R> R execute(Function<AccountDatabase, R> function) {
        return function.apply(this.db);
    }

    public void openContent(int position) {
        ...
    }

    private void openFragment(Class<? extends Fragment> clazz) {
        ...
    }
}
```

在 MainActivity 中，活动创建完成后构建 Room 操作所需的 AccountDatabase 对象，当活动销毁时调用数据库的 close()方法关闭数据库，同时，在 MainActivity 中对外提供 execute()方法用于在碎片中执行数据库的相关操作。接下来完善添加账本碎片的逻辑，将用户添加的账本信息存储在数据库中。代码如下：

```
public class AddFragment extends Fragment
        implements View.OnClickListener {
    ...

    public View onCreateView(LayoutInflater inflater,
            ViewGroup container, Bundle savedInstanceState) {
        View view = inflater.inflate(R.layout.fragment_add,
                container, false);
```

```
    ...
    Button addBtn = view.findViewById(R.id.addBtn);
    addBtn.setOnClickListener(this);
    return view;
  }

  public void onClick(View v) {
    try {
      ((MainActivity) requireActivity()).execute(db -> {
        Account account = new Account();
        account.type = String.valueOf(this.type.getSelectedItem());
        account.entry =
            String.valueOf(this.entry.getSelectedItem());
        account.amount =
            new BigDecimal(this.amount.getText().toString());
        try {
          account.date = new SimpleDateFormat("yyyyMMdd")
              .parse(this.date.getText().toString());
        } catch (ParseException e) {
          throw new RuntimeException(e);
        }
        account.memo = this.memo.getText().toString();
        db.accountDao().insertAll(account);
        return 0;
      });
      Toast.makeText(this.getContext(), "添加账本信息成功",
          Toast.LENGTH_SHORT).show();
    } catch (Exception e) {
      Toast.makeText(this.getContext(), "添加账本信息失败",
          Toast.LENGTH_SHORT).show();
    }
  }
}
```

在 onCreateView()方法中对所需控件进行初始化，然后为添加按钮添加单击事件监听器，用于处理用户点击添加按钮的事件。在 onClick()方法中，需要将用户输入的信息封装为 Account 实体对象，然后调用 AccountDatabase 对象的 insertAll()方法添加账本信息，最后提示用户存储结果。运行程序后输入如图 9.12 所示的信息。然后通过 Android Studio 的 Database Inspector 工具查看数据库中数据的变化，如图 9.13 所示。

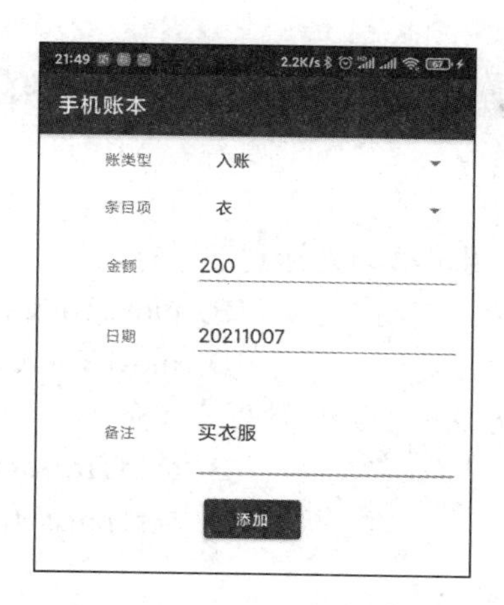

图 9.12　添加账单

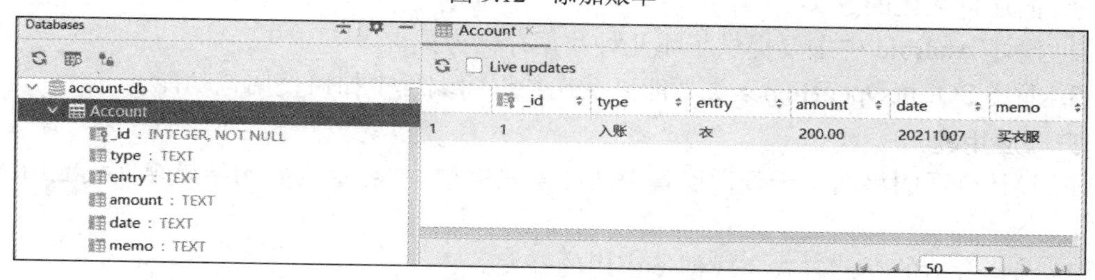

图 9.13　账单信息

至此便实现了账本信息的添加。读者可思考账本查询碎片的逻辑实现，参考添加碎片的处理逻辑完成查询等功能。在 AccountDao 中，虽然定义了 getAll()方法，但是该方法是查询所有信息，在查询界面需要根据指定的查询条件进行查询，因此需要对 AccountDao 中查询方法进行修改之后再进行调用处理。读者在完成查询相关功能后，可思考采用原生 SQLite 方式实现的操作步骤并对项目进行改造，对比感受两种方式在实际应用中的优缺点。

习　　题

一、选择题

1. Android 中内置的数据库是(　　)。

A. SQLite　　B. H2　　C. Berkeley　　D. MySql

2. 在 SharedPreferences 的方法中，使用(　　)方法可以得到一个编辑器 Editor 对象，然后通过这个 Editor 对象存储数据。

A. editor()　　B. getEditor()

C. edit()　　D. getEdit ()

3. sharedPreferences 读取数据时，其中有一个方法是 getString(key, defValue)，该方法中的 defValue 参数是(　　)。

A. key 所对应的 value 值

B. 没有作用

C. 当用 getString 得到数据时，如果没有得到 key 值所对应的 value 值，就给定一个默认的值

D. key 值

4. Cursor 中的(　　)方法用于移动光标到下一行。

A. moveToNext()　　B. moveToFirst()

C. moveToLast()　　D. moveToPrevious()

5. 在 SQLiteDatabase 的方法中，开启数据库事务的方法是(　　)。

A. beginTransaction()　　B. startTransaction()

C. getTransaction()　　D. setTransactionSuccessful()

二、简答题

1. 简述持久化的意义。

2. 简述 Android 中主要提供了哪几种数据存储方式。

3. 简述 SQLiteOpenHelper 类功能以及在数据库编程中如何使用该功能。

三、应用题

1. 设计合适的界面用于查询设备中的联系人信息，并将查询到的结果存储到应用数据库中。

2. 选择合适的存储方式完成便笺应用的开发。

第十章　多 媒 体

移动设备一个很重要的功能是多媒体信息的处理，比如播放音乐、观看视频等，在Android 中提供了相应的功能，方便开发者完成多媒体信息的处理。本章将介绍常用的音视频处理、录音、拍照等功能的实现。

本章学习目标：

1. 了解音视频的操作；
2. 了解录音、相机等操作。

10.1　音频播放与视频播放

Android 多媒体框架支持播放各种常见媒体类型，以便将音频、视频和图片集成到应用中。我们可以使用 MediaPlayer API，播放存储在应用资源(原始资源)内的媒体文件、文件系统中的独立文件或者通过网络连接获得的数据流中的音频或视频。

MediaPlayer 对音频和视频文件以及数据流的管理是作为一个状态机来处理的。通过状态机的转换可以实现如下功能：

(1) 将要播放媒体的 MediaPlayer 进行初始化。

(2) 使 MediaPlayer 准备播放。

(3) 开始播放。

(4) 在播放完成之前暂停或停止播放。

(5) 播放完成。

为了播放一个媒体资源，首先需要创建一个新的 MediaPlayer 实例，并使用媒体源进行初始化，然后使播放器准备播放。如果实现要播放网络上的流媒体，那么就需要在清单文件中添加 INTERNET 权限。

10.1.1　播放音频

MediaPlayer 类是媒体框架最重要的组成部分之一。此类的对象能够获取、解码以及播放音频和视频，而且只需极少量的设置。它支持多种不同的媒体源，如本地资源、内部URI、外部网址(流式传输)。

如果要将需要播放的音频资源包含到应用程序中，那么可以将其添加到资源目录的 raw 文件夹中，需要播放时，只需添加如下代码：

```
MediaPlayer mediaPlayer = MediaPlayer.create(context, R.raw.sound);
mediaPlayer.start();
```

其中 sound 即为需要播放的音频文件名称。在 MediaPlayer 类中，常用来控制的方法如下：

(1) setDataSource()：设置要播放的音频文件位置。

(2) prepare()：在开始播放前调用这个方法完成准备工作。

(3) start()：开始或继续播放音频。

(4) pause()：暂停播放音频。

(5) reset()：将 MediaPlayer 对象重置到刚刚创建的状态。

(6) seekTo()：从指定的位置开始播放音频。

(7) stop()：停止播放音频。调用这个方法后 MediaPlayer 对象无法再播放音频。

(8) release()：释放掉与 MediaPlayer 对象相关的资源。

(9) isPlaying()：判断当前的 MediaPlayer 是否正在播放音频。

(10) getDuration()：获取载入的音频文件的时长。

使用 MediaPlayer 播放音频，首先需要获得 MediaPlayer 对象。创建一个新的 MediaPlayer 有两种方式。第一种调用 MediaPlayer 类的 create()方法进行创建，该方法是一个静态方法，传入当前应用的上下文以及下列支持的音频中的一种：

(1) 一个资源的标识符(通常为存储在 res/raw 文件中的音频文件)。

(2) 一个本地文件的 URI(使用 file://模式)。

(3) 一个在线音频资源的 URI(URL 格式)。

(4) 一个本地 ContentProvider(它应该返回一个音频文件)行的 URI。

对应的 java 代码片段可以表示为：

```
// 从一个包资源加载音频文件
MediaPlayer resourcePlayer = MediaPlayer.create(this, R.raw.sound);

//从一个本地文件加载音频资源
MediaPlayer filePlayer = MediaPlayer.create(this,
    Uri.parse("file:///sdcard/sound.mp3"));

//从一个在线资源加载音频资源
MediaPlayer uriPlayer = MediaPlayer.create(this,
    Uri.parse("http:///domain.com/sound.mp3"));

//从一个 Content Provider 加载音频资源
MediaPlayer contentPlayer = MediaPlayer.create(this,
    Settings.System.DEFAULT_RINGTONE_URI);
```

另外一种方式是调用 MediaPlayer 类的无参构造方法创建一个新的 MediaPlayer 对象，然后通过 MediaPlayer 类的 setDataSource()方法设置要播放的音频文件位置。

```
MediaPlayer mediaPlayer = new MediaPlayer();
```

```
mediaPlayer.setDataSource("/sdcard/sound.mp3");
mediaPlayer.prepare();
```

以上两种情况都可以获得 MediaPlayer 对象。但是，需要注意的是：当使用 MediaPlayer 类的静态方法 create()方法创建 MediaPlayer 对象时，返回的 MediaPlayer 对象已经调用了 prepare()方法，因此不需要重复调用。而通过构造方法形式创建的 MediaPlayer 则需要手动调用 prepare()方法进行播放前的准备工作。接下来通过一个完整的例子来介绍 MediaPlayer 的用法。代码如下：

```
<?xml version="1.0" encoding="utf-8"?>
<LinearLayout
  xmlns:android="http://schemas.android.com/apk/res/android"
  android:layout_width="match_parent"
  android:layout_height="match_parent"
  android:orientation="vertical">
  <Button
    android:layout_width="match_parent"
    android:layout_height="wrap_content"
    android:onClick="handleRewind"
    android:text="Rewind"
    android:textAllCaps="false" />
  <Button
    android:layout_width="match_parent"
    android:layout_height="wrap_content"
    android:onClick="handlePlay"
    android:text="Play"
    android:textAllCaps="false" />
  <Button
    android:layout_width="match_parent"
    android:layout_height="wrap_content"
    android:onClick="handleStop"
    android:text="Stop"
    android:textAllCaps="false" />
  <Button
    android:layout_width="match_parent"
    android:layout_height="wrap_content"
    android:onClick="handlePause"
    android:text="Pause"
    android:textAllCaps="false" />
  <Button
```

```
        android:layout_width="match_parent"
        android:layout_height="wrap_content"
        android:onClick="handleFastForward"
        android:text="FastForward"
        android:textAllCaps="false" />
</LinearLayout>
```

在布局文件中，放了五个按钮，分别用于控制音频播放的快退、播放、停止、暂停和快进。然后编写对应的 Activity 相关代码如下：

```
public class MainActivity extends AppCompatActivity {
    private MediaPlayer mediaPlayer = null;

    protected void onCreate(Bundle savedInstanceState) {
        super.onCreate(savedInstanceState);
        setContentView(R.layout.activity_main);
        this.mediaPlayer = new MediaPlayer();
        this.initMediaPlay();
    }

    private void initMediaPlay() {
        File musicFile =
                new File(Environment.getExternalStorageDirectory(),
                        "music.mp3");
        try {
            // 设置数据源并准备
            this.mediaPlayer.setDataSource(musicFile.getPath());
            this.mediaPlayer.prepare();
        } catch (IOException e) {
            e.printStackTrace();
        }
    }

    public void handleRewind(View view) {
        if (this.mediaPlayer.isPlaying()) {
            this.mediaPlayer
                    .seekTo(this.mediaPlayer.getCurrentPosition() - 5000);
        }
    }
```

```
    public void handlePlay(View view) {
        if (!this.mediaPlayer.isPlaying()) {
            this.mediaPlayer.start();
        }
    }

    public void handleStop(View view) {
        if (this.mediaPlayer.isPlaying()) {
            this.mediaPlayer.reset();
            this.initMediaPlay();
        }
    }

    public void handlePause(View view) {
        if (this.mediaPlayer.isPlaying()) {
            this.mediaPlayer.pause();
        }
    }

    public void handleFastForward(View view) {
        if (this.mediaPlayer.isPlaying()) {
            this.mediaPlayer
                    .seekTo(this.mediaPlayer.getCurrentPosition() + 5000);
        }
    }

    protected void onDestroy() {
        super.onDestroy();
        if (this.mediaPlayer != null) {
            this.mediaPlayer.stop();
            this.mediaPlayer.release();
        }
        this.mediaPlayer = null;
    }
}
```

我们把 MediaPlay 的初始化工作放在一个公共的方法 initMediaPlay()中，在该方法中设置存储卡根目录的 music.mp3 为播放源，并对 MediaPlay 进行准备操作，在运行前应该提前将音频文件放在存储卡指定位置。在 Activity 创建时完成 MediaPlay 的初始化，在按钮对应的回调方法上完成相应的操作。最后需要注意的是：当 Activity 销毁时，需要同步将 MediaPlay 的资源进行释放。运行结果如图 10.1 所示。

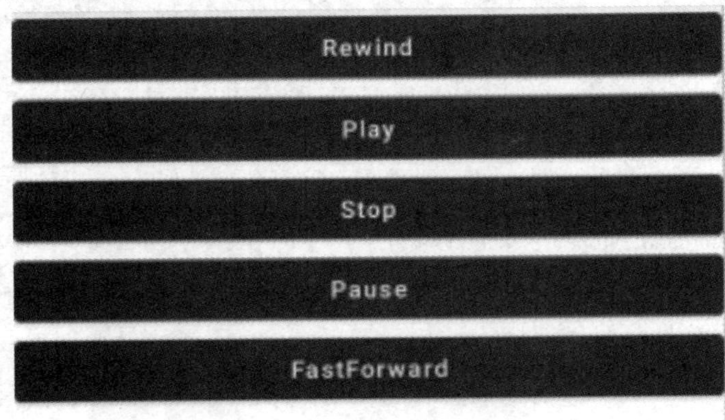

图 10.1　播放音频运行界面

10.1.2　播放视频

Android 中内置的 VideoView 类可以快速制作一个视频播放器。VideoView 主要用来显示一个视频文件，将视频的显示和控制集于一身。在 VideoView 类中常用的方法如下：

(1) setVideoPath()：设置要播放的视频文件位置。

(2) setVideoURI()：设置要播放的视频文件源地址。

(3) start()：开始或继续播放视频。

(4) pause()：暂停播放视频。

(5) resume()：将视频从头开始播放。

(6) seekTo()：从指定位置开始播放视频。

(7) isPlaying()：判断当前是否正在播放视频。

(8) getDuration()：获取载入视频文件的时长。

和播放音频一样，通过一个例子简单示范一下视频的播放。代码如下：

```
<?xml version="1.0" encoding="utf-8"?>
<LinearLayout
  xmlns:android="http://schemas.android.com/apk/res/android"
  android:layout_width="match_parent"
  android:layout_height="match_parent"
  android:orientation="vertical">
  <VideoView
    android:id="@+id/videoView"
    android:layout_width="match_parent"
    android:layout_height="0dp"
    android:layout_weight="0.6" />
  <LinearLayout
    android:layout_width="match_parent"
    android:layout_height="0dp"
```

```
        android:layout_weight="0.4"
        android:orientation="horizontal">
    <Button
        android:layout_width="0dp"
        android:layout_height="wrap_content"
        android:layout_weight="1"
        android:onClick="handlePlay"
        android:text="Play"
        android:textAllCaps="false" />
    <Button
        android:layout_width="0dp"
        android:layout_height="wrap_content"
        android:layout_weight="1"
        android:onClick="handlePause"
        android:text="Pause"
        android:textAllCaps="false" />
    <Button
        android:layout_width="0dp"
        android:layout_height="wrap_content"
        android:layout_weight="1"
        android:onClick="handleReply"
        android:text="Reply"
        android:textAllCaps="false" />
    </LinearLayout>
</LinearLayout>
```

在布局文件中，放了一个 VideoView 和三个分别用于控制视频播放的播放、暂停和重播的按钮。然后编写对应的 Activity 相关代码如下：

```
public class MainActivity extends AppCompatActivity {
    private VideoView videoView = null;

    protected void onCreate(Bundle savedInstanceState) {
        super.onCreate(savedInstanceState);
        setContentView(R.layout.activity_main);
        this.videoView = this.findViewById(R.id.videoView);
        File videoFile = new File(Environment
                .getExternalStorageDirectory(), "video.3gp");
        this.videoView.setVideoPath(videoFile.getPath());
    }

    public void handlePlay(View view) {
```

```
        if (!this.videoView.isPlaying()) {
            this.videoView.start();
        }
    }

    public void handlePause(View view) {
        if (this.videoView.isPlaying()) {
            this.videoView.pause();
        }
    }

    public void handleReply(View view) {
        if (this.videoView.isPlaying()) {
            this.videoView.resume();
        }
    }

    protected void onDestroy() {
        super.onDestroy();
        if (this.videoView != null) {
            this.videoView.suspend();
        }
    }
}
```

我们在 Activity 的 onCreate()方法中对 VideoView 进行初始化，设置视频文件路径，在运行前提前将视频文件放在存储卡指定位置。最后当 Activity 销毁时，需要调用 VideoView 类的 suspend()方法将 VideoView 的资源进行释放。运行结果如图 10.2 所示。

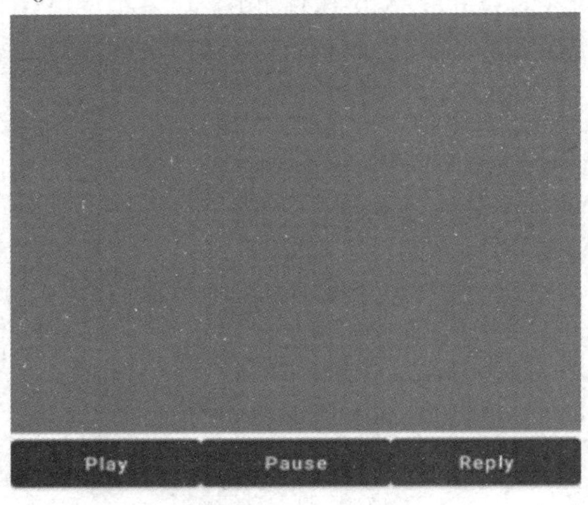

图 10.2　播放视频运行界面

10.2　录　　音

在 Android 中当需要录音时，可以使用 MediaRecorder 类进行操作。MediaRecorder 类的常用方法如下：

(1) setAudioSource()：设置音频源。

(2) setOutputFormat()：设置输出文件格式。

(3) setOutputFile()：设置输出文件名。

(4) setAudioEncoder()：设置音频编码器。

(5) prepare()：初始化 MediaRecorder。

(6) start()：开始录制音频。

(7) stop()：停止录制音频。

接下来利用 MediaRecorder 类实现一个简易的录音机。代码如下：

```
<?xml version="1.0" encoding="utf-8"?>
<LinearLayout
    xmlns:android="http://schemas.android.com/apk/res/android"
    android:layout_width="match_parent"
    android:layout_height="match_parent"
    android:orientation="vertical">
    <Button
        android:layout_width="match_parent"
        android:layout_height="wrap_content"
        android:onClick="handleStart"
        android:text="Start"
        android:textAllCaps="false" />
    <Button
        android:layout_width="match_parent"
        android:layout_height="wrap_content"
        android:onClick="handleStop"
        android:text="Stop"
        android:textAllCaps="false" />
</LinearLayout>
```

在布局文件中，放了两个分别用于控制开始录音和停止录音的按钮。然后编写对应的 Activity 相关代码如下：

```
public class MainActivity extends AppCompatActivity {
    private static final int REQUEST_RECORD_AUDIO_PERMISSION = 200;
    private MediaRecorder recorder = null;
```

```
// 请求录音权限
private boolean permissionToRecordAccepted = false;
private String[] permissions = {Manifest.permission.RECORD_AUDIO};

public void onRequestPermissionsResult(int requestCode,
        String[] permissions, int[] grantResults) {
    super.onRequestPermissionsResult(requestCode, permissions,
            grantResults);
    switch (requestCode) {
        case REQUEST_RECORD_AUDIO_PERMISSION:
            permissionToRecordAccepted = grantResults[0] ==
                    PackageManager.PERMISSION_GRANTED;
            break;
    }
    if (!permissionToRecordAccepted) {
        finish();
    }
}

protected void onCreate(Bundle savedInstanceState) {
    super.onCreate(savedInstanceState);
    setContentView(R.layout.activity_main);
    ActivityCompat.requestPermissions(this, permissions,
            REQUEST_RECORD_AUDIO_PERMISSION);
}

public void handleStart(View view) {
    if (this.recorder != null) {
        return;
    }
    this.recorder = new MediaRecorder();
    this.recorder.setAudioSource(MediaRecorder.AudioSource.MIC);
    this.recorder.setOutputFormat(
            MediaRecorder.OutputFormat.THREE_GPP);
    File storageFile =
            new File(Environment.getExternalStorageDirectory(),
                    "record.3gp");
    this.recorder.setOutputFile(storageFile);
    this.recorder
```

```
                .setAudioEncoder(MediaRecorder.AudioEncoder.AMR_NB);

        try {
            this.recorder.prepare();
        } catch (IOException e) {
            Log.e("MainActivity", "prepare() failed");
        }
        this.recorder.start();
    }

    public void handleStop(View view) {
        if (this.recorder == null) {
            return;
        }
        this.recorder.stop();
        this.recorder.release();
        this.recorder = null;
    }

    protected void onDestroy() {
        super.onDestroy();
        this.handleStop(null);
    }
}
```

录制音频需要访问设备的音频输入，因此还必须要在清单文件中添加录音权限。

```
<uses-permission android:name="android.permission.RECORD_AUDIO" />
```

代码中，RECORD_AUDIO 权限可能会对用户的隐私构成威胁。从 Android 6.0(API 级别 23)开始，在运行时必须请求用户的批准。在用户授予权限后，才能正常操作，因此在 Activity 的 onCreate()方法中，调用使用 ActivityCompat 类的 requestPermissions()方法请求录音权限，在 onRequestPermissionsResult()回调中，如果用户未授予录音权限则 Activity 会自动退出。在开始录音时，对 MediaRecorder 进行初始化操作并开始录音。运行结果如图 10.3 所示。

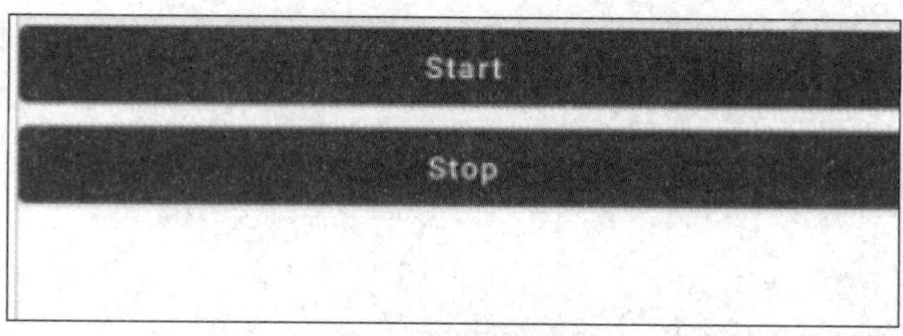

图 10.3 录音运行界面

10.3 拍　　照

现在的应用很多都需要使用到相机功能，比如扫描二维码登录、拍照上传等常见的场景。我们可以直接调用其他应用提供的拍照服务，获得拍照结果，相较于直接操作相机，这种方式比较简单，可以快速集成。代码如下：

```
<?xml version="1.0" encoding="utf-8"?>
<LinearLayout
  xmlns:android="http://schemas.android.com/apk/res/android"
  android:layout_width="match_parent"
  android:layout_height="match_parent"
  android:orientation="vertical">
  <ImageView
    android:id="@+id/imageView"
    android:layout_width="match_parent"
    android:layout_height="0dp"
    android:layout_weight="1"
    android:scaleType="fitCenter" />
  <Button
    android:layout_width="match_parent"
    android:layout_height="wrap_content"
    android:onClick="handleTakePhoto"
    android:text="TakePhoto"
    android:textAllCaps="false" />
</LinearLayout>
```

在布局中，使用一个 ImageView 显示拍照之后的照片，通过点击按钮调用系统相机进行拍照。代码如下：

```
public class MainActivity extends AppCompatActivity {
  private ImageView imageView = null;
  static final int REQUEST_IMAGE_CAPTURE = 1;

  protected void onCreate(Bundle savedInstanceState) {
    super.onCreate(savedInstanceState);
    setContentView(R.layout.activity_main);
    this.imageView = this.findViewById(R.id.imageView);
  }

  public void handleTakePhoto(View view) {
```

```
        Intent takePictureIntent =
                new Intent(MediaStore.ACTION_IMAGE_CAPTURE);
        if (takePictureIntent.resolveActivity(getPackageManager())
                != null) {
            startActivityForResult(takePictureIntent,
                    REQUEST_IMAGE_CAPTURE);
        }
    }

    protected void onActivityResult(int requestCode, int resultCode,
            Intent data) {
        super.onActivityResult(requestCode, resultCode, data);
        if (requestCode == REQUEST_IMAGE_CAPTURE
                && resultCode == RESULT_OK) {
            Bundle extras = data.getExtras();
            Bitmap imageBitmap = (Bitmap) extras.get("data");
            this.imageView.setImageBitmap(imageBitmap);
        }
    }
}
```

当需要拍照时，通过 Intent 隐式调用一个相机进行拍照。为了确保隐式意图是可用的，在调用 startActivityForResult()方法前，调用 Intent 类的 resolveActivity()方法进行判断。如果返回结果不为空，则表示系统中存在处理该隐式意图的应用。拍照完成后，触发 Activity 类的 onActivityResult()方法，在回调的 Intent 的数据中，通过键值 data 获取拍照的缩略图对象，最终将缩略图显示在 ImageView 上。

这种方式的调用虽然完成了拍照的功能，但是获得的是缩略图，并没有获得原始照片。拍照完成后，Android 相机应用会保存一张完整尺寸的照片，前提是要为该照片指定一个文件来保存它。因此当需要获得完整尺寸的照片时，必须为相机应用应保存照片的位置提供一个完全限定的文件名称。代码如下：

```
public void handleTakePhoto(View view) {
    Intent takePictureIntent =
            new Intent(MediaStore.ACTION_IMAGE_CAPTURE);
    if (takePictureIntent
            .resolveActivity(getPackageManager()) != null) {
        //照片存储位置
        File imageFile = new File(Environment
                .getExternalStorageDirectory(), "IMAGE_"
                + new SimpleDateFormat("yyyyMMddHHmmss").format(new Date())
                + ".jpg");
```

```
            try {
                imageFile.createNewFile();
            } catch (IOException e) {
                e.printStackTrace();
            }
            takePictureIntent.putExtra(MediaStore.EXTRA_OUTPUT,
                    Uri.fromFile(imageFile));
            startActivityForResult(takePictureIntent,
                    REQUEST_IMAGE_CAPTURE);
        }
    }
```

代码中，对 handleTakePhoto()方法进行修改。在打开相机应用拍照时，根据当前时间创建一个图像文件，然后将图像文件转换为 URI 传递给相机应用，在相机拍照成功后会将图像保存在指定路径。另外，需要注意的是：向存储卡中写入照片信息需要在清单文件中添加 WRITE_EXTERNAL_STORAGE 权限。

```
<uses-permission
    android:name="android.permission.WRITE_EXTERNAL_STORAGE" />
```

10.4 案例与思考

结合多媒体音视频内容开发一个迷你音乐播放器，主要实现读取设备中的音频文件，按顺序进行播放，并可以对播放过程进行简单控制等功能。本案例涉及内容如下：

(1) ListView 的使用。

(2) MediaPlayer 的使用。

(3) ContentResolver 的使用。

首先设计音乐播放器所需的界面布局，准备音乐播放所需的控制按钮相关素材，素材如图 10.4 所示。

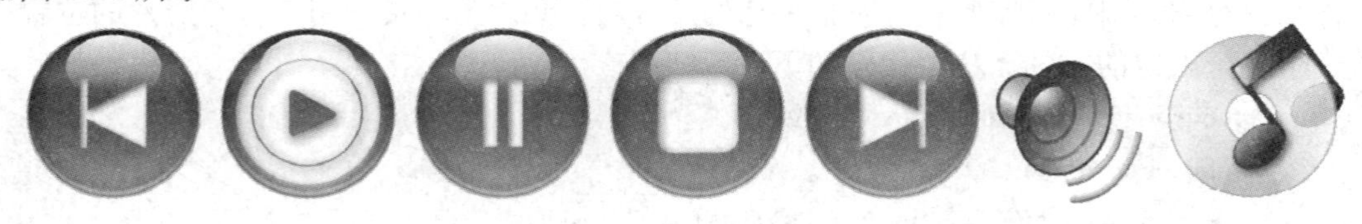

图 10.4　素材文件

创建布局文件并命名为“activity_main.xml”。代码如下：

```
<?xml version="1.0" encoding="utf-8"?>
<LinearLayout
    xmlns:android="http://schemas.android.com/apk/res/android"
    android:layout_width="match_parent"
    android:layout_height="match_parent"
```

```
android:orientation="vertical">
<ListView
    android:id="@+id/musicList"
    android:layout_width="match_parent"
    android:layout_height="0dp"
    android:layout_weight="1" />
<SeekBar
    android:id="@+id/seekBar"
    android:layout_width="match_parent"
    android:layout_height="wrap_content"
    android:min="0" />
<LinearLayout
    android:layout_width="match_parent"
    android:layout_height="wrap_content"
    android:gravity="center"
    android:orientation="horizontal"
    android:padding="10dp">
    <ImageButton
        android:layout_width="40dp"
        android:layout_height="40dp"
        android:background="@drawable/previous"
        android:onClick="handlePrevious" />
    <ImageButton
        android:layout_width="40dp"
        android:layout_height="40dp"
        android:layout_marginLeft="10dp"
        android:background="@drawable/play"
        android:onClick="handlePlay" />
    <ImageButton
        android:layout_width="40dp"
        android:layout_height="40dp"
        android:layout_marginLeft="10dp"
        android:background="@drawable/pause"
        android:onClick="handlePause" />
    <ImageButton
        android:layout_width="40dp"
        android:layout_height="40dp"
        android:layout_marginLeft="10dp"
        android:background="@drawable/stop"
```

```
        android:onClick="handleStop" />
    <ImageButton
        android:layout_width="40dp"
        android:layout_height="40dp"
        android:layout_marginLeft="10dp"
        android:background="@drawable/next"
        android:onClick="handleNext" />
  </LinearLayout>
</LinearLayout>
```

主界面共分为三个部分：第一部分为ListView，用于显示音乐信息；第二部分为SeekBar控件，用于显示当前音乐的播放进度；第三部分为控制按钮，包含对播放过程的上一首、播放、暂停、停止、下一首的控制。接下来设计ListView中列表项所需的布局，继续创建布局文件并命名为“item_music.xml”。代码如下：

```
<?xml version="1.0" encoding="utf-8"?>
<RelativeLayout
  xmlns:android="http://schemas.android.com/apk/res/android"
  android:layout_width="match_parent"
  android:layout_height="match_parent"
  android:padding="10dp">
  <ImageView
    android:id="@+id/icon"
    android:layout_width="50dp"
    android:layout_height="50dp"
    android:layout_centerVertical="true"
    android:layout_marginRight="10dp"
    android:scaleType="fitXY"
    android:src="@drawable/music" />
  <TextView
    android:id="@+id/title"
    android:layout_width="match_parent"
    android:layout_height="wrap_content"
    android:layout_toRightOf="@+id/icon"
    android:textSize="30sp" />
  <TextView
    android:id="@+id/artist"
    android:layout_width="wrap_content"
    android:layout_height="wrap_content"
    android:layout_below="@+id/title"
    android:layout_alignLeft="@+id/title" />
```

```
    <TextView
        android:id="@+id/duration"
        android:layout_width="wrap_content"
        android:layout_height="wrap_content"
        android:layout_below="@+id/title"
        android:layout_alignBaseline="@+id/artist"
        android:layout_alignParentRight="true"
        android:gravity="right" />
</RelativeLayout>
```

在列表项布局中，使用一个 ImageView 用于显示当前音乐的播放状态，然后使用 TextView 显示音乐的标题、歌手、时长信息。

在编写列表适配器前，首先需要定义音乐信息的实体类以便于在适配器中使用，创建实体类并命名为“Music.java”。代码如下：

```
public class Music {
    // 歌曲名
    private String tilte;
    // 歌手
    private String artist;
    // 路径
    private String url;
    // 时长
    private String duration;

    ...Getter/Setter
}
```

在音乐信息的实体类中，我们定义了音乐的标题、歌手、路径等信息，然后编写列表适配器，创建适配器 Java 类并命名为“MusicListAdapter.java”。代码如下：

```
public class MusicListAdapter extends BaseAdapter {
    private final Context context;
    private List<Music> musics;
    private int playPos = -1;

    public MusicListAdapter(Context context) {
        this.context = context;
    }

    public List<Music> getMusics() {
        return musics;
    }
```

```
public void setMusics(List<Music> musics) {
    this.musics = musics;
}

public void setPlayPos(int playPos) {
    this.playPos = playPos;
    this.notifyDataSetInvalidated();
}

public int previous() {
    if (this.getCount() == 0) {
        this.playPos = -1;
        return this.playPos;
    }
    this.playPos--;
    if (this.playPos < 0) {
        this.playPos = this.getCount() - 1;
    }
    this.notifyDataSetInvalidated();
    return this.playPos;
}

public int current() {
    if (this.getCount() == 0) {
        this.playPos = -1;
        return this.playPos;
    }
    if (this.playPos < 0 || this.playPos >= this.getCount()) {
        this.playPos = 0;
    }
    this.notifyDataSetInvalidated();
    return playPos;
}

public int next() {
    if (this.getCount() == 0) {
        this.playPos = -1;
        return this.playPos;
```

```
    }
    this.playPos++;
    if (this.playPos >= this.getCount()) {
        this.playPos = 0;
    }
    this.notifyDataSetInvalidated();
    return this.playPos;
}

public int getCount() {
    return musics == null ? 0 : musics.size();
}

public Music getItem(int position) {
    return musics.get(position);
}

public long getItemId(int position) {
    return position;
}

public View getView(int position, View convertView,
        ViewGroup parent) {
    ViewHolder holder;
    if (convertView == null) {
        convertView = LayoutInflater.from(context)
                .inflate(R.layout.item_music, null);
        holder = new ViewHolder();
        holder.icon = convertView.findViewById(R.id.icon);
        holder.title = convertView.findViewById(R.id.title);
        holder.artist = convertView.findViewById(R.id.artist);
        holder.duration = convertView.findViewById(R.id.duration);
        convertView.setTag(holder);
    } else {
        holder = (ViewHolder) convertView.getTag();
    }
    Music music = getItem(position);
    holder.icon.setImageResource(position == this.playPos
            ? R.drawable.music_play : R.drawable.music);
```

```
        holder.title.setText(music.getTilte());
        holder.artist.setText(music.getArtist());
        holder.duration.setText(music.getDuration());
        return convertView;
    }

    class ViewHolder {
        ImageView icon;
        TextView title;
        TextView artist;
        TextView duration;
    }
}
```

在列表适配器中，采用继承 BaseAdapter 的方式，除了基本的布局操作外，适配器额外还提供了用于控制播放的音乐文件的索引位置的方法，比如 previous()、next()等。调用该方法后，会调整索引位置到指定的位置，同时调用适配器的 notifyDataSetInvalidated()方法用于触发列表的重绘。在 getView()方法中，将当前控件的索引与播放的音乐文件的索引进行比较，如果二者相等，则将图标设置为播放，否则为默认的图标。

完成了布局以及列表适配器的基本操作后，准备工作已经结束了。接下来编写活动将音乐播放的完整流程串联起来，创建活动并命名为“MainActivity.java”。代码如下：

```
public class MainActivity extends AppCompatActivity
        implements MediaPlayer.OnErrorListener,
        MediaPlayer.OnCompletionListener {
    private ListView musicList;
    private SeekBar seekBar;
    private MusicListAdapter adapter;
    private MediaPlayer mediaPlayer = null;
    private boolean isPause = false;
    private Handler handler = null;
    private Timer timer = null;
    private UpdateTask updateTask = null;

    protected void onCreate(Bundle savedInstanceState) {
        super.onCreate(savedInstanceState);
        setContentView(R.layout.activity_main);
        this.handler = new Handler();
        this.musicList = findViewById(R.id.musicList);
        this.seekBar = findViewById(R.id.seekBar);
```

```
    this.adapter = new MusicListAdapter(this);
    this.musicList.setAdapter(this.adapter);
    this.mediaPlayer = new MediaPlayer();
    this.mediaPlayer.setOnErrorListener(this);
    this.mediaPlayer.setOnCompletionListener(this);
    this.musicList.setOnItemClickListener(
        new AdapterView.OnItemClickListener() {
      public void onItemClick(AdapterView<?> parent, View view,
          int position, long id) {
        MainActivity.this.adapter.setPlayPos(position);
        MainActivity.this.play(position);
      }
    });
    requestLoadMusicsPermission();
  }

  private void requestLoadMusicsPermission() {
    if (ContextCompat.checkSelfPermission(this,
        Manifest.permission.READ_EXTERNAL_STORAGE) ==
        PackageManager.PERMISSION_GRANTED) {
      this.loadMusics();
    } else {
      ActivityCompat.requestPermissions(this,
          new String[]{Manifest.permission.READ_EXTERNAL_STORAGE},
          1);
    }
  }

  public void onRequestPermissionsResult(int requestCode,
      String[] permissions, int[] grantResults) {
    for (int result : grantResults) {
      if (result != PackageManager.PERMISSION_GRANTED) {
        return;
      }
    }
    this.loadMusics();
  }

  private void loadMusics() {
```

```
        Cursor cursor = this.getContentResolver()
                .query(MediaStore.Audio.Media.EXTERNAL_CONTENT_URI, null,
                        null, null, MediaStore.Audio.Media.DEFAULT_SORT_ORDER);
        List<Music> musics = new ArrayList<>();
        cursor.moveToFirst();
        while (cursor.moveToNext()) {
            Music music = new Music();
            music.setTilte(cursor.getString(
                    cursor.getColumnIndexOrThrow(
                            MediaStore.Audio.Media.TITLE)));
            music.setArtist(cursor.getString(
                    cursor.getColumnIndexOrThrow(
                            MediaStore.Audio.Media.ARTIST)));
            music.setUrl(cursor.getString(
                    cursor.getColumnIndexOrThrow(
                            MediaStore.Audio.Media.DATA)));
            int duration = cursor.getInt(
                    cursor.getColumnIndexOrThrow(
                            MediaStore.Audio.Media.DURATION));
            int min = duration / 1000 / 60;
            int sec = duration / 1000 % 60;
            music.setDuration((min < 10 ? ("0" + min) : min) + ":"
                    + (sec < 10 ? ("0" + sec) : sec));
            musics.add(music);
        }
        this.adapter.setMusics(musics);
        this.adapter.notifyDataSetInvalidated();
    }

    private void play(Music music) {
        try {
            this.mediaPlayer.reset();
            this.mediaPlayer.setDataSource(music.getUrl());
            this.mediaPlayer.prepare();
            this.mediaPlayer.start();
            this.startTimer();
            this.isPause = false;
        } catch (IOException e) {
            Toast.makeText(this, "播放失败", Toast.LENGTH_SHORT).show();
```

```
        }
    }

    private void play(int pos) {
        if (pos < 0) {
            Toast.makeText(this, "音乐列表为空",
                    Toast.LENGTH_SHORT).show();
            return;
        }
        this.play(this.adapter.getItem(pos));
    }

    public void handlePrevious(View view) {
        this.play(this.adapter.previous());
    }

    public void handlePlay(View view) {
        if (!this.mediaPlayer.isPlaying()) {
            if (this.isPause) {
                this.mediaPlayer.start();
                this.startTimer();
                this.isPause = false;
            } else {
                this.play(this.adapter.current());
            }
        }
    }

    public void handlePause(View view) {
        if (!isPause && this.mediaPlayer.isPlaying()) {
            this.mediaPlayer.pause();
            this.cancelTimer();
            this.isPause = true;
        }
    }

    public void handleStop(View view) {
        if (this.mediaPlayer.isPlaying()) {
            this.mediaPlayer.reset();
```

```
            this.cancelTimer();
            this.isPause = false;
        }
    }

    public void handleNext(View view) {
        this.play(this.adapter.next());
    }

    protected void onDestroy() {
        super.onDestroy();
        if (this.mediaPlayer != null) {
            this.mediaPlayer.stop();
            this.mediaPlayer.release();
        }
        this.cancelTimer();
        this.mediaPlayer = null;
    }

    private void startTimer() {
        this.cancelTimer();
        this.seekBar.setMax(this.mediaPlayer.getDuration());
        this.timer = new Timer();
        this.updateTask = new UpdateTask();
        this.timer.scheduleAtFixedRate(updateTask, 1000, 1000);
    }

    private void cancelTimer() {
        if (this.timer != null) {
            this.timer.cancel();
            this.timer = null;
            this.updateTask = null;
        }
    }

    private class UpdateTask extends TimerTask {
        public void run() {
            handler.post(() -> {
                MainActivity.this.seekBar.setProgress(
```

```
                MainActivity.this.mediaPlayer.getCurrentPosition());
            });
        }
    }

    public boolean onError(MediaPlayer mp, int what, int extra) {
        mp.reset();
        this.seekBar.setProgress(0);
        Toast.makeText(this, "播放失败", Toast.LENGTH_SHORT).show();
        return false;
    }

    public void onCompletion(MediaPlayer mp) {
        this.seekBar.setProgress(0);
        handler.postDelayed(() -> {
            this.handleNext(null);
        }, 500);
    }
}
```

上述代码中，活动的代码比较多，下面我们拆解来看一下具体的过程。在 onCreate()方法中，我们对活动布局所需的控件进行初始化。在使用播放器时，当一个音乐播放完成会自动切换到下一首，因此调用 MediaPlayer 类的 setOnCompletionListener()方法为其设置播放完成的监听器，当一首音乐播放完成后会回调 onCompletion()方法。在该方法中重置播放进度为初始状态，然后调用 Handler 类的 postDelayed()方法，延迟 500 ms 后播放下一首。延迟的目的在于当音乐文件时长较短时切换会比较频繁，延迟一段时间可以在播放完成进行切换时起到缓冲的作用。

在 Android 系统中提供了内容提供者用于获取系统中的音频文件，可以通过 MediaStore.Audio.Media.EXTERNAL_CONTENT_URI 进行查询，然后将查询的结果转换为定义的音乐实体对象，最后将其设置到列表适配器中。由于获取音频文件进行播放时，需要申请扩展存储的权限，而该权限属于运行时的权限，因此在加载系统中的音频文件前，应该首先判断应用是否已经获取相关权限。如果尚未获取应该调用 ActivityCompat 类的 requestPermissions()方法进行申请，获得权限后调用定义的 loadMusics()方法加载系统中的音频信息。

当音频文件播放时，需要将 SeekBar 的进度与播放进度进行同步。我们采用 Timer 实现，每隔 1 s，触发一次进度更新。当播放暂停或停止时，取消 Timer 的更新任务。最后需要在清单文件中添加所需的权限。

```
<uses-permission
    android:name="android.permission.READ_EXTERNAL_STORAGE" />
```

运行程序，运行结果如图 10.5 所示。

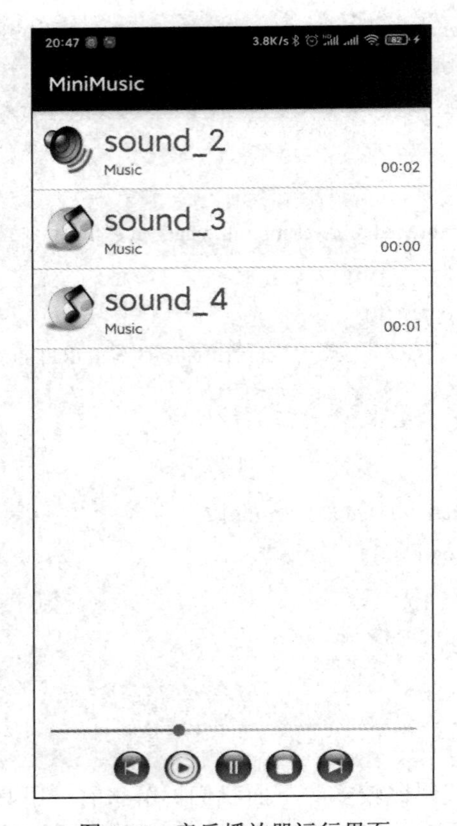

图 10.5　音乐播放器运行界面

在音乐播放器中，我们采用顺序播放的模式，当音乐播放完成后，会按照列表顺序进行播放。在实际的音乐播放器中，除了顺序播放还有随机播放、单曲循环等。请读者思考实现方式，将音乐播放器进行完善，使其支持不同的播放模式。

习　　题

一、选择题

1. MediaPlayer 类中用于设置播放数据源的方法是(　　)。

A. setDataSource()　　B. prepare()

C. start()　　D. reset()

2. 使用 MediaPlayer 类的 create()方法创建的 MediaPlayer 对象相较于使用无参构造方法创建对象，可以不用执行下列(　　) 方法。

A. seekTo()　　B. prepare()

C. start()　　D. reset()

3. Android 播放视频，可以使用 VideoView 的(　　)获得当前播放的视频文件的时长。

A. seekTo()　　B. getDuration()

C. resume()　　D. start()

4. 使用 MediaRecorder 进行录音时，需要在清单文件中申请(　　)权限。

A. android.permission.READ_EXTERNAL_STORAGE

B. android.permission.WRITE_EXTERNAL_STORAGE

C. android.permission.RECORD_AUDIO

D. android.permission.INTERNET

5. 拍照时如果希望获取完整尺寸的照片，需要向意图中添加下列(　　)数据。

A. MediaStore.EXTRA_OUTPUT

B. MediaStore.EXTRA_FULL_SCREEN

C. MediaStore.EXTRA_SIZE_LIMIT

D. MediaStore.EXTRA_SCREEN_ORIENTATION

二、简答题

1. 简述 MediaPlayer 对音频和视频文件的状态机转换描述。
2. 简述 MediaPlayer 可以播放的音频有哪些。
3. 简述 Android 调用相机拍照过程。

三、应用题

1. 设计合适的界面，调用系统相机拍照后在界面上显示拍照的相片。
2. 设计合适的界面完成录音机应用的开发。

第十一章 网络编程

移动设备一般作为客户端（系统终端）来使用，属于有限资源设备，计算、存储能力是有限的，其优势在于携带方便，集成较多的传感器设备。而较为复杂的数据处理及存储工作一般都在服务器端完成，因此移动设备往往需要连接网络与服务器进行信息沟通。本章主要讲解 Android 自身所支持的 TCP、UDP 等网络通信 API 以及相关应用层数据解析技术。

本章学习目标：

1. 了解常用的网络通信协议；
2. 掌握 TCP/UDP 通信；
3. 熟练掌握 HTTP 协议与使用。

11.1 TCP 通信

20 世纪 80 年代初期，国际标准化组织(ISO)为了帮助厂商实现网络间的相互操作，研究了各类计算机网络体系结构，并于 1984 年正式公布了一个网络体系结构模型作为国际标准，称为开放系统互连参考模型(OSI/RM)。

在 OSI 参考模型中，将整个通信功能划分为七个层次，每一层的目的是向相邻的上一层提供服务，并且屏蔽服务实现细节。模型设计成多层，像是在与另一台计算机对等层通信。实际上，通信是在同一计算机的相邻层之间进行的，OSI 参考模型中七个层次自下而上分布，并且具有不同的功能，具体如下：

(1) 物理层(Physical Layer)：OSI 的最底层，它建立在物理通信介质的基础上，作为通信系统和通信介质的接口，用来实现数据链路实体间透明的比特流传输。为建立、维持和拆除物理连接，物理层规定了传输介质的机械特性、电气特性、功能特性和规程特性。

(2) 数据链路层(Data Link Layer)：从网络层接收数据，并加上有意义的比特位形成报文头部和尾部(用来携带地址和其他控制信息)。这些附加了信息的数据单元称之为帧。数据链路层负责将数据帧无差错地从一个站点送达到下一个相邻的站点，即通过数据链路层协议完成在不太可靠的物理链路上实现可靠的数据传输。

(3) 网络层(Network Layer)：控制通信子网的运行，主要解决如何使数据分组跨越通信子网从源传送到目的地的问题，这就需要在通信子网中进行路由选择。另外，为了避免通信子网中出现过多的分组而形成网络阻塞，需要对流入的分组数量进行控制。当分层要跨越多个通信子网才能到达目的地时，还要解决网际互联的问题。

(4) 传输层(Transport Layer)：向会话层提供服务，服务内容包括传输连接服务和数据传输服务。前者是指在两个传输层用户之间负责建立、维持传输连接和在传输结束后拆除传输连接；后者则是要求在一对用户之间提供互相交换数据的方法。传输层的服务，使高层的用户可以完全不考虑信息在物理层、数据链路层和网络层的详细情况，方便用户使用。

(5) 会话层(Session Layer)：网络对话控制器，建立、维护和同步通信设备之间的操作，保证每次会话都正常关闭而不会突然中断，使用户被挂起。会话层建立和验证用户之间的连接，包括口令和登录确认；控制数据交换，决定以何种顺序将对话单元传送到传输层，以及在传输过程的哪一点需要接收端的确认。

(6) 表示层(Presentation Layer)：保证通信设备之间的互操作性。该层的功能使得两台内部数据结构不同的计算机能实现通信。它提供了一种对不同的控制码、字符集和图形字符等的解释，而这种解释是使两台设备都能以相同方式理解相同的传输内容所必需的。表示层还负责为引入的数据加密和解密，以及为提高传输效率提供必需的数据压缩及解压等功能。

(7) 应用层(Application Layer)：OSI 参考模型的最高层，是应用进程访问网络服务的窗口。直接为网络用户或应用程序提供各种各样的网络服务，是计算机网络与最终用户之间的界面。应用层提供的网络服务包括文件服务、打印服务、报文服务、目录服务、网络管理以及数据库服务等。

TCP/IP，是 Transmission Control Protocol/Internet Protocol 的简写，可以方便地实现多个网络的无缝连接。通常所谓的“某台机器在 Internet”上，就是指该主机具有一个 Internet 地址(也称 IP 地址)，使用 TCP/IP，并可向 Internet 上所有其他主机发送 IP 数据报。TCP/IP 有如下特点：

(1) 开放的协议标准。可以免费使用，并且独立于特定的计算机硬件和操作系统。

(2) 独立于特定的网络硬件。可以运行在局域网、广域网，更适应于互联网中。

(3) 统一的网络地址分配方案。使得整个 TCP/IP 设备在互联网中都具有唯一的地址。

(4) 标准化的高层协议。可以提供多种可靠的用户服务。

TCP/IP 共分为四个层次，分别为网络接口层、网际层、传输层和应用层。其中网络接口层对应 OSI 模型中的物理层与数据链路层；网际层对应 OSI 模型中的网络层；传输层对应 OSI 模型中的传输层；应用层对应 OSI 模型中的会话层、表示层和应用层。具体如下：

(1) 网络接口层：TCP/IP 的最底层，负责接收 IP 数据包并通过网络发送 IP 数据包，或者从网络上接收物理帧，取出 IP 数据包，并把它交给 IP 层。网络接口一般是设备接口程序，如以太网的网卡驱动程序。

(2) 网际层(IP)：处理来自传输层的分组，将分组形成数据包(IP 数据包)，并为数据包进行路径选择，最终将数据包从源主机发送到目的主机。在网际层，最常用的协议是网际协议 IP，其他一些协议用来协助 IP 的操作。

(3) 传输层(TCP 和 UDP)：提供应用程序间的通信，提供可靠的传输(UDP 提供不可靠的传输)。为了实现可靠的传输，传输层要进行收发确认，若数据包丢失则进行重传、信息校验等。

(4) 应用层：TCP/IP 模型的最高层，与 OSI 模型中的高三层的任务相同，用于提供网络服务，比如文件传输、远程登录、域名服务和简单网络管理等。

在了解了 OSI 参考模型以及 TCP/IP 模型后，下面介绍在 Android 中如何实现 TCP 通信。如果要实现 TCP/IP 通信，需要使用 ServerSocket 和 Socket 两个类。接下来利用 ServerSocket 创建一个简单的服务端程序。代码如下：

```
<?xml version="1.0" encoding="utf-8"?>
<LinearLayout
  xmlns:android="http://schemas.android.com/apk/res/android"
  android:layout_width="match_parent"
  android:layout_height="match_parent"
  android:orientation="vertical">
  <EditText
    android:id="@+id/message"
    android:layout_width="match_parent"
    android:layout_height="0dp"
    android:layout_weight="1" />
  <Button
    android:layout_width="match_parent"
    android:layout_height="wrap_content"
    android:onClick="openServer"
    android:text="开启服务端" />
</LinearLayout>
```

这个界面很简单，使用一个 EditText 显示消息，然后通过一个 Button 开启服务端程序，紧接着编写对应的 Activity 代码。代码如下：

```
public class MainActivity extends AppCompatActivity {
  private EditText message;
  private ServerTask serverTask = null;

  protected void onCreate(Bundle savedInstanceState) {
    super.onCreate(savedInstanceState);
    setContentView(R.layout.activity_main);
    this.message = findViewById(R.id.message);
  }

  public void openServer(View v) {
    if (this.serverTask != null) {
      Toast.makeText(this, "服务端已启动",
          Toast.LENGTH_SHORT).show();
      return;
    }
    this.serverTask = new ServerTask(this);
    this.serverTask.execute();
```

```
}

public static List<String> getLocalIPs() {
    List<String> ips = new ArrayList<String>();
    try {
        Enumeration<NetworkInterface> networkInterfaces =
                NetworkInterface.getNetworkInterfaces();
        while (networkInterfaces.hasMoreElements()) {
            NetworkInterface networkInterface =
                    networkInterfaces.nextElement();
            Enumeration<InetAddress> inetAddresses =
                    networkInterface.getInetAddresses();
            while (inetAddresses.hasMoreElements()) {
                InetAddress inetAddress =
                    inetAddresses.nextElement();
                if (inetAddress instanceof Inet4Address) { // IPV4
                    ips.add(inetAddress.getHostAddress());
                }
            }
        }
    } catch (SocketException e) { }
    return ips;
}

public static String getRemoteIp(SocketAddress socketAddress) {
    InetSocketAddress address = (InetSocketAddress) socketAddress;
    return address.getAddress().getHostAddress();
}

static class ServerTask extends AsyncTask<Void, String, Void> {
    private MainActivity mainActivity;

    private ServerTask(MainActivity mainActivity) {
        this.mainActivity = mainActivity;
    }

    protected Void doInBackground(Void... voids) {
        ServerSocket serverSocket = null;
        try {
```

```
            serverSocket = new ServerSocket(9999);
            this.publishProgress("服务端启动成功，地址："
                    + getLocalIPs() + "，端口：" + 9999);
            // 等待客户端连接
            Socket socket = serverSocket.accept();
            this.publishProgress("客户端["
                    + getRemoteIp(socket.getRemoteSocketAddress())
                    + "]已连接");
            // 获得通道输入流
            BufferedReader reader = new BufferedReader(
                    new InputStreamReader(socket.getInputStream()));
            String data = null;
            while ((data = reader.readLine()) != null
                    && !data.equals("quit")) {
                this.publishProgress("接收到客户端["
                        + getRemoteIp(socket.getRemoteSocketAddress())
                        + "]消息：" + data);
            }
            socket.close();
            this.publishProgress("服务端关闭");
        } catch (Exception e) {
            this.publishProgress("服务端出现异常：" + e.toString());
        } finally {
            if (serverSocket != null) {
                try {
                    serverSocket.close();
                } catch (Exception e) { }
            }
        }
        return null;
    }

    protected void onProgressUpdate(String... values) {
        mainActivity.message.append(values[0]);
        mainActivity.message.append("\r\n");
    }

    protected void onPostExecute(Void unused) {
        mainActivity.serverTask = null;
```

```
            }
        }
    }
```

上述代码中，监听网络请求以及读写数据会造成 UI 线程阻塞，因此要自定义 ServerTask，在异步任务中完成相关的操作。示例中，用 ServerSocket 监听 9999 端口，在执行完 ServerSocket 类的 accept()方法后，线程会阻塞直至有客户端连接。当有新的客户端连接成功后会返回一个 Socket 对象，该对象建立了与客户端之间连接的通道。调用 Socket 类中的 getInputStream()和 getOutputStream()方法获得与当前套接字相关联的输入流与输出流，对套接字输入输出流的读写即可以实现将数据发送至目标主机。当套接字使用完成后，需要调用 close()方法使其正常关闭。由于 TCP 使用网络通信，需要网络相关的权限，因此在清单文件中添加网络权限：

```
<uses-permission android:name="android.permission.INTERNET" />
```

运行程序，启动服务端程序，然后使用网络调试工具 NetAssist 模拟 TCP 客户端与服务端建立连接进行通信。因为服务端程序是以一行字符串作为一条消息记录的，所以在模拟发送消息时需要在消息最后拼接\r\n，表示一行的结束。在应用中会将客户端发送的信息在 EditText 中显示出来，当客户端发送 quit 时，服务端会自动关闭，断开本次连接。运行结果如图 11.1 所示。

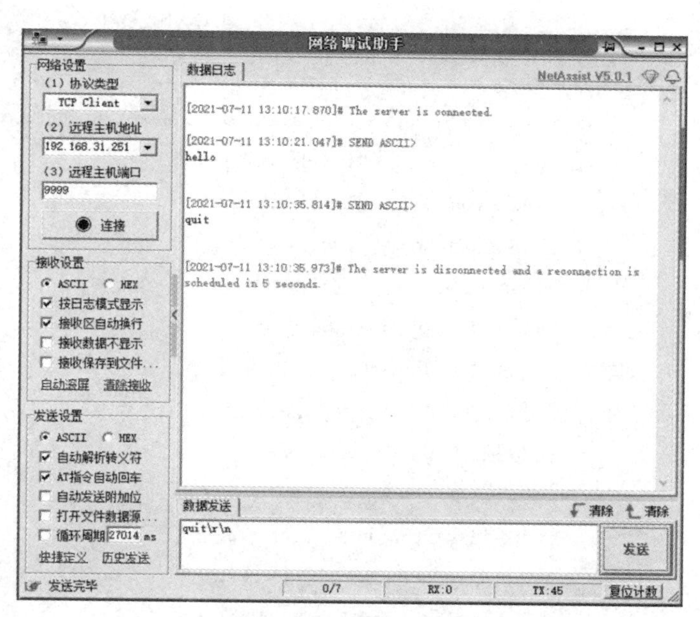

图 11.1　TCP 通信运行界面

使用 ServerSocket 可以创建 TCP 的服务端程序，如果有已经存在的服务端程序，应用作为客户端进行连接时应该如何处理呢？ServerSocket 接收到客户端连接后会返回一个 Socket 对象。同样地，当应用作为客户端时，只需构造一个 Socket 对象建立与指定服务端的连接即可。

在 Socket 通信中，根据发送消息的顺序可以分为三类情况：单工通信、半双工通信和全双工通信。具体功能如下：

(1) 单工(simplex)：仅能单方向传输数据。通信双方中，一方固定为发送端，另一方则固定为接收端，即信息流是单方向的。

(2) 半双工(half-duplex)：允许两台设备之间双向传输资料，但不能同时进行。因此同一时间只允许一台设备传送资料，若另一台设备要传送资料，需等原来传送资料的设备传送完成后再处理。半双工在通信过程中，信息既可由 A 传到 B，又能由 B 传 A，但只能有一个方向上的传输存在。半双工的系统可以比喻成单线铁路。若轨道上无列车行驶时，任一方向的车都可以通过。但若轨道上有车，相反方向的列车须等该列车通过道路后才能通行。无线电对讲机就是使用半双工系统。由于对讲机传送及接收使用相同的频率，不允许同时进行，因此一方讲完后，需设法告知另一方讲话结束(例如讲完后加上“OVER”)，另一方才知道可以开始讲话。

(3) 全双工(full-duplex)：允许两台设备同时进行双向传输资料。一般的电话、手机就是全双工的系统，因此在讲话时同时也可以听到对方的声音。全双工在通信过程中，线路上存在 A 到 B 和 B 到 A 的双向信号传输。全双工的系统可以用一般的双向车道形容。两个方向的车辆因使用不同的车道，因此不会互相影响。

和编写服务端程序类似，依然采用 NetAssist 进行模拟，不过需要将其模式更改为 TCP Server，然后对布局文件进行调整，支持手动输入服务端的 IP 地址、端口以及需要发送的消息。代码如下：

```
<?xml version="1.0" encoding="utf-8"?>
<LinearLayout
  xmlns:android="http://schemas.android.com/apk/res/android"
  android:layout_width="match_parent"
  android:layout_height="match_parent"
  android:orientation="vertical">
  <EditText
    android:id="@+id/messageLog"
    android:layout_width="match_parent"
    android:layout_height="0dp"
    android:layout_weight="1" />
  <LinearLayout
    android:layout_width="match_parent"
    android:layout_height="wrap_content"
    android:orientation="horizontal">
    <EditText
      android:id="@+id/ip"
      android:layout_width="0dp"
      android:layout_height="wrap_content"
```

```
            android:layout_weight="0.8" />
        <EditText
            android:id="@+id/port"
            android:layout_width="0dp"
            android:layout_height="wrap_content"
            android:layout_weight="0.2" />
    </LinearLayout>
    <LinearLayout
        android:layout_width="match_parent"
        android:layout_height="wrap_content"
        android:orientation="horizontal">
        <EditText
            android:id="@+id/message"
            android:layout_width="0dp"
            android:layout_height="wrap_content"
            android:layout_weight="0.8" />
        <Button
            android:layout_width="0dp"
            android:layout_height="wrap_content"
            android:layout_weight="0.2"
            android:onClick="sendMessage"
            android:text="发送" />
    </LinearLayout>
</LinearLayout>
```

然后编写对应的 Activity 代码，使其作为客户端实现与服务端的通信。代码如下：

```
public class MainActivity extends AppCompatActivity {

    ...
    private SendMessageTask sendMessageTask = null;

    protected void onCreate(Bundle savedInstanceState) {
        ...
    }

    public void sendMessage(View v) {
        if (this.sendMessageTask != null) {
            Toast.makeText(this, "客户端已启动",
                    Toast.LENGTH_SHORT).show();
```

```
            return;
        }
        this.sendMessageTask = new SendMessageTask(this);
        this.sendMessageTask.execute(this.message
                .getText().toString());
    }

    static class SendMessageTask
            extends AsyncTask<String, String, Void> {
        private MainActivity mainActivity;

        private SendMessageTask(MainActivity mainActivity) {
            this.mainActivity = mainActivity;
        }

        protected Void doInBackground(String... parms) {
            // 连接服务端
            Socket socket = null;
            try {
                socket = new Socket(mainActivity.ip.getText().toString(),
                        Integer.parseInt(mainActivity.port
                                .getText().toString()));
                this.publishProgress("连接服务端成功");
                this.publishProgress("发送：" + parms[0]);
                PrintWriter writer =
                        new PrintWriter(socket.getOutputStream(), true);
                writer.println(parms[0]);
                BufferedReader reader =
                        new BufferedReader(new InputStreamReader(
                                socket.getInputStream()));
                String data = null;
                while ((data = reader.readLine()) != null
                        && !data.equals("quit")) {
                    this.publishProgress("返回：" + data);
                }
            } catch (Exception e) {
                this.publishProgress("连接出现异常：" + e.toString());
            } finally {
```

```
            if (socket != null) {
                try {
                    socket.close();
                } catch (Exception e) { }
            }
            this.publishProgress("连接已关闭");
        }
        return null;
    }

    protected void onProgressUpdate(String... values) {
        this.mainActivity.messageLog.append(values[0]);
        this.mainActivity.messageLog.append("\r\n");
    }

    protected void onPostExecute(Void unused) {
        mainActivity.sendMessageTask = null;
    }
  }
}
```

运行结果如图 11.2 所示。

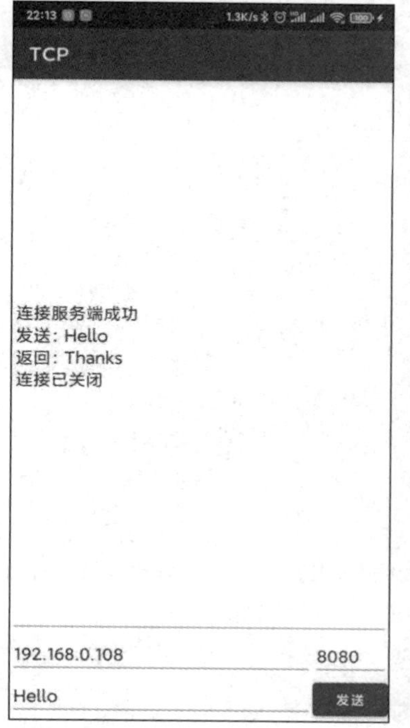

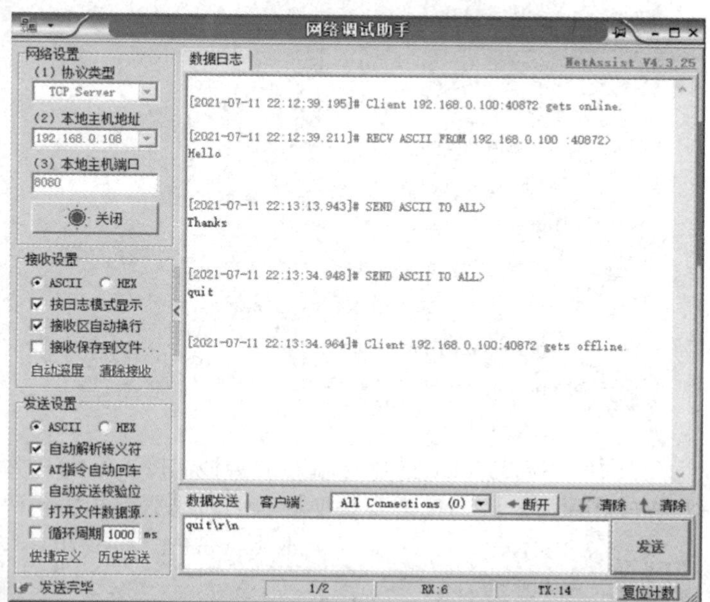

图 11.2　运行界面

11.2 UDP 通 信

UDP 是 User Datagram Protocol(用户数据报协议)的简称，是 OSI 参考模型中一种无连接的传输层协议，提供面向事务的简单不可靠信息传送服务，在网络中它与 TCP 协议一样用于处理数据包。与 11.1 节介绍的 TCP 协议一样，UDP 协议直接位于 IP(网际协议)协议的顶层。根据 OSI(开放系统互连)参考模型，UDP 和 TCP 都属于传输层协议。UDP 协议的主要作用是将网络数据流量压缩成数据包的形式。一个典型的数据包就是一个二进制数据的传输单位。每一个数据包的前 8 个字节用来包含报头信息，剩余字节则用来包含具体的传输数据。

TCP 与 UDP 的主要区别如下：

(1) 基于连接与无连接；

(2) 对系统资源的要求(TCP 较多，UDP 少)；

(3) UDP 程序结构较简单；

(4) 流模式与数据报模式；

(5) TCP 保证数据正确性，UDP 可能丢包，TCP 保证数据顺序，UDP 不保证。

和 TCP 一样，使用 UDP 实现一个服务端程序。代码如下：

```
<?xml version="1.0" encoding="utf-8"?>
<LinearLayout
    xmlns:android="http://schemas.android.com/apk/res/android"
    android:layout_width="match_parent"
    android:layout_height="match_parent"
    android:orientation="vertical">
    <EditText
        android:id="@+id/message"
        android:layout_width="match_parent"
        android:layout_height="0dp"
        android:layout_weight="1" />
    <Button
        android:layout_width="match_parent"
        android:layout_height="wrap_content"
        android:onClick="startServer"
        android:text="启动服务端" />
</LinearLayout>
```

界面的布局与 TCP 的服务端布局类似。接下来编写 Activity 的实现，整体代码结构可以与 TCP 保持一致，仅需要替换核心的启动服务相关代码即可。代码如下：

```
public class MainActivity extends AppCompatActivity {
    private EditText message;
    private ServerTask serverTask = null;
```

```
protected void onCreate(Bundle savedInstanceState) {
    super.onCreate(savedInstanceState);
    setContentView(R.layout.activity_main);
    this.message = findViewById(R.id.message);
}

public void startServer(View v) {
    if (this.serverTask != null) {
        Toast.makeText(this, "服务端已启动",
                Toast.LENGTH_SHORT).show();
        return;
    }
    this.serverTask = new ServerTask(this);
    this.serverTask.execute();
}

public static List<String> getLocalIPs() {
    List<String> ips = new ArrayList<String>();
    try {
        Enumeration<NetworkInterface> networkInterfaces =
                NetworkInterface.getNetworkInterfaces();
        while (networkInterfaces.hasMoreElements()) {
            NetworkInterface networkInterface =
                    networkInterfaces.nextElement();
            Enumeration<InetAddress> inetAddresses =
                    networkInterface.getInetAddresses();
            while (inetAddresses.hasMoreElements()) {
                InetAddress inetAddress = inetAddresses.nextElement();
                if (inetAddress instanceof Inet4Address) { // IPV4
                    ips.add(inetAddress.getHostAddress());
                }
            }
        }
    } catch (SocketException e) { }
    return ips;
}

static class ServerTask extends AsyncTask<Void, String, Void> {
```

```
private MainActivity mainActivity;

private ServerTask(MainActivity mainActivity) {
    this.mainActivity = mainActivity;
}

protected Void doInBackground(Void... voids) {
    DatagramSocket server = null;
    try {
        server = new DatagramSocket(9999);
        this.publishProgress("服务端启动成功，地址："
                + getLocalIPs() + "，端口：" + 9999);
        // 用于接收数据的缓冲数组
        byte[] recvBuf = new byte[100];
        // 实例化数据报对象
        DatagramPacket recvPacket =
                new DatagramPacket(recvBuf, recvBuf.length);
        // 接收消息
        server.receive(recvPacket);
        String recvStr = new String(recvPacket.getData(), 0,
                recvPacket.getLength());
        this.publishProgress("接收到消息：" + recvStr);
        int port = recvPacket.getPort();
        InetAddress addr = recvPacket.getAddress();
        String sendStr = "SUCCESS";
        byte[] sendBuf = sendStr.getBytes();

        // 创建回复数据报
        DatagramPacket sendPacket =
                new DatagramPacket(sendBuf, sendBuf.length, addr, port);
        // 发送回复
        server.send(sendPacket);
    } catch (Exception e) {
        this.publishProgress("服务端出现异常：" + e.toString());
    } finally {
        if (server != null) {
            try {
                server.close();
            } catch (Exception e) { }
```

```
            }
            this.publishProgress("服务端关闭");
        }
        return null;
    }

    protected void onProgressUpdate(String... values) {
        mainActivity.message.append(values[0]);
        mainActivity.message.append("\r\n");
    }

    protected void onPostExecute(Void unused) {
        mainActivity.serverTask = null;
    }
  }
}
```

上述代码，DatagramSocket 类表示用来发送和接收数据报包的套接字。数据报套接字是包投递服务的发送或接收点。每个在数据报套接字上发送或接收的包都是单独编址和路由的。从一台机器发送到另一台机器的多个包可能选择不同的路由，也可能按不同的顺序到达。在示例中，通过 DatagramSocket 的构造方法将其绑定到 9999 端口，然后搭配 DatagramPacket 类接收消息，DatagramPacket 表示数据报包。当接收到来自客户端的消息后，紧接着向客户端发送一个字符串“SUCCESS”，最后关闭整个服务。运行结果如图 11.3 所示。

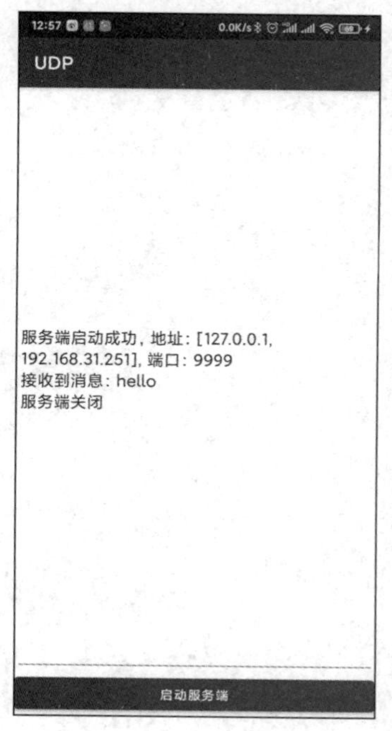

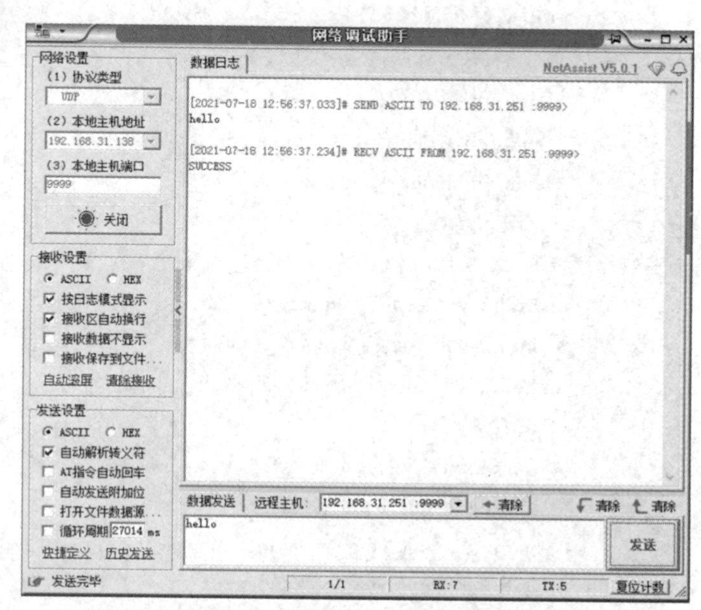

图 11.3　UDP 通信运行界面

在 TCP 通信过程中，服务端使用 SocketServer，客户端直接使用 Socket，而在 UDP 通信中，不管是服务端还是客户端，都是使用 DatagramSocket 和 DatagramPacket 进行处理。代码如下：

```
<?xml version="1.0" encoding="utf-8"?>
<LinearLayout
  xmlns:android="http://schemas.android.com/apk/res/android"
  android:layout_width="match_parent"
  android:layout_height="match_parent"
  android:orientation="vertical">
  <EditText
    android:id="@+id/messageLog"
    android:layout_width="match_parent"
    android:layout_height="0dp"
    android:layout_weight="1" />
  <LinearLayout
    android:layout_width="match_parent"
    android:layout_height="wrap_content"
    android:orientation="horizontal">
    <EditText
      android:id="@+id/ip"
      android:layout_width="0dp"
      android:layout_height="wrap_content"
      android:layout_weight="0.8"/>
    <EditText
      android:id="@+id/port"
      android:layout_width="0dp"
      android:layout_height="wrap_content"
      android:layout_weight="0.2"/>
  </LinearLayout>
  <LinearLayout
    android:layout_width="match_parent"
    android:layout_height="wrap_content"
    android:orientation="horizontal">
    <EditText
      android:id="@+id/message"
      android:layout_width="0dp"
      android:layout_height="wrap_content"
      android:layout_weight="0.8"
      android:text="hello" />
```

```
    <Button
        android:layout_width="0dp"
        android:layout_height="wrap_content"
        android:layout_weight="0.2"
        android:onClick="sendMessage"
        android:text="发送" />
  </LinearLayout>
</LinearLayout>
```

参考TCP客户端的布局完成UDP客户端的布局，然后编写如下Activity代码实现UDP数据发送。

```
public class MainActivity extends AppCompatActivity {
  ...

  protected void onCreate(Bundle savedInstanceState) {
    ...
  }

  public void sendMessage(View v) {
    if (this.sendMessageTask != null) {
      Toast.makeText(this, "客户端已启动",
          Toast.LENGTH_SHORT).show();
      return;
    }
    this.sendMessageTask = new SendMessageTask(this);
    this.sendMessageTask.execute(this.message
        .getText().toString());
  }

  static class SendMessageTask
      extends AsyncTask<String, String, Void> {
    private MainActivity mainActivity;

    private SendMessageTask(MainActivity mainActivity) {
      this.mainActivity = mainActivity;
    }

    protected Void doInBackground(String... parms) {
      DatagramSocket client = null;
      try {
```

```
            client = new DatagramSocket();
            String sendStr = parms[0];
            byte[] sendBuf = sendStr.getBytes();
            InetAddress addr = InetAddress.getByName(mainActivity
                .ip.getText().toString());
            DatagramPacket sendPacket =
                new DatagramPacket(sendBuf, sendBuf.length, addr,
                    Integer.parseInt(mainActivity
                        .port.getText().toString()));
            this.publishProgress("发送消息:" + sendStr);
            client.send(sendPacket);
            byte[] recvBuf = new byte[100];
            DatagramPacket recvPacket =
                new DatagramPacket(recvBuf, recvBuf.length);
            client.receive(recvPacket);
            String recvStr = new String(recvPacket.getData(), 0,
                recvPacket.getLength());
            this.publishProgress("收到消息:" + recvStr);
            this.publishProgress("连接已关闭");
        } catch (Exception e) {
            this.publishProgress("连接出现异常：" + e.toString());
        } finally {
            if (client != null) {
                try {
                    client.close();
                } catch (Exception e) { }
            }
        }
        return null;
    }

    protected void onProgressUpdate(String... values) {
        this.mainActivity.messageLog.append(values[0]);
        this.mainActivity.messageLog.append("\r\n");
    }

    protected void onPostExecute(Void unused) {
        mainActivity.sendMessageTask = null;
    }
```

```
    }
}
```

上述代码，当使用 DatagramSocket 类作为客户端时，可以直接使用无参数构造方法创建一个 DatagramSocket 对象，然后在创建 DatagramPacket 对象时指定服务端的 IP 以及端口号，最后通过 DatagramSocket 类的 send()方法可以将数据包发送出去。运行结果如图 11.4 所示。

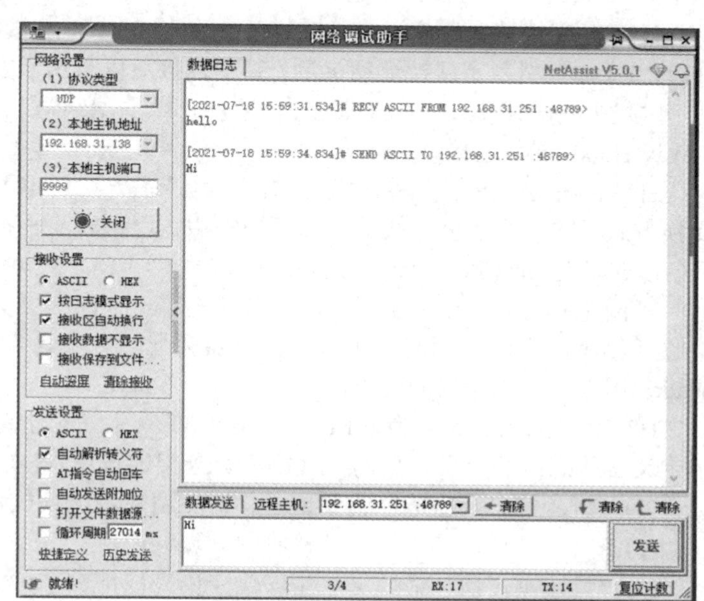

图 11.4　运行界面

11.3　HTTP 通 信

在实际需要网络通信的应用中，TCP 或 UDP 都属于偏低层的协议，当应用需要从网络获取数据或者与服务端程序进行交互时，比较常见的是使用 HTTP 方式进行通信。

HTTP 协议是 Hyper Text Transfer Protocol(超文本传输协议)的缩写，用于从万维网(World Wide Web，WWW)服务器传输超文本到本地浏览器的传送协议。HTTP 基于 TCP/IP 通信协议来传递数据(HTML 文件、图片文件、查询结果等)。

HTTP 是基于客户/服务器模式，且面向连接的。典型的 HTTP 事务处理有如下的过程：

(1) 客户与服务器建立连接。

(2) 客户向服务器提出请求。

(3) 服务器接受请求，并根据请求返回相应的文件作为应答。

(4) 客户与服务器关闭连接。

客户与服务器之间的 HTTP 连接是一种一次性连接，它限制每次连接只处理一个请求，当服务器返回本次请求的应答后便立即关闭连接，下次请求再重新建立连接。这种一次性连接主要考虑到 WWW 服务器面向的是 Internet 中成千上万个用户，且只能提供有限个连接，故服务器不会让一个连接处于等待状态，及时地释放连接可以大大提高服务器的执行效率。

HTTP 是一种无状态协议，即服务器不保留与客户交易时的任何状态。这就大大减轻了服务器记忆负担，从而保持较快的响应速度。HTTP 是一种面向对象的协议，允许传送任意类型的数据对象。它通过数据类型和长度来标识所传送的数据内容和大小，并允许对数据进行压缩传送。当用户在一个 HTML 文档中定义了一个超文本链后，浏览器将通过 TCP/IP 协议与指定的服务器建立连接。

HTTP 支持持久连接，在 HTTP/0.9 和 1.0 中，连接在单个请求/响应对后关闭。在 HTTP/1.1 中，引入了保持活动机制，其中连接可以重用于多个请求。这样的持久性连接可以明显减少请求延迟，因此在发送第一个请求后，客户端不需要重新协商 TCP 3-Way-Handshake 连接。

HTTP 规范定义了九种请求方法，每种请求方法规定了客户和服务器之间不同的信息交换方式，常用的请求方法是 GET 和 POST。服务器将根据客户请求完成相应操作，并以应答块形式返回给客户，最后关闭连接。

当浏览者访问一个网页时，浏览者的浏览器会向网页所在服务器发出请求。当浏览器接收并显示网页前，此网页所在的服务器会返回一个包含 HTTP 状态码的信息头(server header)用以响应浏览器的请求。

HTTP 状态码的英文为 HTTP Status Code。由三个十进制数字组成，第一个十进制数字定义了状态码的类型，后两个数字没有分类的作用。HTTP 状态码分为五种类型：

(1) 1**：信息，服务器收到请求，需要请求者继续执行操作。

(2) 2**：成功，操作被成功接收并处理。

(3) 3**：重定向，需要进一步的操作以完成请求。

(4) 4**：客户端错误，请求包含语法错误或无法完成请求。

(5) 5**：服务器错误，服务器在处理请求的过程中发生了错误。

常见的 HTTP 状态码有如下几种：

(1) 200：请求成功。

(2) 301：资源(网页等)被永久转移到其他 URL。

(3) 404：请求的资源(网页等)不存在。

(4) 500：内部服务器错误。

11.3.1 HttpURLConnection

在 Android 中，如果需要进行 HTTP 请求，那么可以通过 HttpURLConnection 进行处理。网上有很多的三方包同样可以实现 HTTP 请求，比如 HttpClient、OKHttp 等，本节只介绍内置原生的方式。

通常情况下，使用 HttpURLConnection 类进行 HTTP 请求的步骤如下：

(1) 创建待访问地址的 URL。

(2) 通过 URL 类的 openConnection()方法创建 HttpURLConnection 对象。

(3) 对 HttpURLConnection 的对象进行连接属性设置。

(4) 建立 HTTP 请求，如果需要则可以向服务端写入数据。
(5) 获取服务端响应数据，根据实际情况进行处理。
(6) 断开本次连接，释放资源。
下面通过一个简单的示例获取指定网址的信息。代码如下：

```
<?xml version="1.0" encoding="utf-8"?>
<LinearLayout
  xmlns:android="http://schemas.android.com/apk/res/android"
  android:layout_width="match_parent"
  android:layout_height="match_parent"
  android:orientation="vertical">
  <LinearLayout
    android:layout_width="match_parent"
    android:layout_height="wrap_content"
    android:orientation="horizontal">
    <EditText
      android:id="@+id/url"
      android:layout_width="0dp"
      android:layout_height="wrap_content"
      android:layout_weight="1"
      android:inputType="textUri"></EditText>
    <Button
      android:layout_width="wrap_content"
      android:layout_height="wrap_content"
      android:onClick="handleHttp"
      android:text="访问"></Button>
  </LinearLayout>
  <TextView
    android:id="@+id/content"
    android:layout_width="wrap_content"
    android:layout_height="0dp"
    android:layout_weight="1" />
</LinearLayout>
```

在布局中，使用一个 EditView 输入网址信息，在中间区域通过 TextView 显示获取的网页信息。代码如下：

```
public class MainActivity extends AppCompatActivity {
  ...

  protected void onCreate(Bundle savedInstanceState) {
    ...
```

```
}

public void handleHttp(View v) {
    if (this.requestTask != null) {
        return;
    }
    this.requestTask = new RequestTask(this);
    this.requestTask.execute(this.url.getText().toString());
}

static class RequestTask
        extends AsyncTask<String, Void, String> {
    private MainActivity mainActivity;

    private RequestTask(MainActivity mainActivity) {
        this.mainActivity = mainActivity;
    }

    protected String doInBackground(String... params) {
        HttpURLConnection conn = null;
        try {
            URL url = new URL(params[0]);
            conn = (HttpURLConnection) url.openConnection();
            conn.setInstanceFollowRedirects(true);
            conn.connect();
            InputStream in = conn.getInputStream();
            ByteArrayOutputStream out = new ByteArrayOutputStream();
            byte[] buffer = new byte[512];
            int len = -1;
            while ((len = in.read(buffer)) != -1) {
                out.write(buffer, 0, len);
            }
            in.close();
            return out.toString();
        } catch (Exception e) {
            return e.toString();
        } finally {
            if (conn != null) {
                conn.disconnect();
```

```
                }
            }
        }

        protected void onPostExecute(String result) {
            if (result != null) {
                mainActivity.content.setText(result);
            }
            mainActivity.requestTask = null;
        }
    }
}
```

和前面一致，在异步任务中执行网络请求避免主线程阻塞，导致 UI 界面卡顿，影响实际交互效果。在异步任务中，首先用传入的地址字符串构造 URL 对象。URL 类的 openConnection()方法可以打开对应 URL 资源，返回一个 URLConnection 对象，此处可以直接将其强制转换为 HttpURLConnection。

HttpURLConnection 类的 setInstanceFollowRedirects()方法用于设置当服务器返回状态码为 3**时是否自动跳转到新的地址，默认情况下该值为“true”，表示自动跳转。连接的相关属性设置完成后，可以通过 HttpURLConnection 类的 connect()方法建立与服务端的连接。通常情况，该步骤不是必需的，因而当获取输入输出流或者获取响应状态码等操作时，会自动建立连接。与服务器建立连接后，通过 HttpURLConnection 类的 getInputStream()方法可以获得当前连接的输入流，像读取文件一样操作该输入流，当数据读取完成后，表示本次通信结束，最后通过 HttpURLConnection 类的 disconnect()方法断开连接即可。

运行程序，在输入框中输入 http://www.baidu.com，点击访问按钮后会发现应用出现错误，在中间的 TextView 中提示如下信息：Cleartext HTTP traffic to www.baidu.com not permitted。运行结果如图 11.5 所示。

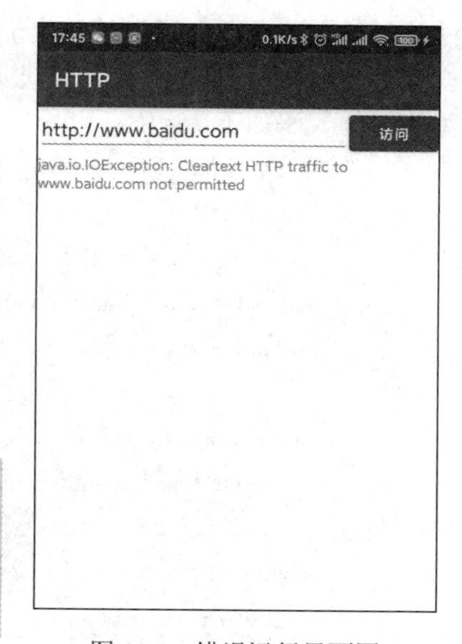

图 11.5　错误运行界面图

Android 系统出于安全性考虑，在 Android P 系统(Android API≥28)的设备上，如果应用使用的是非加密的明文流量的 Http 网络请求，则会导致该应用无法进行网络请求，Https 则不会受影响；同样地，如果应用嵌套了 webview，webview 也只能使用 Https 请求，因此会报出上面的错误。这时可以更换低版本设备或者在清单文件中配置 android:usesCleartextTraffic 为“true”即可。

```
<application ...
    android:usesCleartextTraffic="true">
    ...
</application>
```

运行结果如图 11.6 所示。

图 11.6 正常运行界面

默认情况下，使用 HttpURLConnection 与服务端建立连接使用的是 GET 请求，可以通过 HttpURLConnection 类的 setRequestMethod()方法设置本次的请求方法。需要注意该方法必须在连接之前调用。很多时候，我们希望根据服务端返回的状态码判断本次请求是否成功，那么可以通过 HttpURLConnection 类的 getResponseCod()方法获得状态码。

在使用 GET 方式进行请求时，如果需要在请求的时候向服务端上传送参数，则可以使用 name1=value1&name2=value2 的形式将请求参数拼接在请求地址后面；然而，在 POST 请求时，不仅可以将参数拼接在请求地址后面，还允许向服务端上传文件等，这时显然是无法使用请求地址完成该操作的。可以通过 HttpURLConnection 类的 getOutputStream()方法获得输出流对象，通过该输出流实现向服务端上传送数据。

对 GET 方式进行改造，通过第三方服务接口实现中英互译功能。首先调整布局文件，更改后的代码如下所示：

```
<?xml version="1.0" encoding="utf-8"?>
<LinearLayout
  xmlns:android="http://schemas.android.com/apk/res/android"
  android:layout_width="match_parent"
  android:layout_height="match_parent"
  android:orientation="vertical">
  <LinearLayout
    android:layout_width="match_parent"
    android:layout_height="wrap_content"
    android:orientation="horizontal">
    <EditText
      android:id="@+id/wordKey"
```

```
            android:layout_width="0dp"
            android:layout_height="wrap_content"
            android:layout_weight="1"></EditText>
        <Button
            android:layout_width="wrap_content"
            android:layout_height="wrap_content"
            android:onClick="handleTranslate"
            android:text="翻译"></Button>
    </LinearLayout>
    <TextView
        android:id="@+id/translatorStringResult"
        android:layout_width="wrap_content"
        android:layout_height="0dp"
        android:layout_weight="1" />
</LinearLayout>
```

然后调整 Activity 代码，完成整体的交互逻辑。代码如下：

```
public class MainActivity extends AppCompatActivity {

    private EditText wordKey;
    private TextView translatorStringResult;
    private TranslateTask translateTask = null;

    protected void onCreate(Bundle savedInstanceState) {
        super.onCreate(savedInstanceState);
        setContentView(R.layout.activity_main);
        this.wordKey = findViewById(R.id.wordKey);
        this.translatorStringResult =
                findViewById(R.id.translatorStringResult);
    }

    public void handleTranslate(View v) {
        if (this.translateTask != null) {
            return;
        }
        this.translateTask = new TranslateTask(this);
        this.translateTask.execute(this.wordKey.getText().toString());
    }

    static class TranslateTask
```

```
    extends AsyncTask<String, Void, String> {
  private MainActivity mainActivity;

  private TranslateTask(MainActivity mainActivity) {
    this.mainActivity = mainActivity;
  }

  protected String doInBackground(String... params) {
    HttpURLConnection conn = null;
    try {
      URL url = new URL(
          "http://fy.webxml.com.cn/webservices/"
          + "EnglishChinese.asmx/TranslatorString");
      conn = (HttpURLConnection) url.openConnection();
      conn.setRequestMethod("POST");
      conn.connect();
      OutputStream out = conn.getOutputStream();
      out.write("wordKey=".getBytes());
      out.write(URLEncoder.encode(params[0], "UTF-8")
          .getBytes());
      out.flush();
      out.close();
      InputStream in = conn.getInputStream();
      ByteArrayOutputStream out2 = new ByteArrayOutputStream();
      byte[] buffer = new byte[512];
      int len = -1;
      while ((len = in.read(buffer)) != -1) {
        out2.write(buffer, 0, len);
      }
      in.close();
      return out2.toString();
    } catch (Exception e) {
      return e.toString();
    } finally {
      if (conn != null) {
        conn.disconnect();
      }
    }
  }
```

```
            protected void onPostExecute(String result) {
                if (result != null) {
                    mainActivity.translatorStringResult.setText(result);
                }
                mainActivity.translateTask = null;
            }
        }
    }
```

在这段示例代码中，与 GET 方式请求最大的区别在于异步任务的 doInBackground()方法。通过 HttpURLConnection 类的 setRequestMethod()方法将请求方法设置为 POST，然后建立连接，通过 HttpURLConnection 类的 getOutputStream()方法获得与服务端交互的输出流，将所需参数写入输出流中，后续流程与前面保持一致。这里面用到了一个新的类 URLEncoder，该类用于对参数进行编码。由于输入的参数包含中文，在网络传输过程中会转换为 ISO-8859-1 编码，服务端接收后可能会出现乱码，因而使用 URLEncoder 类的 encode()方法将其按照规则进行编码，可以有效地规避该问题，这也是在 HTTP 请求时解决乱码问题的常用手段。运行结果如图 11.7 所示。

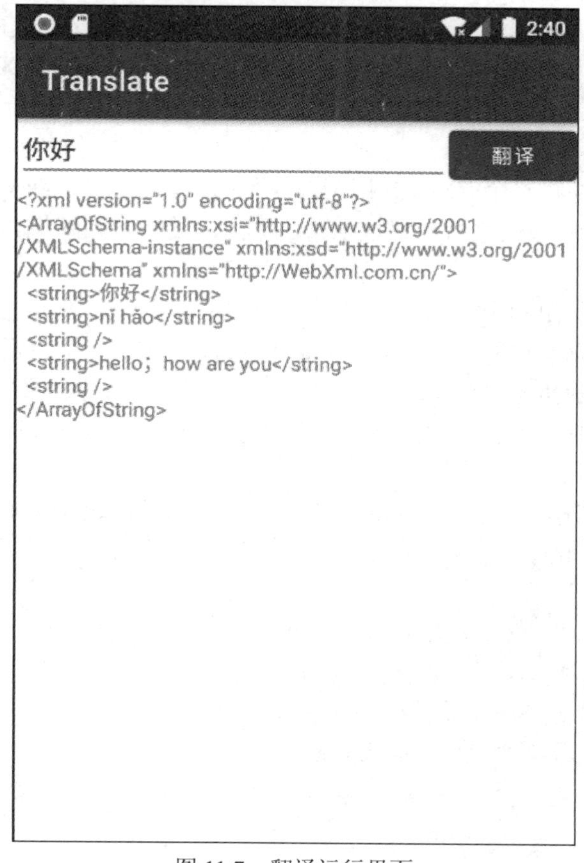

图 11.7　翻译运行界面

11.3.2 XML数据解析

11.3.1节中，使用HttpURLConnection完成HTTP请求。最后的示例中，服务端采用的是SOAP协议，返回的数据为XML，而程序只是简单地将其作为字符串显示在TextView中。在实际开发中，与服务端进行交互时，不仅需要上传参数，还需要对服务端返回数据进行有效的解析，从而获得有实际意义的相应参数信息。常见的响应数据格式为XML和JSON。接下来，首先介绍一下在Android中如何实现对XML数据的解析。

可扩展标记语言，是标准通用标记语言的子集，简称XML，是一种用于标记电子文件使其具有结构性的标记语言。在电子计算机中，标记指计算机所能理解的信息符号，通过此种标记，计算机之间可以处理包含各种信息比如文章等。它可以用来标记数据、定义数据类型，是一种允许用户对自己的标记语言进行定义的源语言。它非常适合万维网传输，提供统一的方法来描述和交换独立于应用程序或供应商的结构化数据，是Internet环境中跨平台的、依赖于内容的技术，也是当今处理分布式结构信息的有效工具。早在1998年，W3C就发布了XML1.0规范，使用它来简化Internet的文档信息传输。

在Android中，提供了三种方式解析XML，分别为SAX、Dom与Pull方式。

(1) SAX方式解析：采用事件驱动机制来解析XML文档，当SAX解析器发现文档开始、元素开始、文本、元素结束、文档结束等事件时，就会向外发送一次事件，而开发者则可以通过编写事件监听器处理这些事件，以此来获取XML文档里的信息。

(2) Dom方式解析：简单易用，但是它需要一次性地读取整个XML文档，而且在程序运行期间，整个DOM树常驻内存，导致系统开销过大。SAX解析方式占用内存小，处理速度快。

由于DOM一次性将整个XML文档全部读入内存，因此可以随机访问XML文档的每个元素。SAX采用顺序模式来依次读取XML文档，无法做到随机访问XML文档的任意元素。

(3) Pull方式解析：Pull解析器的运行方式与SAX解析器相似，它提供了类似的事件，如：开始元素和结束元素事件，使用parser.next()可以进入下一个元素并触发相应事件。跟SAX不同的是，Pull解析器产生的事件是一个数字而非方法，因此可以使用一个switch对感兴趣的事件进行处理。当元素开始解析时，调用parser.nextText()方法可以获取下一个Text类型节点的值。

在11.3.1节中，调用第三方服务翻译时，响应的数据结构即为XML结构，内容如下：

```
<?xml version="1.0" encoding="utf-8"?>
<ArrayOfString
  xmlns:xsi="http://www.w3.org/2001/XMLSchema-instance"
  xmlns:xsd="http://www.w3.org/2001/XMLSchema"
  xmlns="http://WebXml.com.cn/">
  <string>你好</string><string>nǐ hǎo</string>
  <string /><string>hello；how are you</string><string />
</ArrayOfString>
```

观察这段数据，在响应的数据中只需要第一个 string 元素、第二个 string 元素以及第四个 string 元素的内容，可以定义一个实体类用于与数据之间的映射关系。代码如下：

```
public class TranslateResult {
  private String wordKey;
  private String phonetiSymbol;
  private String example;

  // Getter/Setter
}
```

首先，使用 Sax 方式进行解析，需要用到 DefaultHandler 类，在该类中定义了不同事件的回调方法，常用的方法如下：

(1) startDocument()：当解析到文档开始标志时触发，可以进行必要的初始化操作。

(2) startElement()：当解析到元素开始时触发，可以获得当前解析的元素名称以及属性信息。

(3) characters()：当解析到元素中间的文本内容时触发。

(4) endElement()：当元素解析完成后触发，与 startElement()方法成对出现。

(5) endDocument()：当文档解析完成后触发，可以对解析过程中使用的资源进行释放。

通常自定义一个处理类，继承 DefaultHandler 类并实现上述五种方法中的部分方法。结合上面的示例，定义一个 TranslateResultHandler 类对 XML 进行解析并获得一个 TranslateResult 对象。代码如下：

```
public class TranslateResultHandler extends DefaultHandler {
  private TranslateResult translateResult;
  private int elementPos = 0;
  private final String HANDLE_ELEMENT_TAG = "string";
  private Stack<String> stack;

  public void startDocument() throws SAXException {
    Log.i(getClass().getSimpleName(), "startDocument");
    this.translateResult = new TranslateResult();
    this.stack = new Stack<>();
  }

  public void startElement(String uri, String localName,
      String qName, Attributes attributes) throws SAXException {
    Log.i(getClass().getSimpleName(), "startElement: " + qName);
    this.stack.push(qName);
    if (HANDLE_ELEMENT_TAG.equals(qName)) {
      elementPos++;
    }
```

```
}

public void characters(char[] ch, int start, int length)
        throws SAXException {
    String currentTag = this.stack.peek();
    Log.i(getClass().getSimpleName(), "characters tag:"
            + currentTag + ", elementPos:" + elementPos
            + ", content:" + new String(ch, start, length));
    if (HANDLE_ELEMENT_TAG.equals(currentTag)) {
        String value = new String(ch, start, length);
        switch (this.elementPos) {
            case 1:
                String wordKey = this.translateResult.getWordKey();
                if (wordKey != null) {
                    value = wordKey + value;
                }
                this.translateResult.setWordKey(value);
                break;
            case 2:
                String phonetiSymbol = this.translateResult
                        .getPhonetiSymbol();
                if (phonetiSymbol != null) {
                    value = phonetiSymbol + value;
                }
                this.translateResult.setPhonetiSymbol(value);
                break;
            case 4:
                String example = this.translateResult.getExample();
                if (example != null) {
                    value = example + value;
                }
                this.translateResult.setExample(value);
                break;
        }
    }
}

public void endElement(String uri, String localName,
        String qName) throws SAXException {
```

```
        Log.i(getClass().getSimpleName(), "endElement: " + qName);
        this.stack.pop();
    }

    public void endDocument() throws SAXException {
        Log.i(getClass().getSimpleName(), "endDocument");
        this.stack = null;
    }

    public TranslateResult getResult() {
        return this.translateResult;
    }
}
```

上述代码，startDocument()方法中，初始化 TranslateResult 对象，然后使用 Stack 维护已解析的 XML 标签信息；在 startElement()方法和 endElement()方法中分别对解析的元素标签进行入栈和出栈操作，在触发 characters()方法回调时，栈顶元素即为文本内容对应的标签信息。因为只需要处理 string 标签的内容，所以在 startElement()方法中，当元素标签名称为 string 时，将 elementPos 加 1 表示解析到的第几个 string 标签，characters()方法中结合 elementPos 与标签名称对 TranslateResult 相应的属性进行填充。需要注意的是：Sax 方式在解析元素中间的文本内容时，并不是全部解析完成后才触发 characters()方法的回调，而是当缓冲区满了之后就会触发一次，因此在解析标签元素内容文本时可能会多次触发 characters()方法，故而需要将增量的文本数据与已经解析的数据进行拼接，才是最终完整的内容文本。

真正的解析，需要使用 XMLReader 类来完成。首先调用 SAXParserFactory 类的 newInstance()方法获得 SAXParserFactory 类的实例，该方法为静态方法；然后调用 SAXParserFactory 实例的 newSAXParser()方法获得一个 Sax 的解析器对象 SAXParser；最后调用 SAXParser 类的 getXMLReader()方法获得 XMLReader 对象。代码如下：

```
public TranslateResult translateResultBySax(String xml)
        throws Exception {
    SAXParserFactory spf = SAXParserFactory.newInstance();
    SAXParser saxParser = spf.newSAXParser();
    XMLReader reader = saxParser.getXMLReader();
    TranslateResultHandler handler = new TranslateResultHandler();
    reader.setContentHandler(handler);
    reader.parse(new InputSource(new StringReader(xml)));
    return handler.getResult();
}
```

上述代码中，当获得 XMLReader 对象后，首先调用 XMLReader 的 setContentHandler()方法将前面编写的 TranslateResultHandler 类的实例作为参数传进去，然后调用 XMLReader

类的 parse()方法执行真正的解析，解析完成后，即可调用 TranslateResultHandler 类的 getResult()方法获得解析后的数据。运行结果如图 11.8 所示。

```
I/TranslateResultHandler: startDocument
I/TranslateResultHandler: startElement: ArrayOfString
I/TranslateResultHandler: characters tag:ArrayOfString, elementPos:0, content:
I/TranslateResultHandler: characters tag:ArrayOfString, elementPos:0, content:
I/TranslateResultHandler: startElement: string
I/TranslateResultHandler: characters tag:string, elementPos:1, content:你好
I/TranslateResultHandler: endElement: string
I/TranslateResultHandler: characters tag:ArrayOfString, elementPos:1, content:
I/TranslateResultHandler: characters tag:ArrayOfString, elementPos:1, content:
I/TranslateResultHandler: startElement: string
I/TranslateResultHandler: characters tag:string, elementPos:2, content:nǐ hǎo
I/TranslateResultHandler: endElement: string
I/TranslateResultHandler: characters tag:ArrayOfString, elementPos:2, content:
I/TranslateResultHandler: characters tag:ArrayOfString, elementPos:2, content:
I/TranslateResultHandler: startElement: string
I/TranslateResultHandler: endElement: string
I/TranslateResultHandler: characters tag:ArrayOfString, elementPos:3, content:
I/TranslateResultHandler: characters tag:ArrayOfString, elementPos:3, content:
I/TranslateResultHandler: startElement: string
I/TranslateResultHandler: characters tag:string, elementPos:4, content:hello; how are you
I/TranslateResultHandler: endElement: string
I/TranslateResultHandler: characters tag:ArrayOfString, elementPos:4, content:
I/TranslateResultHandler: characters tag:ArrayOfString, elementPos:4, content:
I/TranslateResultHandler: startElement: string
I/TranslateResultHandler: endElement: string
I/TranslateResultHandler: characters tag:ArrayOfString, elementPos:5, content:
I/TranslateResultHandler: endElement: ArrayOfString
I/TranslateResultHandler: endDocument
I/MainActivity: translate result. work:你好. phonetiSymbol:nǐ hǎo. example:hello; how are you
```

图 11.8 XML 数据解析运行日志

Dom 解析 XML 时，会将 XML 文件所有内容以文档树的形式放入内存中，然后允许使用 DOM API 遍历 XML 树、检索数据等。相较于 Sax 方式的解析，使用 Dom 方式对 XML 进行解析更简单，代码比较直观。使用 Dom 方式解析 XML 需要构造 Document 对象，创建 Document 对象首先需要调用 DocumentBuilderFactory 类的 newInstance()方法获得 DocumentBuilder 对象，该方法是静态方法；然后调用 DocumentBuilder 类的 newDocumentBuilder()方法获得 DocumentBuilder 对象，该方法同样是静态方法；最后调用 DocumentBuilder 类的 parse()方法获得需要的 Document 对象。代码如下：

```
public TranslateResult translateResultByDom(String xml)
        throws Exception {
    DocumentBuilderFactory factory =
            DocumentBuilderFactory.newInstance();
    DocumentBuilder builder = factory.newDocumentBuilder();
    Document document =
            builder.parse(new InputSource(new StringReader(xml)));
    NodeList nodeList = document.getElementsByTagName("string");
    TranslateResult translateResult = new TranslateResult();
    translateResult.setWordKey(nodeList.item(0).getNodeValue());
```

```
translateResult.setPhonetiSymbol(nodeList.item(1)
        .getNodeValue());
translateResult.setExample(nodeList.item(3).getNodeValue());
return translateResult;
}
```

上述代码看上去比 Sax 方式解析简单得多。在 Document 中，可以调用 getElementsByTagName()方法，通过标签名称获得 NodeList 对象，NodeList 表示包含一个或者多个 Node 的列表；Node 是 Dom 操作中最基本的对象，代表文档树中的抽象节点。在上面解析的例子中，通过调用 Node 类的 getNodeValue()方法获得节点内容。由于该类是一个抽象的节点，在实际使用中，会将其转换为相应的子类对象，比如：Element、Attr、Text 等。

除了前面的 Sax 和 Dom 两种方式解析 XML 文件外，在 Android 中还内置了一种 Pull 解析器解析 XML 文件，比如前面学过的 SharedPreference 就是采用 Pull 方式进行解析的。Pull 方式解析 XML 和 Sax 方式解析 XML 相似，都是采用事件驱动来完成 XML 解析的，而 Pull 的编码较为简单，只需要处理开始与结束事件。通常使用 switch 语句，根据事件的不同类型匹配不同的处理方式。Pull 解析中共有五种事件：START_DOCUMENT、START_TAG、TEXT、END_TAG、END_DOCUMENT。这五种事件和 Sax 方式解析时使用的回调方法是可以对应上的。代码如下：

```
public TranslateResult translateResultByPull(String xml)
    throws XmlPullParserException, IOException {
  XmlPullParserFactory factory
      = XmlPullParserFactory.newInstance();
  XmlPullParser parser = factory.newPullParser();
  TranslateResult translateResult = null;
  parser.setInput(new StringReader(xml));
  int eventType = parser.getEventType();
  Stack<String> stack = null;
  int elementPos = 0;
  while (eventType != XmlPullParser.END_DOCUMENT) {
    switch (eventType) {
      case XmlPullParser.START_DOCUMENT:
        stack = new Stack<>();
        translateResult = new TranslateResult();
        break;
      case XmlPullParser.START_TAG:
        stack.push(parser.getName());
        if ("string".equals(parser.getName())) {
          elementPos++;
        }
```

```
                break;
            case XmlPullParser.TEXT:
                String currentTag = stack.peek();
                if ("string".equals(currentTag)) {
                    String value = parser.getText();
                    switch (elementPos) {
                        case 1:
                            String wordKey = translateResult.getWordKey();
                            if (wordKey != null) {
                                value = wordKey + value;
                            }
                            translateResult.setWordKey(value);
                            break;
                        case 2:
                            String phonetiSymbol = translateResult
                                    .getPhonetiSymbol();
                            if (phonetiSymbol != null) {
                                value = phonetiSymbol + value;
                            }
                            translateResult.setPhonetiSymbol(value);
                            break;
                        case 4:
                            String example = translateResult.getExample();
                            if (example != null) {
                                value = example + value;
                            }
                            translateResult.setExample(value);
                            break;
                    }
                }
                break;
            case    XmlPullParser.END_TAG:
                stack.pop();
                break;
        }
    }
    eventType = parser.next();
    return translateResult;
}
```

上述代码可见，Pull 方式解析 XML 与 Sax 方式解析 XML 基本上是一致的，首先调用 XmlPullParserFactory 类的 newInstance()方法获得 XmlPullParserFactory 对象，该方法为静态方法；然后调用 XmlPullParserFactory 类的 newPullParser()方法获得 XmlPullParser 对象，Pull 方式的解析需要依赖 XmlPullParser 对象进行。XmlPullParser 类的 getEventType()方法可以获得当前解析的事件类型，可以使用循环来解析。在循环体内部，根据事件类型作相应的处理，事件处理完成后，调用 XmlPullParser 类的 next()方法使其继续解析，当解析到 END_DOCUMENT 事件时即表示整个 XML 文档解析完成。

11.3.3 JSON 数据解析

除了 XML 格式的数据，常用的数据格式还有 JSON 形式，比如现在常用的 Restful 风格的接口响应数据即为 JSON 格式。JSON 是一种轻量级的数据交换格式，与 XML 一样，广泛被采用在客户端和服务端交互的解决方案，具有良好的可读性和便于快速编写的特性。JSON 和 XML 对比如下：

(1) JSON 和 XML 的数据可读性基本相同。

(2) JSON 和 XML 同样拥有丰富的解析手段。

(3) JSON 相对于 XML 来讲，数据的体积小。

(4) JSON 与 JavaScript 的交互更加方便。

(5) JSON 对数据的描述性比 XML 差。

(6) JSON 的速度要远远快于 XML。

总体来说，JSON 数据比 XML 数据有更小的体积，在网络传输时更节省流量，但是 JSON 不如 XML 直观，可读性比 XML 稍微差一些。在 Android 中提供了便捷的解析 JSON 数据的工具类，这些 API 都存在于 org.json 包下，常用的类有如下几个：

(1) JSONObject：JSON 对象，可以完成 JSON 字符串与 Java 对象的相互转换。

(2) JSONArray：JSON 数组，可以完成 JSON 字符串与 Java 集合或对象的相互转换。

(3) JSONStringer：JSON 文本构建类，可以快速和便捷地创建 JSON 文本，每个 JSONStringer 实体只能对应创建一个 JSON 文本。

(4) JSONTokener：JSON 的解析类。

(5) JSONException：表示 JSON 异常。

将 11.3.2 节中的 XML 数据转换为 JSON 数据可以表示为：

```
{
  "wordKey": "你好", "phonetiSymbol": "nǐ hǎo",
  "example": "hello；how are you"
}
```

下面介绍如何使用 Android 提供的 JSON 相关 API 对其进行解析。代码如下：

```
public TranslateResult translateResultByJSON(String json)
        throws JSONException {
    JSONObject obj = new JSONObject(json);
    TranslateResult translateResult = new TranslateResult();
```

```
        translateResult.setWordKey(obj.optString("wordKey"));
        translateResult.setPhonetiSymbol(obj.optString("phonetiSymbol"));
        translateResult.setExample(obj.optString("example"));
        return translateResult;
    }
```

上述代码，首先调用 JSONObject 类的构造方法，将 JSON 格式字符串作为参数传进去，就可以获得了一个可操作性的 JSONObject 对象。在 JSONObject 类中提供了丰富的方法用于获取 JSON 中的数据，通过这些方法直接获取 Boolean、Double、Int、Long、String、JSONArray 和 JSONObject 数据。在取数据的时候有两种形式，方法名分别以 get 和 opt 开头，区别在于使用 opt 开头的方法，如果对应数据不存在或无法转换为相应的数据类型，则会返回“null”，而 get 开头的方法，当数据不存在或者无法转换为相应的数据类型时，则会抛出 JSONException 异常，因而需要根据实际情况调用这两种方式的方法。

11.4 案例与思考

HTTP 通信是开发中最常见的通信方式。在上面章节中我们使用 HTTP 通信请求了第三方的服务。接下来通过实际案例，编写一个简易的服务端程序，然后通过 Android 客户端进行 HTTP 请求。本案例涉及内容如下：

(1) HTTP 请求。

(2) JSON 的使用。

客户端与服务端进行通信，首先需要对服务端程序进行开发，我们采用开源的 nanohttpd 进行服务端程序模拟，接收客户端请求的请求头信息以及请求方法，然后将这些信息作为响应内容回传给客户端。nanohttpd 是一个建议的轻量级、Java 编写的符合 HTTP 协议的小型库，通过其方法可以方便地定义属于自己的处理逻辑，在开发中可以快速进行测试。接下来使用标准的 Maven 工程来完成服务端程序的创建，pom.xml 的文件内容为：

```
<project xmlns="http://maven.apache.org/POM/4.0.0"
     xmlns:xsi="http://www.w3.org/2001/XMLSchema-instance"
     xsi:schemaLocation="http://maven.apache.org/POM/4.0.0
         https://maven.apache.org/xsd/maven-4.0.0.xsd">
  <modelVersion>4.0.0</modelVersion>
  <groupId>com.nano-server</groupId>
  <artifactId>nano-server</artifactId>
  <version>0.0.1-SNAPSHOT</version>
  <dependencies>
    <dependency>
      <groupId>org.nanohttpd</groupId>
      <artifactId>nanohttpd</artifactId>
      <version>2.3.1</version>
```

```
        </dependency>
        <dependency>
            <groupId>com.alibaba</groupId>
            <artifactId>fastjson</artifactId>
            <version>1.2.58</version>
        </dependency>
    </dependencies>
    <build>
        <plugins>
            <plugin>
                <groupId>org.apache.maven.plugins</groupId>
                <artifactId>maven-compiler-plugin</artifactId>
                <version>3.1</version>
                <configuration>
                    <source>1.8</source>
                    <target>1.8</target>
                    <encoding>UTF-8</encoding>
                </configuration>
            </plugin>
        </plugins>
    </build>
</project>
```

因为响应数据采用 JSON 进行通信，所以在 pom,xml 的依赖中，除了 nanohttpd 的坐标信息外，还添加了 fastjson 快速处理 JSON 数据。fastjson 是阿里巴巴开源的用于 Java 程序中的 JSON 数据处理的三方包。如果不使用 Maven 进行项目创建而采用传统 Java 项目方式，则依赖的三方包可以在 Maven 库中进行搜索，访问地址为：https://search.maven.org/，或者直接访问地址下载。

nanohttpd 下载地址为 https://repo1.maven.org/maven2/org/nanohttpd/nanohttpd/2.3.0/nanohttpd-2.3.0.jar。

fastjson 下载地址为 https://repo1.maven.org/maven2/com/alibaba/fastjson/1.2.58/fastjson-1.2.58.jar。

新建服务端实现类并命名为“NanoServer.java”，完成服务端逻辑的编写。代码如下：

```
public class NanoServer extends NanoHTTPD {

    public NanoServer() throws Exception {
        super(80);
    }

    public Response serve(IHTTPSession session) {
```

```
        JSONObject data = new JSONObject();
        data.put("method", session.getMethod());
        data.put("headers", session.getHeaders());
          return NanoHTTPD.newFixedLengthResponse(Status.OK,
                "application/json; charset=utf-8",
                data.toJSONString());
    }

    public static void main(String[] args) {
        ServerRunner.run(NanoServer.class);
    }
}
```

服务端程序比较简单。继承 NanoHTTPD 类后，构造方法中定义服务端监听端口为 80，然后重写 serve()方法，该方法即为服务端逻辑的处理方法。在该方法中，通过调用 IHTTPSession 的 getMethod()方法和 getHeaders()方法可以获得客户端请求的请求方法与请求头信息，最后将两部分信息封装为一个 JSONObject 对象，通过 newFixedLengthResponse()方法响应给客户端。为了验证服务程序是否正常，启动程序后，通过浏览器进行访问并观察响应数据，如图 11.9 所示。

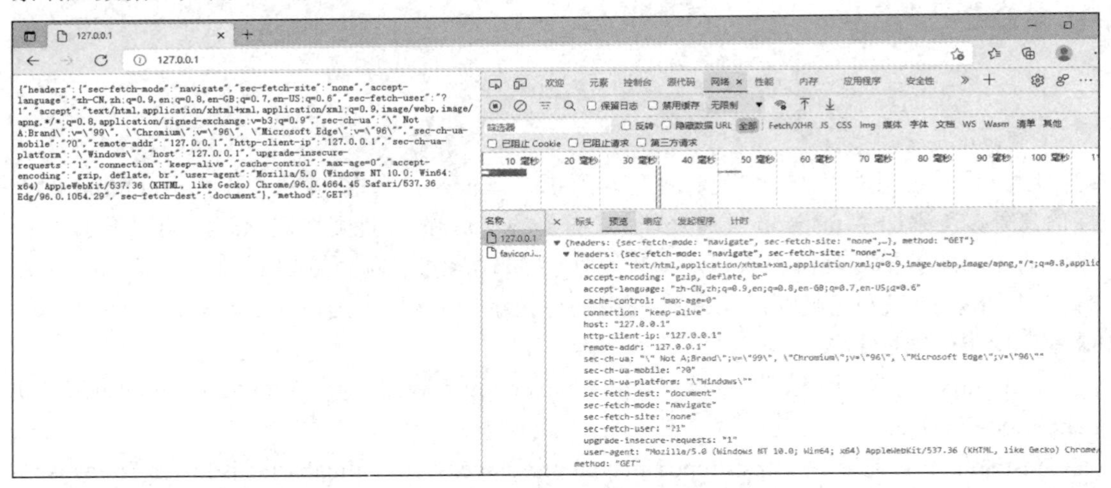

图 11.9　浏览器请求

浏览器访问正常表示服务端是可以正常工作的，复用 11.3.1 小节中编写的程序，修改获取响应数据的逻辑，对 JSON 数据进行解析之后输出到日志。调整后的代码如下所示：

```
public class MainActivity extends AppCompatActivity {
    ...

    static class RequestTask
          extends AsyncTask<String, Void, String> {
      private MainActivity mainActivity;
```

```
private RequestTask(MainActivity mainActivity) {
    this.mainActivity = mainActivity;
}

protected String doInBackground(String... params) {
    HttpURLConnection conn = null;
    try {
        URL url = new URL(params[0]);
        conn = (HttpURLConnection) url.openConnection();
        conn.setInstanceFollowRedirects(true);
        conn.connect();
        InputStream in = conn.getInputStream();
        ByteArrayOutputStream out = new ByteArrayOutputStream();
        byte[] buffer = new byte[512];
        int len = -1;
        while ((len = in.read(buffer)) != -1) {
            out.write(buffer, 0, len);
        }
        in.close();
        String responseTxt = out.toString();
        this.printResponse(responseTxt);
        return responseTxt;
    } catch (Exception e) {
        return e.toString();
    } finally {
        if (conn != null) {
            conn.disconnect();
        }
    }
}

private void printResponse(String dataStr)
        throws JSONException {
    JSONObject data = new JSONObject(dataStr);
    Log.d(TAG, "请求方法:" + data.getString("method"));
    JSONObject headers = data.getJSONObject("headers");
    Iterator<String> iterator = headers.keys();
    Log.d(TAG, "请求头");
```

```
            while (iterator.hasNext()) {
                String key = iterator.next();
                Log.d(TAG, "\t" +key + data.getString(key));
            }
        }
        ...
    }
}
```

输入服务端访问地址，观察日志面板输出内容。需要注意的是：移动设备需要与服务端程序在同一个局域网中，客户端访问地址为服务程序所在机器的 IP 地址，比如服务端程序的机器 IP 地址为 192.168.31.2，则客户端访问地址为 http://192.168.31.2。

在本案例中，了解了通过 Android 客户端请求自己的服务端程序，在数据交互时服务端响应数据为 JSON 格式字符串，客户端对 JSON 数据进行解析。请读者思考客户端如何向服务端发送 JSON 格式数据并尝试将数据结构更改 XML 形式，实现相同的功能。

习　　题

一、选择题

1. 在 TCP/IP 模型中，用于提供网络服务的是(　　)。

A. 网际层　　B. 传输层

C. 网络接口层　　D. 应用层

2. 关于 UDP 的说法，以下不正确的是(　　)。

A. UDP 是一种无连接的传输层协议

B. UDP 协议位于 IP(网际协议)协议的顶层

C. UDP 协议的主要作用是将网络数据流量压缩成数据包的形式

D. UDP 相较于 TCP 需要更多的资源

3. 以下关于 HTTP 的说法错误的是(　　)。

A. HTTP 不支持持久连接

B. HTTP 是一种无状态协议

C. HTTP 规范定义了九种请求方法

D. HTTP 状态码由三个十进制数字组成

4. 下列 HTTP 状态码表示请求资源不存在的是(　　)。

A. 104　　B. 200

C. 302　　D. 404

5. 下列关于 JSON 和 XML 对比，说法错误的是(　　)。

A. JSON 和 XML 的数据可读性基本相同

B. JSON 相对于 XML 来讲，数据的体积小

C. JSON 对数据的描述性比 XML 较好

D. JSON 的速度要远远快于 XML

二、简答题

1. 简述 OSI 参考模型包含哪几部分？
2. 简述 TCP 与 UDP 之间的异同。
3. 简述 HTTP 通信过程。

三、应用题

1. 编写程序，分别模拟使用 TCP 协议传输数据的客户端和服务器端，客户端获取键盘录入的文本数据发送给服务器端，服务器端获取数据后，将文本数据反转，然后反馈给客户端，客户端将反转后的数据打印到控制台。

2. 编写程序，完成 JSON 与 XML 格式数据转换。

第十二章　位置服务与传感器

Android 系统提供了对定位芯片以及传感器设备的支持，通过驱动程序管理这些传感器硬件。如果 Android 兼容设备集成了这些传感器，则可通过 Android 应用程序获取位置信息及传感器数据。

本章学习目标：

1. 了解位置服务的基本用法；
2. 了解常用传感器的用法。

12.1　位置服务简介

基于位置服务(Location Based Services，LBS)是指围绕地理位置数据而展开的服务。它是由移动终端使用无线通信网络(或卫星定位系统)，基于空间数据库，获取用户的地理位置坐标信息，并与其他信息集成以向用户提供所需的与位置相关的增值服务。

服务提供商获得移动对象的位置后，用户可以进行与该位置相关的查询。LBS 是将移动通信技术和定位技术相结合，为用户提供与位置有关的增值服务。用户通过使用移动设备的定位技术来获得自身的地理位置，LBS 根据用户的位置信息和查询信息，通过网络为用户提供与位置相关的各种服务。

根据信息的获取方式不同，位置服务分为主动获取服务和被动接收服务两种。主动获取服务是指用户通过终端设备主动发送明确的服务请求，服务提供商根据用户所处的位置以及用户的需求将信息返回给用户。比如使用高德、百度等地图软件查找周边位置信息的功能就是主动获取服务的实际应用。被动接收服务与主动获取服务相反，用户没有明确发送服务请求，而是当用户到达某一地点时，服务提供商自动将相关信息发送给用户。最常见的就是当我们到达某一城市时就会收到对应城市的欢迎信息。

位置服务的共同特点是服务提供的过程：首先用户定位，然后将位置信息以及上下文信息传输给信息处理中心，通过上下文信息查询相关服务，最后将服务提供给用户。位置服务的主要特点包括：

(1) 覆盖范围广。对于 LBS 服务体系，企业不仅要求定位服务需要覆盖足够大的范围，而且要将室内也进行全覆盖，这是因为 LBS 的设备或者用户大部分时间都是处于室内的，所以需要保证可以覆盖每个角落。

(2) 定位精度高。根据不同用户的需求提供不同程度的精确服务，并且用户可以灵活地选择精确度，这是手机定位的一种优势。

(3) 操作简便。LBS 功能主要基于 Web 服务器和 LDAP 服务器二者之上。

(4) 应用广泛。LBS 包含很多内容，多个行业、多个领域都在应用 LBS 服务，可以根据服务对象的特点分为家庭应用、行业应用、公共安全应用和运营商内部应用。

12.2　位置服务基本用法

12.2.1　定位

使用位置服务最基本的要求就是定位，即确定自己所处的地理位置。在移动设备中，可以使用 GPS (Global Positioning System，全球定位系统又称全球卫星定位系统)。GPS 广泛应用军事、物流、地理、移动电话、航空等领域，具有非常强大的功能。

Android 提供了用于定位相关的 API，可以获取设备信息，其中最核心的一个类就是 LocationManager，可以通过调用 Context 类的 getSystemService()方法获取。代码片段如下：

```
LocationManager locationManager = (LocationManager)
    getSystemService(Context.LOCATION_SERVICE);
```

Android 提供了三种位置提供器，分别为 GPS_PROVIDER、NETWORK_PROVODER 和 PASSIVE_PROVIDER。通常情况下会使用前两者进行定位服务，分别表示 GPS 定位和网络定位。GPS 定位就是利用前面介绍的全球定位系统进行定位，定位精度比较高，但是设备的功耗也相对较高，比较耗电；基于网络的定位是利用基站等信息确定位置，定位精度较低，但是耗电量比较少，因此会根据实际情况对定位服务进行切换。当只需要大概位置时可以选择网络定位，当需要精确位置，比如在导航场景时更应该选择 GPS 定位。不管是哪种定位服务都需要用户在设置中的位置信息中进行配置，如图 12.1 所示。

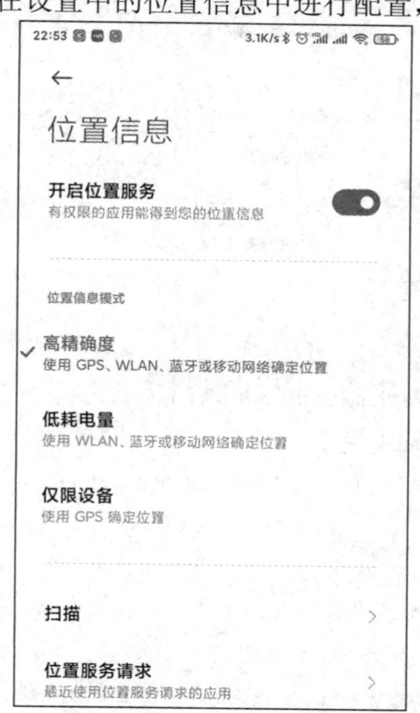

图 12.1　位置服务

下面通过实际的例子来获取地理位置信息。代码如下：

```
<?xml version="1.0" encoding="utf-8"?>
<LinearLayout
    xmlns:android="http://schemas.android.com/apk/res/android"
    android:layout_width="match_parent"
    android:layout_height="match_parent"
    android:orientation="vertical">
    <TextView
        android:id="@+id/locationText"
        android:layout_width="match_parent"
        android:layout_height="wrap_content" />
</LinearLayout>
```

布局文件比较简单，使用一个 TextView 用于显示定位信息，然后编写对应的 Activity 代码。

```
public class MainActivity extends AppCompatActivity {
    private TextView locationText = null;
    private static final int REQUEST_ACCESS_LOCATION = 200;
    private boolean permissionToRecordAccepted = false;
    private String[] permissions =
            { Manifest.permission.ACCESS_FINE_LOCATION,
            Manifest.permission.ACCESS_COARSE_LOCATION };
    private LocationManager locationManager = null;
    private LocationListener locationListener =
            new LocationListener() {
        public void onLocationChanged(Location location) {
            MainActivity.this.locationText.setText(
                    "Latitude:" + location.getLatitude()
                    + "\nLongitude:" + location.getLongitude());
        }
    };

    public void onRequestPermissionsResult(int requestCode,
            String[] permissions, int[] grantResults) {
        super.onRequestPermissionsResult(requestCode, permissions,
                grantResults);
        switch (requestCode) {
            case REQUEST_ACCESS_LOCATION:
                permissionToRecordAccepted =
                        grantResults[0] == PackageManager.PERMISSION_GRANTED
                        && grantResults[1] ==
                            PackageManager.PERMISSION_GRANTED;
```

```
            break;
        }
        if (!permissionToRecordAccepted) {
            finish();
            return;
        }
        this.requestLocation();
    }

    @SuppressLint("MissingPermission")
    private void requestLocation() {
        this.locationManager = (LocationManager)
            getSystemService(Context.LOCATION_SERVICE);
        //获得可用位置服务
        List<String> providers = this.locationManager
            .getProviders(true);
        String provider;
        if (providers.contains(LocationManager.GPS_PROVIDER)) {
            provider = LocationManager.GPS_PROVIDER;
        } else if (providers.contains(
            LocationManager.NETWORK_PROVIDER)) {
            provider = LocationManager.NETWORK_PROVIDER;
        } else {
            Toast.makeText(this, "没有可用位置服务",
                Toast.LENGTH_SHORT).show();
            finish();
            return;
        }
            Location location = this.locationManager
              .getLastKnownLocation(provider);
        if (location != null) {
            this.locationText.setText(
                "Latitude:" + location.getLatitude()
                + "\nLongitude:" + location.getLongitude());
        }
        this.locationManager.requestLocationUpdates(provider,
            5000, 1, locationListener);
    }

    protected void onCreate(Bundle savedInstanceState) {
```

```
        super.onCreate(savedInstanceState);
        setContentView(R.layout.activity_main);
        this.locationText = this.findViewById(R.id.locationText);
        ActivityCompat.requestPermissions(this, permissions,
                REQUEST_ACCESS_LOCATION);
    }

    protected void onDestroy() {
        super.onDestroy();
        if (locationManager != null) {
            locationManager.removeUpdates(locationListener);
        }
    }
}
```

用户位置信息属于用户隐私数据，当需要使用位置服务时，要在运行时申请位置权限。在示例中，申请了两个位置相关的权限，分别为 ACCESS_FINE_LOCATION 和 ACCESS_COARSE_LOCATION，这两个权限对应的定位的精度不同。

(1) ACCESS_COARSE_LOCATION：提供设备位置的估算值，将范围限定在大约 1.6 km 内。

(2) ACCESS_FINE_LOCATION：提供尽可能准确的设备位置估算值，通常将范围限定在大约 50 m 内，有时可以精确到几米范围以内。

当确认用户授权后，调用 Context 类的 getSystemService()方法获得 LocationManager 对象，然后通过调用该对象的 getProviders()方法获得已启用的位置提供器，当没有合适的位置提供器时结束程序运行。确定好了位置提供器，将其作为参数传入 LocationManager 类的 getLastKnownLocation()方法中可以获得一个 Location 对象，在该对象中包含了经度、纬度、海拔高度等信息。由于设备的位置是变化的，当获得一次 Location 对象后，位置可能会发生改变，因此需要定义一个 LocationListener 监听位置的变化。调用 LocationManager 类 requestLocationUpdates()方法可以注册位置监听器，并设置位置提供器、间隔时间等信息。当位置发生改变时，会触发 LocationListener 类的 onLocationChanged()方法，该方法可以显示最新的位置信息。运行结果如图 12.2 所示。

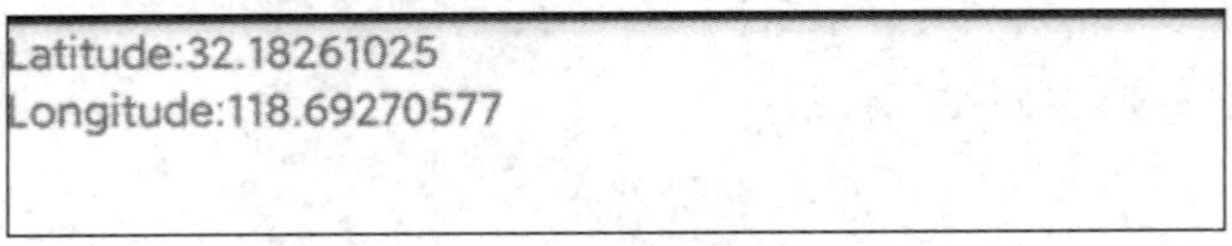

Latitude:32.18261025
Longitude:118.69270577

图 12.2 定位运行界面

12.2.2 反向地理编码

在 12.2.1 节中，通过 LocationManager 获得了原始的经纬度信息，一般在使用带有定位功能的应用时，会显示当前实际的位置信息。仅仅通过经纬度并不能知道位置信息，经纬度信息只有对专业人士才有意义，这时就需要通过反向地理编码，将设备获得的原始经纬度信息转换为实际的位置信息。

反向地理编码是将点位置(纬度、经度)反向编码为可读地址或地名的过程。允许识别附近的街道地址，对地点或区域进行细分，如社区、县、州或国家。与地理编码和路由服务相结合，反向地理编码是基于移动位置服务的关键组成部分，可将 GPS 获得的坐标转换为可读的街道地址，最终用户更易于理解。

在谷歌地图中，提供了 Deocoding API，但是由于国内限制，我们无法使用，因此当需要反向地理编码时，可以选择常用的地图工具，申请成为开发者后即可获得相应的反向地理编码的接口权限。下面介绍百度地图的反向地理编码的实现方式。

在百度地图中，反向地理编码称为全球逆地理编码服务(又名 Geocoder)，是一类 Web API 接口服务。逆地理编码服务提供将坐标点(经纬度)转换为对应位置信息(如所在行政区划、周边地标点分布)功能。服务同时支持全球行政区划位置描述及周边地标 POI 数据召回(包括中国在内的全球 200 多个国家和地区)；API 接口文档地址为 https://lbsyun.baidu.com/ index.php?title=webapi/guide/webservice-geocoding-abroad。

使用百度地图服务，首先需要按照流程注册成为百度的开发者，注册过程不再赘述。注册成功后，可以登录控制台创建一个应用，在应用的启用服务中，必须要勾选逆地理编码，否则在调用 API 时会被拒绝，如图 12.3 所示。

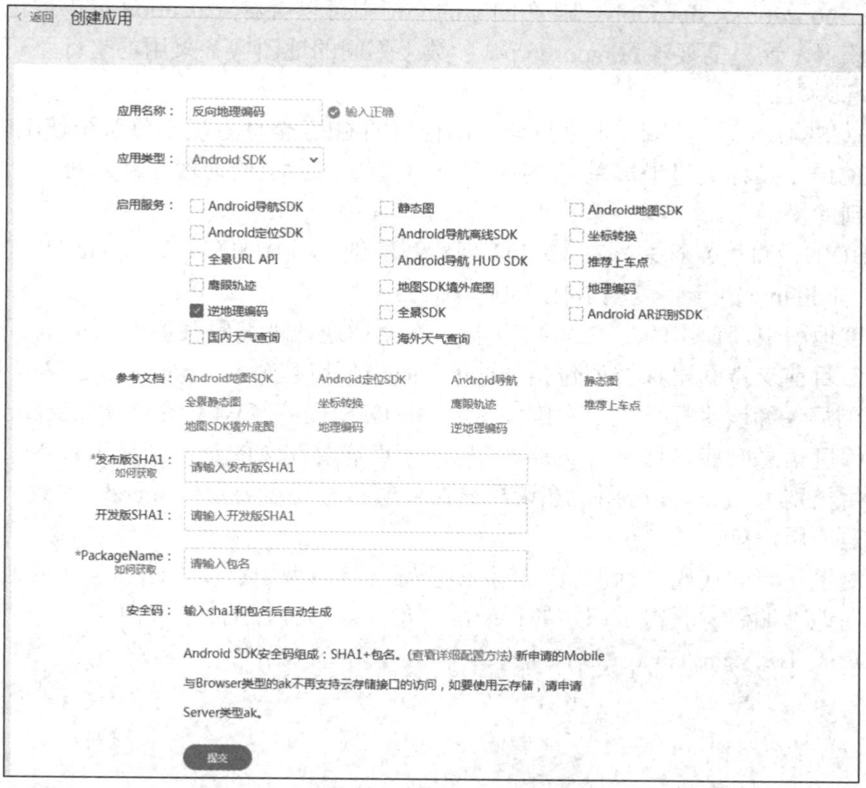

图 12.3　百度地图服务

准备工作完成后，我们来看一下接口文档的参数规则，在服务文档中可以查看接口地址、请求与响应的参数格式等信息，如图 12.4 所示。

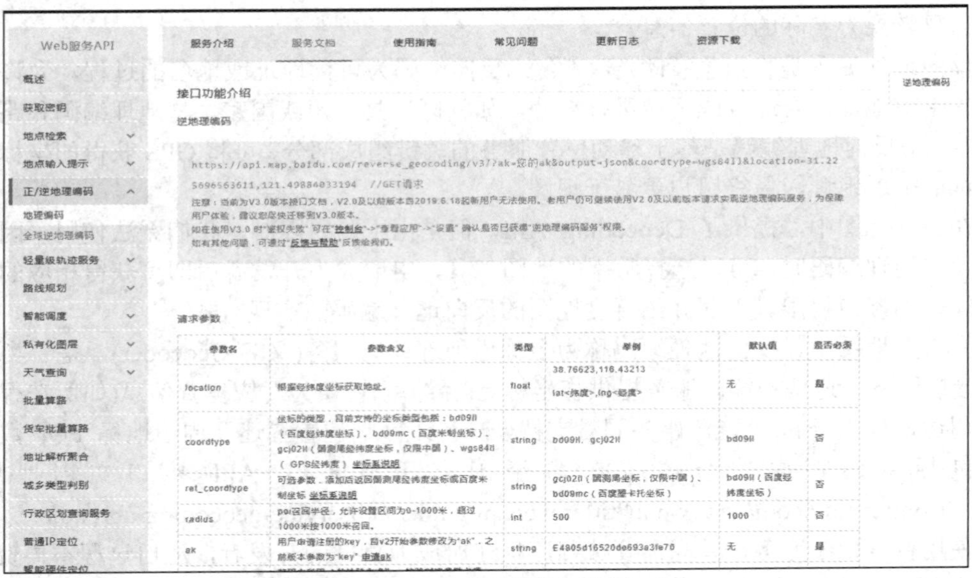

图 12.4 百度地图接口文档

因为只是简单地将 GPS 的经纬度反向编码为可识别的行政区划信息，所以需要关心的参数有 ak、coordtype、location。ak 在创建的应用中可以查看，location 可以通过上一节的示例程序获得，这里需要注意 coordtype 参数，不同的地图服务采用的坐标系可能不同，常用的坐标系有：

(1) WGS84：大地坐标系，也是目前广泛使用的 GPS 全球卫星定位系统使用的坐标系。

(2) GCJ02：又称火星坐标系，是由中国国家测绘局制定的地理坐标系统，是由 WGS84 加密后得到的坐标系。

(3) BD09：百度坐标系，在 GCJ02 坐标系基础上再次加密。其中 bd09ll 表示百度经纬度坐标，bd09mc 表示百度墨卡托米制坐标。

在百度地图中，使用的是 BD09ll 坐标。在全球逆地理编码服务中，coordtype 表示坐标的类型，目前支持的坐标类型包括 bd09ll(百度经纬度坐标)、bd09mc(百度米制坐标)、gcj02ll(国测局经纬度坐标，仅限中国)、wgs84ll(GPS 经纬度)等。在使用 LocationManager 获得的经纬度信息时应该选择 wgs84ll。另外一点需要注意的是：当调用该接口服务时，创建的应用类别为 android 应用，在请求该接口服务时还需要上传 mcode 参数，该参数的值对应的是应用信息中的安全码。

下面对上一节的代码进行调整，当获得位置信息后调用百度地图的全球逆地理编码服务进行反向地理编码，获得可识别的行政区划信息。修改后的代码如下：

```
public class MainActivity extends AppCompatActivity {
    ...
    private RequestTask requestTask = null;

    private void geocoder(Location location) {
        if (this.requestTask != null) {
            this.requestTask.cancel(true);
```

```
            return;
        }
        this.requestTask = new RequestTask(this);
        this.requestTask.execute(location);
    }
    static class RequestTask
            extends AsyncTask<Location, Void, String> {
        private MainActivity mainActivity;

        private RequestTask(MainActivity mainActivity) {
            this.mainActivity = mainActivity;
        }

        protected String doInBackground(Location... params) {
            HttpURLConnection conn = null;
            try {
                String api =
                        "https://api.map.baidu.com/reverse_geocoding/v3/";
                String ak = "";
                String mcode = "";
                Location location = params[0];
                URL url = new URL(api + "?ak=" + ak
                        + "&output=json&coordtype=wgs84ll&location="
                        + location.getLatitude() + ","
                        + location.getLongitude() + "&mcode=" + mcode);
                conn = (HttpURLConnection) url.openConnection();
                conn.setInstanceFollowRedirects(true);
                conn.connect();
                InputStream in = conn.getInputStream();
                ByteArrayOutputStream out = new ByteArrayOutputStream();
                byte[] buffer = new byte[512];
                int len = -1;
                while ((len = in.read(buffer)) != -1) {
                    out.write(buffer, 0, len);
                }
                in.close();
                return out.toString();
            } catch (Exception e) {
                return e.toString();
            } finally {
```

```
                if (conn != null) {
                    conn.disconnect();
                }
            }
        }

        protected void onPostExecute(String result) {
            if (result != null) {
                try {
                    JSONObject obj = new JSONObject(result);
                    if ("0" == obj.optString("status")) {
                        mainActivity.locationText.setText(
                                obj.getString("formatted_address"));
                    } else {
                        mainActivity.locationText
                                .setText("获取地理位置失败");
                    }
                } catch (JSONException e) {
                    e.printStackTrace();
                    mainActivity.locationText.setText("获取地理位置失败");
                }
            }
            mainActivity.requestTask = null;
        }
    }
}
```

代码中，新增一个 geocoder()方法，将获得的 Location 对象作为参数传入 geocoder()方法中，然后通过 AsyncTask 进行网络请求。在 doInBackground()方法中，需要将 ak、mcode 更改为实际应用的参数，然后请求百度全球逆地理编码服务，将 GPS 定位的经纬度信息反向编码为结构化地址信息。因为涉及网络通信，所以需要在清单文件中添加 INTERNET 权限。运行程序，获取到位置信息后会显示结构化的地址信息。

12.3 传感器简介

大多数 Android 设备都有内置传感器，用来测量运动、屏幕方向和各种环境条件。这些传感器能够提供高精度的原始数据，非常适合用来监测设备的三维移动或定位，或监测设备周围环境的变化。例如，游戏可以跟踪设备重力传感器的读数，以推断出复杂的用户手势和动作，如倾斜、摇晃、旋转或挥动。同样，天气应用可以使用设备的温度传感器和湿度传感器来计算和报告露点，旅行应用则可以使用地磁场传感器和加速度计来报告罗盘方位。

利用 Android 传感器框架，可以访问多种类型的传感器。有些传感器基于硬件，有些基于软件。基于硬件的传感器是内置在手机或平板设备中的物理组件，这类传感器通过直接测量特定的环境属性(如加速度、地磁场强度或角度变化)来采集数据。基于软件的传感器不是物理设备，只是模仿基于硬件的传感器，从一个或多个基于硬件的传感器获取数据，有时被称为虚拟传感器或合成传感器。总的来说，Android 平台支持三大类传感器。

(1) 动态传感器：这类传感器测量三个轴向上的加速力和旋转力，包含加速度计、重力传感器、陀螺仪和旋转矢量传感器。

(2) 环境传感器：这类传感器测量各种环境参数，如环境气温、气压、照度和湿度，包含气压计、光度计和温度计。

(3) 位置传感器：这类传感器测量设备的物理位置，包含屏幕方向传感器和磁力计。

Android 中支持很多传感器，但是很少有 Android 设备拥有所有类型的传感器。下面对比较常见的传感器进行介绍。Android 中支持的传感器见表 12.1。

表 12.1　Android 中支持的传感器

传 感 器	类型	说　明
TYPE_ACCELEROMETER	硬件	测量在所有三个物理轴向(x、y 和 z)上施加在设备上的加速度(包括重力加速度)，以 m/s^2 为单位
TYPE_AMBIENT_TEMPERATURE	硬件	以摄氏度(℃)为单位测量环境室温
TYPE_GRAVITY	软件或硬件	测量在所有三个物理轴向(x、y、z)上施加在设备上的重力加速度，单位为 m/s^2
TYPE_GYROSCOPE	硬件	测量设备在三个物理轴向(x、y 和 z)上的旋转速率，以 rad/s 为单位
TYPE_LIGHT	硬件	测量环境光级(照度)，以 lx 为单位
TYPE_LINEAR_ACCELERATION	软件或硬件	测量在所有三个物理轴向(x、y 和 z)上施加在设备上的加速度(不包括重力加速度)，以 m/s^2 为单位
TYPE_MAGNETIC_FIELD	硬件	测量所有三个物理轴向(x、y、z)上的环境地磁场，以 μT 为单位
TYPE_ORIENTATION	软件	测量设备围绕所有三个物理轴(x、y、z)旋转的度数。从 API 级别 3 开始，可以结合使用重力传感器、地磁场传感器和 getRotationMatrix()方法来获取设备的倾角矩阵和旋转矩阵
TYPE_PRESSURE	硬件	测量环境气压，以 hPa 或 mbar 为单位
TYPE_PROXIMITY	硬件	测量物体相对于设备显示屏幕的距离，以 cm 为单位。该传感器通常用于确定手机是否被举到人的耳边
TYPE_RELATIVE_HUMIDITY	硬件	测量环境的相对湿度，以百分比(%)表示
TYPE_ROTATION_VECTOR	软件或硬件	通过提供设备旋转矢量的三个元素来检测设备的屏幕方向
TYPE_TEMPERATURE	硬件	测量设备的温度，以摄氏度(℃)为单位。该传感器的实现因设备而异。在 API 级别 14 中，该传感器已被 TYPE_AMBIENT_TEMPERATURE 传感器取代

Android 传感器框架提供了几个方法，可以获得设备中支持的传感器。对传感器的操作首先需要获得 SensorManager 类的实例。该实例可以通过 Context 类的 getSystemService() 方法并传入 SENSOR_SERVICE 参数来创建。代码如下：

```
public class MainActivity extends AppCompatActivity {
  protected void onCreate(Bundle savedInstanceState) {
    super.onCreate(savedInstanceState);
    setContentView(R.layout.activity_main);
    SensorManager sensorManager = (SensorManager)
        getSystemService(Context.SENSOR_SERVICE);
    List<Sensor> deviceSensors =
        sensorManager.getSensorList(Sensor.TYPE_ALL);
    Log.i("MainActivity", "device sensors........");
    for (Sensor sensor : deviceSensors) {
      Log.i("MainActivity", "name:" + sensor.getName()
          + ", type:" + sensor.getStringType() + ", vendor:"
          + sensor.getVendor());
    }
  }
}
```

调用 SensorManager 类的 getSensorList()方法，参数使用 Sensor.TYPE_ALL 获得设备中所有的传感器信息。运行结果如图 12.5 所示。

```
device sensors........
name:ICM20690 Accelerometer, type:android.sensor.accelerometer, vendor:InvenSense
name:ICM20690 Accelerometer Uncalibrated -Wakeup, type:android.sensor.accelerometer_uncalibrated, vendor:InvenSense
name:AK09918 Magnetometer, type:android.sensor.magnetic_field, vendor:AKM
name:AK09918 Magnetometer Uncalibrated, type:android.sensor.magnetic_field_uncalibrated, vendor:AKM
name:ICM20690 Gyroscope, type:android.sensor.gyroscope, vendor:InvenSense
name:ICM20690 Gyroscope Uncalibrated, type:android.sensor.gyroscope_uncalibrated, vendor:InvenSense
name:BMP285 Pressure, type:android.sensor.pressure, vendor:BOSCH
name:ICM20690 Accelerometer -Wakeup Secondary, type:android.sensor.accelerometer, vendor:InvenSense
name:ICM20690 Accelerometer Uncalibrated -Wakeup Secondary, type:android.sensor.accelerometer_uncalibrated,

name:AK09918 Magnetometer -Wakeup Secondary, type:android.sensor.magnetic_field, vendor:AKM
name:AK09918 Magnetometer Uncalibrated -Wakeup Secondary, type:android.sensor.magnetic_field_uncalibrated,

name:ICM20690 Gyroscope -Wakeup Secondary, type:android.sensor.gyroscope, vendor:InvenSense
name:ICM20690 Gyroscope Uncalibrated -Wakeup Secondary, type:android.sensor.gyroscope_uncalibrated,

name:BMP285 Pressure -Wakeup Secondary, type:android.sensor.pressure, vendor:BOSCH
name:Gravity, type:android.sensor.gravity, vendor:QTI
name:Linear Acceleration, type:android.sensor.linear_acceleration, vendor:QTI
name:Rotation Vector, type:android.sensor.rotation_vector, vendor:QTI
name:Step Detector, type:android.sensor.step_detector, vendor:QTI
name:Step Counter, type:android.sensor.step_counter, vendor:QTI
```

图 12.5　传感器信息

如果想获得特定类型的所有传感器，可以使用其他常量来代替 TYPE_ALL，如 TYPE_GYROSCOPE、TYPE_LINEAR_ACCELERATION 或 TYPE_GRAVITY。还可

以使用 SensorManager 类的 getDefaultSensor()方法并传入特定传感器的类型常量，来确定设备上是否存在相关类型的传感器。如果设备上有多个特定类型的传感器，则必须将其中一个指定为默认传感器。如果没有指定默认传感器，则该方法调用会返回“null”，这表示设备没有该类型的传感器。例如，检查设备上是否有磁力计传感器，代码可以这样写：

```
SensorManager sensorManager = (SensorManager)
    getSystemService(Context.SENSOR_SERVICE);
if (sensorManager.getDefaultSensor(Sensor.TYPE_MAGNETIC_FIELD)
    != null){
  // 存在磁力计传感器
} else {
  // 不存在磁力计传感器
}
```

上述代码获得需要的传感器后，可以使用 SensorEventListener 监控传感器事件，当传感器数据发生改变后会对相应的方法进行回调。SensorEventListener 中有两个回调方法：onAccuracyChanged()和 onSensorChanged()。Android 系统在发生以下情况时调用这两个方法：

(1) 传感器的准确度发生了变化。这种情况下，系统会调用 onAccuracyChanged()方法，提供对于发生变化的 Sensor 对象的引用以及传感器的新准确度。准确度由以下四个状态常量之一表示：SENSOR_STATUS_ACCURACY_LOW、SENSOR_STATUS_ACCURACY_MEDIUM、SENSOR_STATUS_ACCURACY_HIGH 或 SENSOR_STATUS_UNRELIABLE。

(2) 传感器报告了新值。这种情况下，系统会调用 onSensorChanged()方法，提供 SensorEvent 对象。SensorEvent 对象包含关于新传感器数据的信息，包括数据的准确度、生成数据的传感器、生成数据的时间戳以及传感器记录的新数据。

12.4　常用传感器

12.4.1　光照传感器

Android 平台提供了四种传感器，用来监控各种环境属性，可以使用这些传感器来监控设备附近的相对环境湿度、照度、环境压力和环境温度。大多数设备制造商都会使用光传感器来控制屏幕亮度，光照传感器也是 Android 设备中支持的环境传感器类中的一种。

大多数动态传感器和位置传感器会为每个 SensorEvent 返回传感器值的多维数组，而与之不同的是，环境传感器只为每个数据事件返回一个传感器值，如以℃为单位的温度或以 hPa 为单位的压力。此外，动态传感器和位置传感器通常需要高通或低通滤波，而环境传感器一般不需要任何数据滤波或数据处理。Android 平台支持的环境传感器以及数据信息见表 12.2。

表 12.2 环境传感器以及数据信息

传 感 器	传感器事件数据	度量单位	数据说明
TYPE_AMBIENT_TEMPERATURE	event.values[0]	℃	环境空气温度
TYPE_LIGHT	event.values[0]	lx	照度
TYPE_PRESSURE	event.values[0]	hPa 或 mbar	环境空气压力
TYPE_RELATIVE_HUMIDITY	event.values[0]	%	环境相对湿度

下面通过示例来看一下光照传感器的使用。代码如下：

```
public class MainActivity extends AppCompatActivity
        implements SensorEventListener {
    private SensorManager sensorManager;
    private Sensor sensor;

    protected void onCreate(Bundle savedInstanceState) {
        super.onCreate(savedInstanceState);
        setContentView(R.layout.activity_main);
        this.sensorManager = (SensorManager)
                getSystemService(Context.SENSOR_SERVICE);
        this.sensor = sensorManager.getDefaultSensor(Sensor.TYPE_LIGHT);
    }

    public void onSensorChanged(SensorEvent event) {
        Log.i("MainActivity", "onSensorChanged: " + event.values[0]);
    }

    public void onAccuracyChanged(Sensor sensor, int accuracy) {
    }

    protected void onResume() {
        super.onResume();
        sensorManager.registerListener(this, this.sensor,
                SensorManager.SENSOR_DELAY_NORMAL);
    }

    protected void onPause() {
        super.onPause();
        sensorManager.unregisterListener(this);
    }
}
```

上述代码中，我们获得 SensorManager 实例后，调用 SensorManager 类的 getDefaultSensor()

方法并传入 Sensor.TYPE_LIGHT 获取光照传感器，在 Activity 的 onResume()方法中对传感器事件监听器进行注册，在 onPause()方法中对传感器监听器取消注册。在传感器监听器的回调方法中，只需要处理 onSensorChanged()方法，传感器原始数据信息会封装为一个数组。对于环境类传感器数据而言，只要取数组中的第一个元素即可，该数据即为传感器的原始数据信息。在上面的示例中，获得的数据就是当前设备的光照信息，改变设备所属环境光照强度，可以观察日志中输出数据的变化。运行结果如图 12.6 所示。

```
I/MainActivity: onSensorChanged: 5.1428986
I/MainActivity: onSensorChanged: 9.584274
I/MainActivity: onSensorChanged: 4.232422
I/MainActivity: onSensorChanged: 4.0503235
I/MainActivity: onSensorChanged: 8.253128
I/MainActivity: onSensorChanged: 6.522629
I/MainActivity: onSensorChanged: 7.3213196
I/MainActivity: onSensorChanged: 2.9356384
I/MainActivity: onSensorChanged: 158.14062
I/MainActivity: onSensorChanged: 151.7511
I/MainActivity: onSensorChanged: 153.21536
I/MainActivity: onSensorChanged: 153.4816
```

图 12.6　光照传感器运行日志

12.4.2　加速度传感器

了解了光照传感器的用法，其他传感器的开发流程基本上是一致的，只是在数据获取时存在差异。Android 平台提供多种传感器，可以监视设备的运动。

传感器的可能架构因传感器类型而异：重力、线性加速度、旋转矢量、有效运动、计步器和步测器传感器可能基于硬件，也可能基于软件；加速度计传感器和陀螺仪传感器始终基于硬件。

大多数 Android 设备都配有加速度计，所有运动传感器都为每个 SensorEvent 返回传感器值的多维数组。Android 平台支持的运动传感器以及数据信息见表 12.3。

表 12.3　运动传感器以及数据信息

传 感 器	传感器事件数据	说　明	度量单位
TYPE_ACCELEROMETER	SensorEvent.values[0]	沿 X 轴的加速度(包括重力加速度)	m/s^2
	SensorEvent.values[1]	沿 Y 轴的加速度(包括重力加速度)	
	SensorEvent.values[2]	沿 Z 轴的加速度(包括重力加速度)	
TYPE_ACCELEROMETER_UNCALIBRATED	SensorEvent.values[0]	沿 X 轴测量的加速度，没有任何偏差补偿	m/s^2
	SensorEvent.values[1]	沿 Y 轴测量的加速度，没有任何偏差补偿	
	SensorEvent.values[2]	沿 Z 轴测量的加速度，没有任何偏差补偿	
	SensorEvent.values[3]	沿 X 轴测量的加速度，并带有估算的偏差补偿	

续表

<table>
<tr><th>传 感 器</th><th>传感器事件数据</th><th>说 明</th><th>度量单位</th></tr>
<tr><td rowspan="2">TYPE_ACCELEROMETER_UNCALIBRATED</td><td>SensorEvent.values[4]</td><td>沿 Y 轴测量的加速度，并带有估算的偏差补偿</td><td rowspan="2"></td></tr>
<tr><td>SensorEvent.values[5]</td><td>沿 Z 轴测量的加速度，并带有估算的偏差补偿</td></tr>
<tr><td rowspan="3">TYPE_GRAVITY</td><td>SensorEvent.values[0]</td><td>沿 X 轴的重力加速度</td><td rowspan="3">m/s^2</td></tr>
<tr><td>SensorEvent.values[1]</td><td>沿 Y 轴的重力加速度</td></tr>
<tr><td>SensorEvent.values[2]</td><td>沿 Z 轴的重力加速度</td></tr>
<tr><td rowspan="3">TYPE_GYROSCOPE</td><td>SensorEvent.values[0]</td><td>绕 X 轴的旋转速率</td><td rowspan="3">rad/s</td></tr>
<tr><td>SensorEvent.values[1]</td><td>绕 Y 轴的旋转速率</td></tr>
<tr><td>SensorEvent.values[2]</td><td>绕 Z 轴的旋转速率</td></tr>
<tr><td rowspan="6">TYPE_GYROSCOPE_UNCALIBRATED</td><td>SensorEvent.values[0]</td><td>绕 X 轴的旋转速率(无漂移补偿)</td><td rowspan="6">rad/s</td></tr>
<tr><td>SensorEvent.values[1]</td><td>绕 Y 轴的旋转速率(无漂移补偿)</td></tr>
<tr><td>SensorEvent.values[2]</td><td>绕 Z 轴的旋转速率(无漂移补偿)</td></tr>
<tr><td>SensorEvent.values[3]</td><td>绕 X 轴的估算漂移</td></tr>
<tr><td>SensorEvent.values[4]</td><td>绕 Y 轴的估算漂移</td></tr>
<tr><td>SensorEvent.values[5]</td><td>绕 Z 轴的估算漂移</td></tr>
<tr><td rowspan="3">TYPE_LINEAR_ACCELERATION</td><td>SensorEvent.values[0]</td><td>沿 X 轴的加速力(不包括重力)</td><td rowspan="3">m/s^2</td></tr>
<tr><td>SensorEvent.values[1]</td><td>沿 Y 轴的加速力(不包括重力)</td></tr>
<tr><td>SensorEvent.values[2]</td><td>沿 Z 轴的加速力(不包括重力)</td></tr>
<tr><td>TYPE_ROTATION_VECTOR</td><td>SensorEvent.values[0]</td><td>沿 X 轴的旋转矢量分量$\left(x\sin\frac{\theta}{2}\right)$</td><td>无单位</td></tr>
<tr><td rowspan="3">TYPE_ROTATION_VECTOR</td><td>SensorEvent.values[1]</td><td>沿 Y 轴的旋转矢量分量$\left(y\sin\frac{\theta}{2}\right)$</td><td rowspan="3">无单位</td></tr>
<tr><td>SensorEvent.values[2]</td><td>沿 Z 轴的旋转矢量分量$\left(z\sin\frac{\theta}{2}\right)$</td></tr>
<tr><td>SensorEvent.values[3]</td><td>旋转矢量的标量分量$\left(\cos\frac{\theta}{2}\right)$</td></tr>
<tr><td>TYPE_SIGNIFICANT_MOTION</td><td>不适用</td><td>不适用</td><td>不适用</td></tr>
<tr><td>TYPE_STEP_COUNTER</td><td>SensorEvent.values[0]</td><td>已激活传感器最后一次重新启动以来用户迈出的步数</td><td>步数</td></tr>
<tr><td>TYPE_STEP_DETECTOR</td><td>不适用</td><td>不适用</td><td>不适用</td></tr>
</table>

下面通过示例来看看加速度传感器的使用。代码如下：

```
public class MainActivity extends AppCompatActivity
      implements SensorEventListener {
   protected void onCreate(Bundle savedInstanceState) {
      ...
      this.sensor = sensorManager
            .getDefaultSensor(Sensor.TYPE_ACCELEROMETER);
   }

   public void onSensorChanged(SensorEvent event) {
      Log.i("MainActivity", "onSensorChanged: x:"
            + event.values[0] + ", y:" + event.values[1]
            + ", z:" + event.values[2]);
   }
}
```

上述代码中，只需要对 onSensorChanged()方法进行调整，取出相应的数据就可以实现传感器的切换。这里需要注意的是：因为地心引力的影响，手机必然会存在一个重力加速度，所以当手机平放在桌面上静止时，在 Z 轴方向上依然会有重力加速度的存在。运行结果如图 12.7 所示。

```
lainActivity: onSensorChanged: x:-0.099121094, y:0.12283325, z:9.657379
lainActivity: onSensorChanged: x:-0.09791565, y:0.12043762, z:9.657364
lainActivity: onSensorChanged: x:-0.096725464, y:0.12043762, z:9.659775
lainActivity: onSensorChanged: x:-0.10510254, y:0.11924744, z:9.668152
lainActivity: onSensorChanged: x:-0.09074402, y:0.13241577, z:9.656174
lainActivity: onSensorChanged: x:-0.10270691, y:0.13360596, z:9.6597595
lainActivity: onSensorChanged: x:-0.09552002, y:0.12164307, z:9.663361
lainActivity: onSensorChanged: x:-0.10270691, y:0.12641907, z:9.653778
lainActivity: onSensorChanged: x:-0.09793091, y:0.12402344, z:9.657379
lainActivity: onSensorChanged: x:-0.096725464, y:0.12283325, z:9.664551
lainActivity: onSensorChanged: x:-0.10510254, y:0.12402344, z:9.660965
```

图 12.7　加速度传感器运行日志

12.4.3　近程传感器

Android 平台提供地磁场传感器和加速度计两种传感器，以便确定设备的位置。Android 平台还提供一种传感器，可以确定设备表面与物体的邻近程度(名为近程传感器)。地磁场传感器和近程传感器均基于硬件。大部分手机制造商都在设备中内置地磁场传感器，同时，还会在其设备中内置近程传感器，以确定手机与用户脸部的靠近程度，比如当我们打电话时，手机靠近耳朵的时候自动熄屏。

位置传感器对于确定设备在世界参照系中的物理位置很有用。例如，可以结合使用地磁场传感器和加速度计来确定设备相对于磁北极点的位置，还可以使用这两种传感器，在应用的参照系中确定设备的屏幕方向。Android 平台支持的位置传感器及数据信息见表 12.4。

表 12.4 位置传感器及数据信息

传 感 器	传感器事件数据	说 明	度量单位
TYPE_GAME_ROTATION_VECTOR	SensorEvent.values[0]	沿 X 轴的旋转矢量分量 $x\sin\frac{\theta}{2}$	无单位
	SensorEvent.values[1]	沿 Y 轴的旋转矢量分量 $y\sin\frac{\theta}{2}$	
	SensorEvent.values[2]	沿 Z 轴的旋转矢量分量 $z\sin\frac{\theta}{2}$	
TYPE_GEOMAGNETIC_ROTATION_VECTOR	SensorEvent.values[0]	沿 X 轴的旋转矢量分量 $x\sin\frac{\theta}{2}$	无单位
	SensorEvent.values[1]	沿 Y 轴的旋转矢量分量 $y\sin\frac{\theta}{2}$	
TYPE_GEOMAGNETIC_ROTATION_VECTOR	SensorEvent.values[2]	沿 Z 轴的旋转矢量分量 $z\sin\frac{\theta}{2}$	无单位
TYPE_MAGNETIC_FIELD	SensorEvent.values[0]	沿 X 轴的地磁场强度	μT
	SensorEvent.values[1]	沿 Y 轴的地磁场强度	
	SensorEvent.values[2]	沿 Z 轴的地磁场强度	
TYPE_MAGNETIC_FIELD_UNCALIBRATED	SensorEvent.values[0]	沿 X 轴的地磁场强度(无硬铁校准功能)	μT
	SensorEvent.values[1]	沿 Y 轴的地磁场强度(无硬铁校准功能)	
	SensorEvent.values[2]	沿 Z 轴的地磁场强度(无硬铁校准功能)	
	SensorEvent.values[3]	沿 X 轴的铁偏差估算	
	SensorEvent.values[4]	沿 Y 轴的铁偏差估算	
	SensorEvent.values[5]	沿 Z 轴的铁偏差估算	
TYPE_ORIENTATION	SensorEvent.values[0]	方位角(绕 Z 轴的角度)	°
	SensorEvent.values[1]	俯仰角(绕 X 轴的角度)	
	SensorEvent.values[2]	倾侧角(绕 Y 轴的角度)	
TYPE_PROXIMITY	SensorEvent.values[0]	与物体的距离	cm

下面我们通过示例来看看近程传感器的使用。代码如下：

```
public class MainActivity extends AppCompatActivity
    implements SensorEventListener {
  protected void onCreate(Bundle savedInstanceState) {
    ...
```

```
        this.sensor = sensorManager
                .getDefaultSensor(Sensor.TYPE_PROXIMITY);
    }

    public void onSensorChanged(SensorEvent event) {
        Log.i("MainActivity", "onSensorChanged: " + event.values[0]);
    }
}
```

近程传感器通常用于确定人的头部距手持设备表面的距离。大多数近程传感器返回以厘米为单位的绝对距离，但有些仅返回近距离和远距离值，正如运行结果的日志所示，远距离时输出 5.0，近距离时输出 0.0。运行结果如图 12.8 所示。

```
nActivity: onSensorChanged: 5.0
nActivity: onSensorChanged: 0.0
nActivity: onSensorChanged: 5.0
nActivity: onSensorChanged: 0.0
nActivity: onSensorChanged: 5.0
nActivity: onSensorChanged: 0.0
nActivity: onSensorChanged: 5.0
```

图 12.8　近程传感器运行日志

12.5　案例与思考

在 8.4 节中，自定义了折线图控件用于展示数据信息，并通过 Random 随机生成折线图数据。接下来结合传感器，将随机生成的数据更改为传感器获得的数据在折线图中进行展示。本案例涉及内容如下：

(1) 巩固图形绘制等内容。

(2) 光照传感器的使用。

复用 8.4 节中的折线图控件，创建光照传感器活动监测传感器数据的变化。首先创建活动所需的布局，创建布局文件并命名为“activity_light_sensor.xml”。代码如下：

```
<LinearLayout
    xmlns:android="http://schemas.android.com/apk/res/android"
    android:layout_width="match_parent"
    android:layout_height="match_parent">
    <com.chapter.chart.LineChartView
        android:id="@+id/lineChartView"
        android:layout_width="match_parent"
        android:layout_height="match_parent" />
</LinearLayout>
```

然后创建活动并命名为“LightSensorActivity.java”。代码如下：

```
public class LightSensorActivity extends AppCompatActivity
    implements SensorEventListener {
  private SensorManager sensorManager;
  private Sensor sensor;
  private LineChartView lineChartView = null;
  private ArrayList<Float> points = new ArrayList<Float>();

  protected void onCreate(Bundle savedInstanceState) {
    requestWindowFeature(Window.FEATURE_NO_TITLE);
    this.getWindow().setFlags(
        WindowManager.LayoutParams.FLAG_FULLSCREEN,
        WindowManager.LayoutParams.FLAG_FULLSCREEN);
    super.onCreate(savedInstanceState);
    setContentView(R.layout.activity_light_sensor);
    this.sensorManager = (SensorManager)
        getSystemService(Context.SENSOR_SERVICE);
    this.sensor = sensorManager.getDefaultSensor(Sensor.TYPE_LIGHT);
    this.lineChartView = findViewById(R.id.lineChartView);

    this.lineChartView.xMax = 10;
    this.lineChartView.xStep = 1;
  }

  public void onSensorChanged(SensorEvent event) {
    if (this.points.size() >= this.lineChartView.xMax) {
      this.points.remove(0);
    }
    this.points.add(event.values[0]);
    PointF[] datas = new PointF[this.points.size()];
    for (int i = 0; i < this.points.size(); i++) {
      datas[i] = new PointF(i + 1, this.points.get(i));
    }
    this.lineChartView.setData(datas);
  }

  public void onAccuracyChanged(Sensor sensor, int accuracy) {
  }
```

```
    protected void onResume() {
        super.onResume();
        sensorManager.registerListener(this, this.sensor,
                SensorManager.SENSOR_DELAY_NORMAL);
    }

    protected void onPause() {
        super.onPause();
        sensorManager.unregisterListener(this);
    }
}
```

在活动初始化后调整线形图控件的默认属性，最多取 10 条传感器变化数据设置到折线图中，运行程序，观察图形的变化，参考结果如图 12.9 所示。

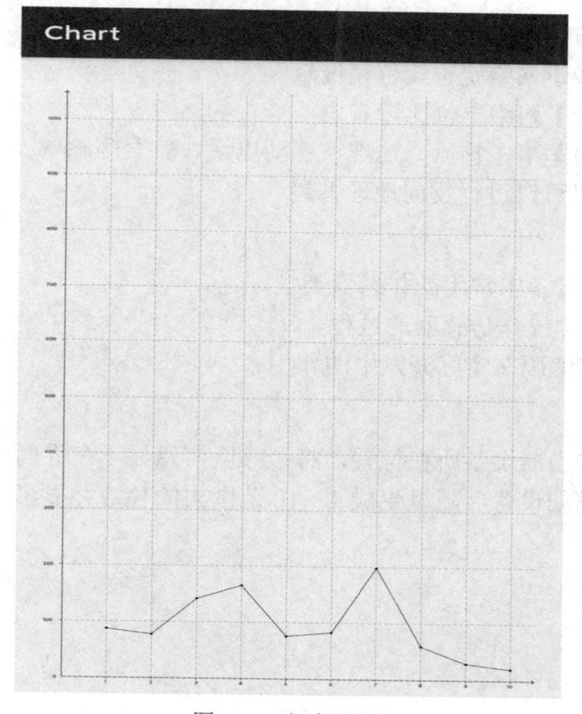

图 12.9　运行界面

在 Android 开发中，比如游戏、导航等应用都需要借助传感器的能力来保证良好的用户体验。读者可结合实际思考传感器的应用场景并模拟相关场景完成传感器的使用。

习　　题

一、选择题

1. 下列不是 Android 提供的位置提供器的是(　　)。

A. GPS_PROVIDER
B. NETWORK_PROVODER
C. PASSIVE_PROVIDER
D. COMBINE_PROVIDER

2. 中国国家测绘局制定的地理坐标系统是(　　)。
A. GCJ02
B. WGS84
C. BD09
D. 以上都不是

3. 下列不属于 Android 支持的三大类传感器类型的是(　　)。
A. 动态传感器
B. 虚拟传感器
C. 环境传感器
D. 位置传感器

4. 在 Android 中，注册加速度传感器时需要使用的传感器参数是(　　)。
A. Sensor.TYPE_ACCELEROMETER
B. Sensor.TYPE_PROXIMITY
C. Sensor.TYPE_LIGHT
D. 以上都不是

5. 关于 GPS 定位，下列说法错误的是(　　)。
A. GPS 定位相较于网络定位定位精度较高
B. GPS 定位相较于网络定位比较省电
C. GPS 广泛应用军事、物流、地理、移动电话、航空等领域
D. GPS 定位结果可以进行反向地理编码

二、简答题

1. 列举 Android 设备中常用的传感器类型。
2. 简述 Android 中操作传感器的过程。
3. 简述反向地理编码在实际开发中的作用。

三、应用题

1. 设计程序获取当前设备所在位置，将经纬度信息显示在界面中。
2. 设计程序，摇动设备后随机生成 1～10 范围内的整数并显示在界面中。

第十三章 应用项目实战

本章通过两个典型案例——移动应用和移动游戏开发，将前面讲授的重要知识点串联起来。表白墙应用包括了移动端的开发以及服务端的设计，可使读者了解完整的移动应用开发原理及流程。扫雷游戏通过动画编程以及游戏核心策略的逻辑设计，了解游戏开发原理和运行机制。

本章学习目标：

1. 通过实战练习掌握 Android 开发流程；
2. 熟练掌握活动、组件在项目中的应用。

13.1 表白墙应用开发

13.1.1 应用介绍

表白墙是校园中比较火的应用，比较常见的有微博表白墙、公众号等形式。本节将使用 Android 来开发一个简单版的表白墙，实现登录注册以及浏览等功能。在表白墙应用中，将采用 Hybrid 模式进行开发，利用 Android 的原生能力提供底层接口支持，使用 HTML 进行首页等页面的渲染，这种开发模式是目前比较常见且便捷的开发模式。

混合型应用(Hybrid APP)是指介于原生应用和网页应用之间的应用，兼具本地应用良好用户交互体验和网页应用跨平台开发的优势。其外观与原生应用相似，实际上采用 WebView 或自己的浏览器内核完成网页的渲染，拍照、传感器等原生能力则由本地代码提供的开发模式。

13.1.2 服务端设计

表白墙应用是属于 C/S 架构的网络结构模式，需要服务端进行支撑，我们采用 SpringBoot 进行服务端程序的搭建。Spring Boot 是由 Pivotal 团队提供的全新框架，其设计目的是用来简化新 Spring 应用的初始搭建以及开发过程。该框架使用特定的方式来进行配置，开发人员不再需要定义样板化的配置。通过这种方式，Spring Boot 在蓬勃发展的快速应用开发领域(rapid application development)成为领导者。

使用 Maven 来进行 SpringBoot 项目的管理，对应的 pom.xml 内容如下：

```
<project xmlns="http://maven.apache.org/POM/4.0.0"
    xmlns:xsi="http://www.w3.org/2001/XMLSchema-instance"
```

```
xsi:schemaLocation="http://maven.apache.org/POM/4.0.0
    https://maven.apache.org/xsd/maven-4.0.0.xsd">
<modelVersion>4.0.0</modelVersion>
<parent>
  <groupId>org.springframework.boot</groupId>
  <artifactId>spring-boot-starter-parent</artifactId>
  <version>2.5.3</version>
  <relativePath />
</parent>
<groupId>com</groupId>
<artifactId>confessionwall</artifactId>
<version>1.0.0-SNAPSHOT</version>
<name>confessionwall</name>
<description>表白墙服务端</description>
<properties>
  <java.version>1.8</java.version>
  <mybatis-plus.version>3.4.3.3</mybatis-plus.version>
</properties>
<dependencies>
  <dependency>
    <groupId>org.springframework.boot</groupId>
    <artifactId>spring-boot-starter-web</artifactId>
  </dependency>
  <dependency>
    <groupId>org.flywaydb</groupId>
    <artifactId>flyway-core</artifactId>
  </dependency>
  <dependency>
    <groupId>com.baomidou</groupId>
    <artifactId>mybatis-plus-boot-starter</artifactId>
    <version>${mybatis-plus.version}</version>
  </dependency>
  <dependency>
    <groupId>org.xerial</groupId>
    <artifactId>sqlite-jdbc</artifactId>
  </dependency>
  <dependency>
    <groupId>org.projectlombok</groupId>
    <artifactId>lombok</artifactId>
```

```
            <optional>true</optional>
        </dependency>
    </dependencies>
    <build>
        <plugins>
            <plugin>
                <groupId>org.springframework.boot</groupId>
                <artifactId>spring-boot-maven-plugin</artifactId>
                <configuration>
                    <excludes>
                        <exclude>
                            <groupId>org.projectlombok</groupId>
                            <artifactId>lombok</artifactId>
                        </exclude>
                    </excludes>
                </configuration>
            </plugin>
        </plugins>
    </build>
</project>
```

在 pom 文件中定义了 SpringBoot 版本 2.5.3，使用 MybatisPlus 进行数据库的操作，利用该框架可以简化使用原生 Mybatis 对于单表的操作，提升开发效率。随着应用功能的完善，数据库的表结构可能会随之发生变化，Flyway 很好地解决了这个问题，通过 Flyway 可以在应用启动后自动升级相应版本的 SQL 脚本，避免导致人工升级产生的数据结构与应用不匹配的问题。同时，考虑到与 Android 的数据存储以及服务程序的配置难度，在服务端程序中选择了与 Android 一致的 sqlite 作为应用的数据库。

项目创建完成后，在资源目录中创建第一个版本的数据库脚本文件，文件位置为：src/main/resources/db/migration/V1.0.0.1__table_structure.sql。

```
create table t_user (
    id integer primary key autoincrement,
    nick_name varchar(20) not null,
    user_pwd char(32) not null,
    login_token char(32),
    personal_profile text,
    create_time datetime     not null,
    update_time datetime     not null
);
create unique index idx_user_nick_name on t_user (nick_name);
create table t_confession (
```

```
    id integer primary key autoincrement,
    confession_txt text not null,
    user_id integer not null,
    image_key text,
    pros_count integer default 0 not null,
    cons_count integer default 0,
    create_time    datetime not null,
    update_time datetime not null
);
```

在服务端主要使用两张表，分别为用户信息表和发布的表白信息表。默认情况下 Flyway 会扫描类路径下 db/migration 内的脚本信息，根据文件名的版本信息排序后自动执行，当应用首次启动后，会自动在数据库中创建上述表结构信息。以人员信息为例，我们需要创建人员信息表对应的实体类，存放位置为：src/main/java/com/confessionwall/model/entity/User.java。

```
@Data
@TableName("t_user")
public class User {
    @TableId(type = IdType.AUTO)
    private Long id;
    private String nickName;
    private String userPwd;
    private String personalProfile;
    private String loginToken;
    private Long createTime;
    private Long updateTime;
}
```

实体类的位置可以自定义，但是需要在 SpringBoot 中进行配置，便于 Mybatis 进行扫描装配别名等信息。本应用 MybatisPlus 相关配置如下：

```
mybatis-plus.configuration.default-enum-type-handler=\
org.apache.ibatis.type.EnumOrdinalTypeHandler
mybatis-plus.mapper-locations=classpath*:mapper/*Mapper.xml
mybatis-plus.global-config.banner=false
mybatis-plus.global-config.db-config.id-type=auto
mybatis-plus.configuration.map-underscore-to-camel-case=true
mybatis-plus.configuration.jdbc-type-for-null=varchar
mybatis-plus.type-aliases-package=\
com.confessionwall.model.view;com.confessionwall.model.entity
```

每一个实体类都应该对应一个 Mapper 接口，并且使接口继承 MybatisPlus 提供的 BaseMapper，这样就拥有了针对指定单表的 CRUD 能力，用户信息对应的 Mapper 接口，可以写成如下形式：

```
public interface UserMapper extends BaseMapper<User> {
}
```

完成基本的配置后，接下来需要定义表白墙应用需要的接口信息，对应到 SpringBoot 应用，需要创建接口的 Controller 类，因为程序功能比较简单，所以可以将所有的接口都放在统一的控制中。

```
@RestController
@RequestMapping("/api")
public class ApiController {
  @Autowired
  private ApiService apiService;

  @Security
  @GetMapping("/confession")
  public PageResponse<Confession> selectConfessions(
        PageRequest request) {
        return PageResponse.createOkResponse(
              apiService.selectConfessions(request));
  }

  @Security
  @PostMapping("/confession")
  public Response<Confession> saveConfession(
        @RequestBody ConfessionRequest request) throws Exception {
        return new Response<Confession>(
              apiService.saveConfession(request));
  }

  @Security
  @GetMapping("/confession/{id}")
  public Response<Confession> getConfession(@PathVariable Long id) {
        return new Response<Confession>(apiService.getConfession(id));
  }

  @Security
  @PostMapping("/confession/{id}/pros")
  public Response<Long> prosConfession(@PathVariable Long id) {
        return new Response<Long>(apiService.prosConfession(id));
  }
```

```
    @Security
    @PostMapping("/confession/{id}/cons")
    public Response<Long> consConfession(@PathVariable Long id) {
        return new Response<Long>(apiService.consConfession(id));
    }

    @PostMapping("/register")
    public Response<Object> register(
        @RequestBody RegisterRequest request) {
        apiService.register(request);
        return new Response<Object>(Response.ERR_CODE_SUCCESS);
    }

    @PostMapping("/login")
    public Response<String> login(@RequestBody LoginRequest request) {
        return new Response<String>(apiService.login(request));
    }

    @Security
    @PostMapping("/logout")
    public Response<Object> logout(HttpServletRequest request) {
        apiService.logout(request);
        return new Response<Object>(Response.ERR_CODE_SUCCESS);
    }

    @Security
    @PostMapping("/user/{id}")
    public Response<User> getUserProfile(@PathVariable Long id) {
        return new Response<User>(apiService.getUserProfile(id));
    }

    @Security
    @PostMapping("/user/profile")
    public Response<Object> updateUserProfile(
        @RequestBody UpdateUserProfileRequest request) {
        apiService.updateUserProfile(request);
        return new Response<Object>(Response.ERR_CODE_SUCCESS);
    }
}
```

除了登录接口以外，其他接口都需要用户登录后才可以访问，在对应的 Controller 方法中，采用自定义注解与Spring Boot拦截器结合的方式，对需要验证的方法添加@Security，然后在拦截器中进行访问拦截处理。

```
@RequiredArgsConstructor
public class SecurityInterceptor implements HandlerInterceptor {
   public static final String HEADER_LOGIN_TOKEN = "TOKEN";
   public static final String ATTRIBUTE_USER_ID = "USER_ID";
   private final UserMapper userMapper;

   public boolean preHandle(HttpServletRequest request,
         HttpServletResponse response, Object handler)
             throws Exception {
      if (handler instanceof HandlerMethod) {
         HandlerMethod handlerMethod = (HandlerMethod) handler;
         boolean security =
             handlerMethod.hasMethodAnnotation(Security.class) ||
             handlerMethod.getBeanType()
                 .isAnnotationPresent(Security.class);
         if (security) {
            String token = request.getHeader(HEADER_LOGIN_TOKEN);
            if (!StringUtils.hasLength(token)) {
               this.printNeedLogin(response);
               return false;
            }
            User user = this.userMapper
                 .selectOne(Wrappers.lambdaQuery(User.class)
                 .select(User::getId).eq(User::getLoginToken, token));
            if (user == null) {
               this.printNeedLogin(response);
               return false;
            }
            request.setAttribute(ATTRIBUTE_USER_ID, user.getId());
         }
      }
      return true;
   }
   ...
}
```

服务程序的实现逻辑以及所需接口定义完成，读者可以完成具体的接口服务内容，此处不再赘述。

13.1.3 应用主流程设计

在表白墙应用的主流程中包含三部分，分别为登录注册、主界面以及个人中心。登录注册可以参考前文记账本案例实现，参考界面如图 13.1 所示。

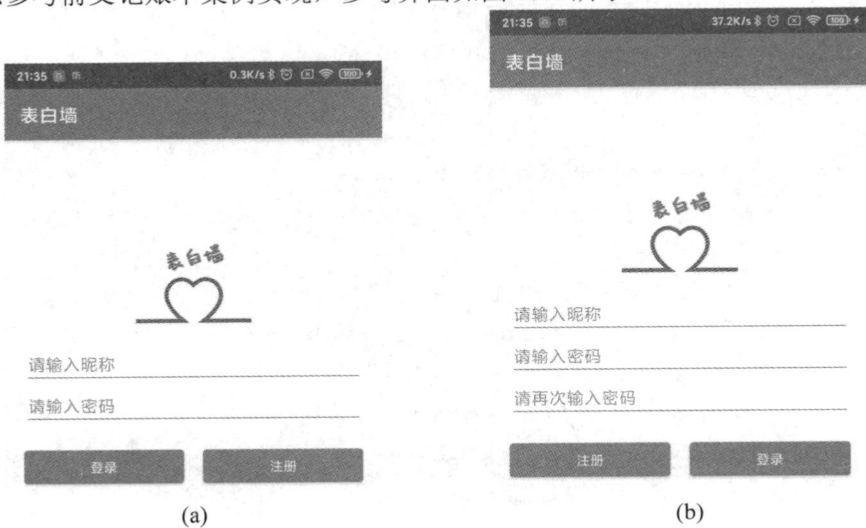

(a) (b)

图 13.1 登录与注册界面

在主界面中，采用左侧导航栏结合 Fragment 进行实现。在前面的章节中，为了编写方便，我们将文本等信息硬编码在 XML 文件中，这样的做法在实际开发中是不利于版本维护的，另外如果需要实现多语言、皮肤等效果时，也不利于开发，因此在表白墙应用中，我们将使用到的资源提取出来放在独立的资源文件中。应用中使用到的颜色资源文件 color.xml 内容如下：

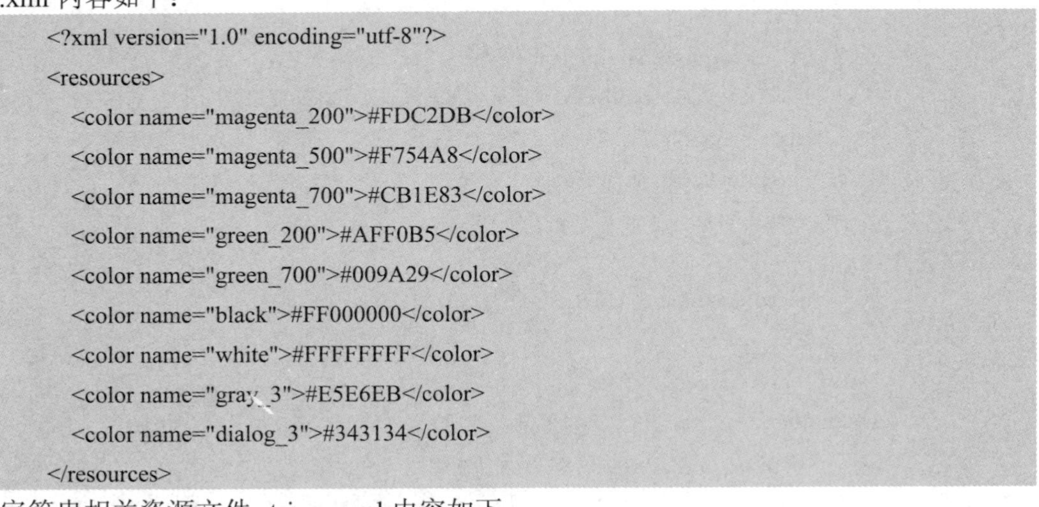

```
<?xml version="1.0" encoding="utf-8"?>
<resources>
  <color name="magenta_200">#FDC2DB</color>
  <color name="magenta_500">#F754A8</color>
  <color name="magenta_700">#CB1E83</color>
  <color name="green_200">#AFF0B5</color>
  <color name="green_700">#009A29</color>
  <color name="black">#FF000000</color>
  <color name="white">#FFFFFFFF</color>
  <color name="gray_3">#E5E6EB</color>
  <color name="dialog_3">#343134</color>
</resources>
```

字符串相关资源文件 strings.xml 内容如下：

```
<resources>
  <string name="app_name">表白墙</string>
```

```
    <string name="menu_home">首页</string>
    <string name="input_hint_nick_name">请输入昵称</string>
    <string name="menu_gallery">个人中心</string>
    <string name="input_hint_password">请输入密码</string>
    <string name="input_hint_repeat_password">请再次输入密码</string>
    <string name="button_login">登录</string>
    <string name="button_register">注册</string>
    <string name="item_abount">关于表白墙</string>
    <string name="item_account">账号与安全</string>
    <string name="item_profile">修改资料</string>
    <string name="button_logout">退出登录</string>
    <string name="toast_input_nick_name">请输入用户名</string>
    <string name="toast_input_password">请输入密码</string>
    <string name="toast_input_repeat_password">请再次输入密码</string>
    <string name="toast_input_password_not_match">两次密码不一致</string>
    <string name="toast_login_success">登录成功</string>
    <string name="toast_register_success">注册成功</string>
    <string name="toast_login_error">登录失败</string>
    <string name="toast_register_error">注册失败</string>
    <string name="dialog_loading">加载中...</string>
    <string name="input_hint_personal_profile">请输入个人简介</string>
    <string name="text_default_personal_profile">这个人很懒，什么也没留下</string>
    <string name="button_save">保存</string>
    <string name="button_cancel">取消</string>
</resources>
```

主题文件 themes.xml 文件内容如下：

```
<resources xmlns:tools="http://schemas.android.com/tools">
    <style name="Theme.ConfessionWall"
         parent="Theme.MaterialComponents.DayNight.DarkActionBar">
        <item name="colorPrimary">@color/magenta_500</item>
        <item name="colorPrimaryVariant">@color/magenta_700</item>
        <item name="colorOnPrimary">@color/white</item>
        <item name="colorSecondary">@color/green_200</item>
        <item name="colorSecondaryVariant">@color/green_700</item>
        <item name="colorOnSecondary">@color/black</item>
        <item name="android:statusBarColor"
             tools:targetApi="l">?attr/colorPrimaryVariant</item>
    </style>
    <style name="Theme.ConfessionWall.NoActionBar">
```

```
        <item name="windowActionBar">false</item>
        <item name="windowNoTitle">true</item>
    </style>
    <style name="Theme.ConfessionWall.NoTitleFullscreen"
        parent="Theme.ConfessionWall.NoActionBar">
        <item name="android:windowFullscreen">true</item>
    </style>
    <style name="Theme.ConfessionWall.AppBarOverlay"
        parent="ThemeOverlay.AppCompat.Dark.ActionBar" />
    <style name="Theme.ConfessionWall.PopupOverlay"
        parent="ThemeOverlay.AppCompat.Light" />
    <style name="Theme.ConfessionWall.ProgressDialog"
        parent="Theme.AppCompat.Dialog">
        <item name="android:backgroundDimEnabled">false</item>
        <item name="android:windowBackground">
            @android:color/transparent</item>
    </style>
</resources>
```

所需基本资源定义完成后，接下来就可以进行主界面的设计，效果如图 13.2 所示。

图 13.2　主界面

主界面中包含两大部分，第一部分为左侧导航；第二部分为中间内容区域。想要实现这样的效果，可以使用 DrawerLayout 控件进行设计，该控件实现了一个抽屉效果布局。默认情况，项目中是不包含该扩展包的，需要在 gradle 中添加相关的依赖。

```
implementation 'androidx.appcompat:appcompat:1.2.0'
implementation 'com.google.android.material:material:1.2.1'
implementation 'androidx.constraintlayout:constraintlayout:2.0.1'
```

```
implementation 'androidx.navigation:navigation-fragment:2.3.0'
implementation 'androidx.navigation:navigation-ui:2.3.0'
```

除了布局相关的依赖包，我们还引用了 navigation 相关包，这样可以方便地控制导航与中间区域的碎片切换效果，不需要自己编写切换控制逻辑。观察左侧导航抽屉的内容，可以发现在导航中包含两部分内容：

(1) 导航头。导航上部区域，用于渲染用户头像、昵称、个人说明信息。

(2) 导航菜单。导航中间区域，用于显示应用主体菜单。

在导航头中，需要定义一个布局资源进行排版，创建布局资源并命名为“nav_header_main.xml”，参考代码如下：

```
<?xml version="1.0" encoding="utf-8"?>
<LinearLayout
    xmlns:android="http://schemas.android.com/apk/res/android"
    xmlns:app="http://schemas.android.com/apk/res-auto"
    android:layout_width="match_parent"
    android:layout_height="230dp"
    android:background="@color/magenta_500"
    android:gravity="center"
    android:orientation="vertical"
    android:paddingTop="8dp"
    android:paddingBottom="8dp"
    android:theme="@style/ThemeOverlay.AppCompat.Dark">
    <ImageView
        android:id="@+id/profilePhoto"
        android:layout_width="120dp"
        android:layout_height="120dp"
        android:layout_marginTop="25dp"
        android:scaleType="fitCenter"
        app:srcCompat="@mipmap/ic_launcher_round" />
    <TextView
        android:id="@+id/nickName"
        android:layout_width="match_parent"
        android:layout_height="wrap_content"
        android:ellipsize="end"
        android:gravity="center"
        android:text="@string/app_name"
        android:textAppearance="@style/TextAppearance.AppCompat.Body1"
    />
    <TextView
        android:id="@+id/PersonalProfile"
```

```
        android:layout_width="wrap_content"
        android:layout_height="wrap_content"
        android:ellipsize="end"
        android:gravity="center"
        android:maxLines="1"
        android:paddingLeft="8dp"
        android:paddingRight="8dp"
        android:text="@string/text_default_personal_profile" />
</LinearLayout>
```

在导航头布局中采用线性布局，分别使用 ImageView 和 TextView 对内容进行排版。导航中间区域的菜单与应用选项菜单是类似的，只需要创建菜单资源文件即可，这里创建菜单资源并命名为“activity_main_drawer.xml”，参考代码如下：

```
<?xml version="1.0" encoding="utf-8"?>
<menu xmlns:android="http://schemas.android.com/apk/res/android"
    xmlns:tools="http://schemas.android.com/tools"
    tools:showIn="navigation_view">
    <group android:checkableBehavior="single">
        <item android:id="@+id/nav_home"
            android:title="@string/menu_home" />
        <item android:id="@+id/nav_user_profile"
            android:title="@string/menu_gallery" />
    </group>
</menu>
```

准备好了导航资源文件，接下来编写主界面资源。在主界面中需要使用 Toolbar 来替换默认的标题栏，然后通过一个约束布局来承载 Fragment，创建资源文件并命名为“app_bar_main.xml”，参考代码如下：

```
<?xml version="1.0" encoding="utf-8"?>
<androidx.coordinatorlayout.widget.CoordinatorLayout
    xmlns:android="http://schemas.android.com/apk/res/android"
    xmlns:app="http://schemas.android.com/apk/res-auto"
    xmlns:tools="http://schemas.android.com/tools"
    android:layout_width="match_parent"
    android:layout_height="match_parent">
    <com.google.android.material.appbar.AppBarLayout
        android:layout_width="match_parent"
        android:layout_height="wrap_content" android:theme=
            "@style/Theme.ConfessionWall.AppBarOverlay">
        <androidx.appcompat.widget.Toolbar
            android:id="@+id/toolbar"
```

```
        android:layout_width="match_parent"
        android:layout_height="?attr/actionBarSize"
        android:background="?attr/colorPrimary"
        app:popupTheme="@style/Theme.ConfessionWall.PopupOverlay" />
    </com.google.android.material.appbar.AppBarLayout>
    <androidx.constraintlayout.widget.ConstraintLayout
      android:layout_width="match_parent"
      android:layout_height="match_parent"
      app:layout_behavior="@string/appbar_scrolling_view_behavior"
      tools:showIn="@layout/app_bar_main">
      <fragment
        android:id="@+id/nav_host_fragment_content_main"
        android:name="androidx.navigation.fragment.NavHostFragment"
        android:layout_width="match_parent"
        android:layout_height="match_parent"
        app:defaultNavHost="true"
        app:layout_constraintLeft_toLeftOf="parent"
        app:layout_constraintRight_toRightOf="parent"
        app:layout_constraintTop_toTopOf="parent"
        app:navGraph="@navigation/mobile_navigation" />
    </androidx.constraintlayout.widget.ConstraintLayout>
</androidx.coordinatorlayout.widget.CoordinatorLayout>
```

主界面所需基础布局资源已经准备完成。需要注意的是：使用 Navigation 组件实现导航菜单与 Fragment 切换的联动，因此需要告诉控件 Fragment 对应的布局信息，即配置中的 app:navGraph 属性。这里引用 navigation 目录下面的 mobile_navigation 文件，当然了，这个资源文件也是需要自己创建的。

```
<?xml version="1.0" encoding="utf-8"?>
<navigation
  xmlns:android="http://schemas.android.com/apk/res/android"
  xmlns:app="http://schemas.android.com/apk/res-auto"
  xmlns:tools="http://schemas.android.com/tools"
  android:id="@+id/mobile_navigation"
  app:startDestination="@+id/nav_home">
  <fragment
    android:id="@+id/nav_home"
    android:name="com.chapter.confessionwall.ui.HomeFragment"
    android:label="@string/menu_home"
    tools:layout="@layout/fragment_home" />
  <fragment
```

```
        android:id="@+id/nav_user_profile"
        android:name=
            "com.chapter.confessionwall.ui.UserProfileFragment"
        android:label="@string/menu_gallery"
        tools:layout="@layout/fragment_user_profile" />
</navigation>
```

该资源中使用 navigation 作为根节点，并在内部定义两个与导航菜单对应的 Fragment 即可。下面只需将创建的布局资源进行整合，完整主活动资源布局的编写，创建主活动布局资源文件并命名为“activity_main.xml”，参考代码如下：

```
<?xml version="1.0" encoding="utf-8"?>
<androidx.drawerlayout.widget.DrawerLayout
    xmlns:android="http://schemas.android.com/apk/res/android"
    xmlns:app="http://schemas.android.com/apk/res-auto"
    xmlns:tools="http://schemas.android.com/tools"
    android:id="@+id/drawer_layout"
    android:layout_width="match_parent"
    android:layout_height="match_parent"
    android:fitsSystemWindows="true"
    tools:openDrawer="start">
    <include
        android:id="@+id/app_bar_main"
        layout="@layout/app_bar_main"
        android:layout_width="match_parent"
        android:layout_height="match_parent" />
    <com.google.android.material.navigation.NavigationView
        android:id="@+id/nav_view"
        android:layout_width="wrap_content"
        android:layout_height="match_parent"
        android:layout_gravity="start"
        android:fitsSystemWindows="true"
        app:headerLayout="@layout/nav_header_main"
        app:menu="@menu/activity_main_drawer" />
</androidx.drawerlayout.widget.DrawerLayout>
```

在主活动布局中采用抽屉布局作为根节点，然后使用 include 标签引用主界面布局资源，最后使用后导航控件将导航头与菜单进行整合，这样就完成了应用主体布局的编写工作。在主活动中，需要设置活动内容以及建立导航的关联关系。

```
public class MainActivity extends AppCompatActivity {


    private AppBarConfiguration mAppBarConfiguration;
```

```
    private NavController navController;

    protected void onCreate(Bundle savedInstanceState) {
        super.onCreate(savedInstanceState);
        setContentView(R.layout.activity_main);
        setSupportActionBar(findViewById(R.id.toolbar));
        mAppBarConfiguration = new AppBarConfiguration.Builder(
                R.id.nav_home, R.id.nav_user_profile)
                .setOpenableLayout(findViewById(R.id.drawer_layout))
                .build();
        navController = Navigation.findNavController(this,
                R.id.nav_host_fragment_content_main);
        NavigationUI.setupActionBarWithNavController(this,
                navController, mAppBarConfiguration);
        NavigationView navigationView = findViewById(R.id.nav_view);
        NavigationUI.setupWithNavController(navigationView,
                navController);
    }

    public boolean onSupportNavigateUp() {
        return NavigationUI.navigateUp(navController,
                mAppBarConfiguration) || super.onSupportNavigateUp();
    }
}
```

Fragment 的切换，除了 Fragment 本身的切换，通常还伴有 App Bar 的变化。为了方便统一管理，Navigation 组件引入了 NavigationUI 类。在 NavigationUI 类中通过 setupActionBarWithNavController()方法将 App Bar 与 NavController 绑定，当 NavController 完成 Fragment 切换时，系统会自动在 App Bar 中完成一些常见操作。比如，当切换到一个新的 Fragment 时，系统会自动在 App Bar 的左侧添加返回按钮，响应返回事件等。

通过导航菜单对界面进行切换时，当按下返回键，如果当前显示的 Fragment 不是主界面，则进行返回操作，重写 onSupportNavigateUp()方法则实现了该功能，重写该方法后，Activity 会将返回点击事件委托出去交由该方法处理。

13.1.4 应用主页设计

一款应用在开发完成后会经历多次迭代，在传统的开发模式中，当应用需要升级时，用户要下载最新的安装包覆盖安装，这样是不利于应用推广与使用的。很多时候我们希望当应用更新时，用户可以第一时间获得最新的使用体验，因此在表白墙的应用主页中采用混合开发模式，内嵌 HTML 页面实现主页的渲染。后续当应用有非主体框架升级时，可以在服务端重新发布即可，用户无感知即可获得新的程序。

移动开发发展到今天，混合开发模式已非常成熟，除了原始的 WebView 结合 HTML5 的模式外，还有一些反 HTML 的开发模式，比如微信小程序、快应用等，采用内置引擎解析程序并渲染。在本应用中，将采用 WebView 结合 HTML5 的模式进行实现。

首先，需要在主页 Fragment 中添加 WebView 控件，参考代码如下：

```
<?xml version="1.0" encoding="utf-8"?>
<FrameLayout
  xmlns:android="http://schemas.android.com/apk/res/android"
  android:layout_width="match_parent"
  android:layout_height="match_parent">
  <WebView
    android:id="@+id/webView"
    android:layout_width="match_parent"
    android:layout_height="match_parent" />
  <ProgressBar
    android:id="@+id/loadingProgress"
    style="?android:attr/progressBarStyleHorizontal"
    android:layout_width="match_parent"
    android:layout_height="5dp"
    android:max="100"
    android:progress="0"
    android:visibility="gone" />
</FrameLayout>
```

布局中使用帧布局作为根节点，为了方便告知用户加载进度，在布局中增加了进度条控件，默认进度条不显示，当页面加载时则显示相应的加载进度。在 Fragment 中需要对布局进行初始化并设置 WebView 的基本参数。参考代码如下：

```
public class HomeFragment extends Fragment
    implements   LifecycleObserver {

  private static View root;
  private WebView webView;
  private ProgressBar loadingProgress;

  public View onCreateView(LayoutInflater inflater,
      ViewGroup container, Bundle savedInstanceState) {
      if (root != null) { return root; }
      root = inflater.inflate(R.layout.fragment_home,
          container, false);
      webView = root.findViewById(R.id.webView);
```

```
        loadingProgress = root.findViewById(R.id.loadingProgress);
        webView.getSettings().setJavaScriptEnabled(true);
        webView.setWebViewClient(new WebViewClient() {
          public void onPageStarted(WebView view, String url,
                Bitmap favicon) {
            loadingProgress.setVisibility(View.VISIBLE);
          }

          public void onPageFinished(WebView view, String url) {
            loadingProgress.setVisibility(View.GONE);
          }
        });
        webView.setWebChromeClient(new WebChromeClient() {
          public void onProgressChanged(WebView view,
                int newProgress) {
            loadingProgress.setProgress(newProgress);
          }
        });
      webView.addJavascriptInterface(new InjectJavascript(),
            "_native");
      webView.loadUrl(StorageUtils.getHomeUrl());
      return root;
    }

    @OnLifecycleEvent(Lifecycle.Event.ON_DESTROY)
    public void onActiveCreated() {
      root = null;
    }
  }
```

总的来说，WebView 的操作离不开 WebSettings、WebViewClient 和 WebChromeClient。这三个类在 WebView 的使用过程中占据重要的地位。具体功能如下：

(1) WebSettings：WebView 配置和管理的类，可以通过调用 WebView 的 getSettings()方法获得，通过该类可以设置诸如是否启用 JS、缩放、缓存策略等行为。上述代码中的 setJavaScriptEnabled()方法就是用于启用 JS 的功能。在一些第三方的浏览器或者 Hybrid App 中，经常会对浏览器的 UA 标识进行重写以达到添加自身程序相关信息的目的，通过 WebSettings 的 setUserAgentString()方法就可以完成这样的操作。

(2) WebViewClient：辅助 WebView 处理各种通知与请求事件，比如页面开始加载、加载完成、缩放、按键等事件的回调处理。

(3) WebChromeClient：辅助 WebView 处理 Javascript 的对话框、网站图标、网站标题

和加载进度等。

在示例代码中，重写 WebViewClient 类的 onPageStared()和 onPageFinished()方法来监听页面的加载和完成，涌现控制加载进度条的显示与隐藏。重写 WebChromeClient 类的 onProgressChanged()方法监听页面的加载进度的变化同步设置加载进度条的进度值。

除了基本控制之外，WebView 允许开发者注入 Java 对象用于 JS 的扩展。通过 WebView 的 addJavascriptInterface()方法可以将 Java 对象以指定名称注入，比如代码中表示向 JS 注入一个名为_native 的对象，在 WebView 加载的 HTML 页面中，可以使用 JS 直接调用该对象中的方法。使用这种方式可以实现 JS 与原生代码之间的通信以实现一些自定义扩展功能。

接下来开发具体的页面。此处选择 uni-app 作为开发框架，uni-app 是一个使用 Vue.js 开发所有前端应用的框架，开发者编写一套代码，可发布到 iOS、Android、Web(响应式)以及各种小程序(微信/支付宝/百度/头条/QQ/快手/钉钉/淘宝)、快应用等多个平台，主要解决一套代码多端运行发布的问题。即使不跨端，uni-app 也是更好的小程序开发框架、更好的 App 跨平台框架、更方便的 H5 开发框架。不管什么样的项目，都可以实现快速交付，不需要转换开发思维、不需要更改开发习惯。在表白墙项目中，只需要使用 uni-app 的 H5 开发能力。

下载安装好 uni-app 的开发工具 HBuilderX，就可以新建一个 uni-app 项目。HBuilder 下载地址为：https://www.dcloud.io/hbuilderx.html。HBuilder 新建项目时，提供了一些项目模板方便快速创建，首先选择 uni-app 项目，如图 13.3 所示。

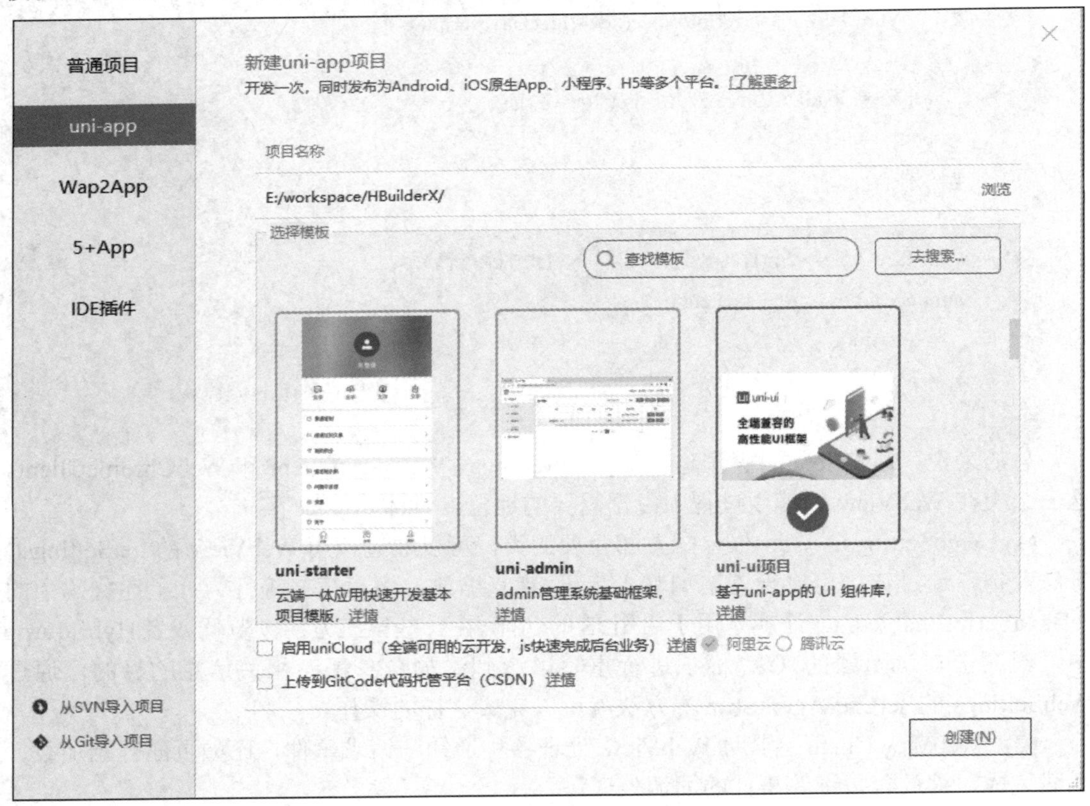

图 13.3 创建 uni-app 项目

项目创建完成后，只需要按照 uni-app 的目录结构规范添加自己的 vue 页面，以首页为例，文件路径为 pages/index/index.vue。参考代码如下：

```
<template>
  <view class="container">
    <uni-card v-for="item in list" :key="item.id"
        style="padding-top: 10px;">
      <image slot='cover' class="card-image" mode='aspectFit'
        :src="item.imageKey" @click="handleView(item)" />
      <text class="card-line-3" @click="handleView(item)">
          {{item.confessionTxt}}</text>
      <view slot="actions" class="card-actions">
        <view class="card-actions-item" @click="handleProps(item)">
          <uni-icons type="hand-up-filled" size="18" color="#999" />
          <text class="card-actions-item-text">
              赞({{item.prosCount}})</text>
        </view>
        <view class="card-actions-item" @click="handleCons(item)">
          <uni-icons type="hand-down-filled" size="18"
              color="#999" />
          <text class="card-actions-item-text">
              踩({{item.consCount}})</text>
        </view>
      </view>
    </uni-card>
    <uni-fab horizontal="right" @fabClick="handleAdd()" />
  </view>
</template>
<script>
  export default {
    data() {
      return {
        list: []
      }
    },
    onLoad() { this.$nextTick(() => { this.loadData(); }) },
    methods: {
      loadData() {
        uni.request({
          url: "/api/confession",
```

```
                success: (res) => {
                    this.list = res.data.data;
                }
            })
        },
        handleView({ id }) {
            uni.redirectTo({
                url: '/pages/index/view?id=' + id;
            });
        },
        handleProps(item) {
            uni.request({
                url: `/confession/${item.id}/pros`,
                success: (res) => {
                    item.prosCount++;
                }
            })
        },
        handleCons(item) {
            uni.request({
                url: `/confession/${item.id}/cons`,
                success: (res) => {
                    item.consCount++;
                }
            })
        },
        handleAdd() {
            uni.redirectTo({
                url: '/pages/index/add'
            });
        }
    }
}
</script>
<style scoped>
    .container { padding: 5px; }
    .card-image { width: 100%; }
    .card-line-3 {
        overflow: hidden; text-overflow: ellipsis;
```

```
        display: -webkit-box !important;    -webkit-line-clamp: 3;
        -webkit-box-orient: vertical !important;
        word-break: break-all;
    }
    .card-actions {
        display: flex; flex-direction: row;
        justify-content: space-around; align-items: center;
        height: 45px; border-top: 1px #eee solid;
    }
    .card-actions-item {
        display: flex;flex-direction: row; align-items: center;
    }
.card-actions-item-text {
        font-size: 12px; color: #666; margin-left: 5px;
    }
</style>
```

新增页面后，需要在 pages.json 文件中进行定义，比如表白墙中需要首页、发布信息、查看等页面。参考定义代码如下：

```
{
    "pages": [{ "path": "pages/index/index"},
        { "path": "pages/index/add" },
        { "path": "pages/index/profile"},
        { "path": "pages/index/view" }],
    "globalStyle": { "navigationStyle":"custom" }
}
```

pages 属性用于配置项目中的页面信息，globalStyle 属性用于配置应用全局样式。默认情况下 uni-app 会为每个页面添加一个标题栏，将 navigationStyle 属性设置为 custom 则表示标题栏由我们自定义，不使用默认标题栏。

应用开发完成后，可以通过 HBuildX 菜单栏中的发行→网站-PC Web 或手机 H5(仅适用于 uni-app)菜单进行发布，发布后的文件位置会保存在项目的 unpackage/dist/build/h5 文件夹中，只需要将生成后的文件复制到服务器项目 src/main/resources/static 文件夹中即可完成主页面的发布。再次运行表白墙客户端，即可在首页看到刚刚发布的页面效果，如图 13.4 所示。

图 13.4 表白墙主页

13.1.5 思考：个人中心相关功能实现

在上面几节中，我们完成了基础版的表白墙的功能，但应用的导航菜单还有个人中心尚未完成，请思考如何实现个人中心功能，可参考图 13.5 完成相关界面的设计。

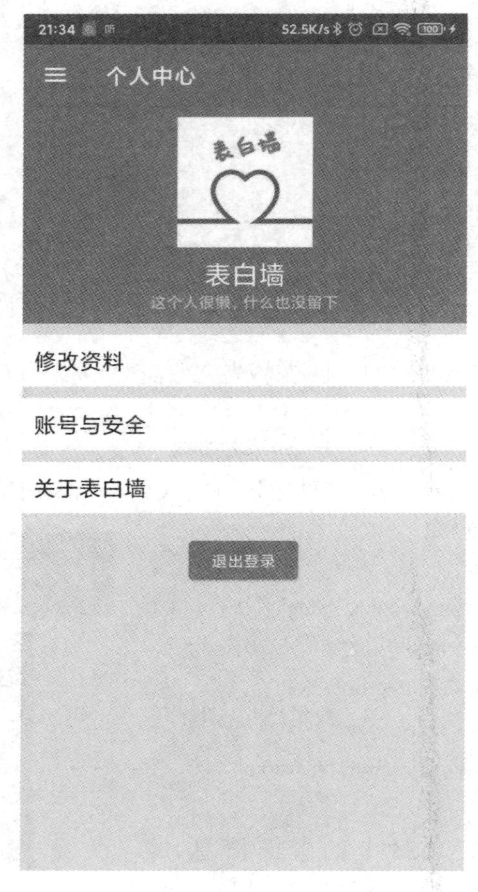

图 13.5　个人中心

13.2 扫雷游戏

13.2.1 游戏介绍

《扫雷》是一款大众化的益智小游戏，于 1992 年发行。游戏目标是在最短的时间内根据点击格子出现的数字找出所有非雷格子，同时避免踩雷，踩到一个雷即全盘皆输。当我们点击一个格子时，如果该格子没有雷，则会显示一个数字或空白区域。数字表示当前格子周围的八个格子中的地雷数量，当周边区域没有地雷时会自动将周围不为雷的区域显示出来，这是扫雷游戏的基本玩法。

了解了游戏规则后，我们来实现一个简易版本的扫雷游戏，首先准备游戏中所需要的素材资源，如图 13.6 所示。

图 13.6 游戏素材

对于整个游戏而言，需要将游戏中所需要的资源加载到内存中，避免运行时再去加载，资源加载完成后通过导航菜单指引用户进行不同的操作。在本项目中，将实现以下功能：

(1) 游戏资源加载。

(2) 导航菜单。

(3) 开始游戏。

(4) 高分排行。

(5) 退出游戏。

接下来我们就逐步地完成相关功能的实现。

13.2.2 扫雷控件设计

扫雷控件是游戏的核心，所有游戏界面的绘制都将在扫雷控件上进行，在游戏的不同阶段需要绘制不同的场景，将控制权交给对应的场景进行处理。扫雷控件是一个容器，用于向不同的场景提供基础的绘制、触摸事件等操作。结合我们需要实现的功能，将对应的界面拆解为指定的场景，通过枚举类定义项目中的所有场景。创建一个枚举并命名为“SceneType.java”。参考代码如下：

```
public enum SceneType {
    LOAD, MENU, RANKING_LIST, GAME
}
```

在枚举中，定义了四个场景，分别为加载、菜单、高分排行与游戏。对于扫雷控件而言，不需要关心具体场景，所有场景应该对扫雷控件提供统一的方法以及事件处理方式，因此可以将场景的操作抽象为一个接口，创建接口并命名为“ViewScene.java”。参考代码如下：

```
public interface ViewScene {

    /**
     * 开始绘制
     */
```

```
void start();

/**
 * 尺寸改变回调
 * @param w
 * @param h
 */
void onSizeChanged(int w, int h);

/**
 * 绘制场景
 * @param canvas
 */
void onDraw(Canvas canvas);

/**
 * 触摸开始
 * @param event
 */
void onTouchStart(MotionEvent event);

/**
 * 触摸移动
 * @param event
 */
void onTouchMove(MotionEvent event);

/**
 * 轻击事件
 * @param event
 */
void onTap(MotionEvent event);

/**
 * 长按事件
 *
 * @param event
 */
void onLongPress(MotionEvent event);
```

```
    /**
     * 触摸结束
     * @param event
     */
    void onTouchEnd(MotionEvent event);

    /**
     * 停止绘制
     */
    void stop();

    /**
     * 跳转至上一场景，返回 false 表示无跳转
     * @return
     */
    boolean previousScene();
}
```

在场景接口中，定义了生命周期相关的 start()与 stop()方法、事件相关的 onTap()、onLongPress()方法以及绘制所需的 onDraw()方法。在游戏过程中，如果用户按下返回键，在某些场景中不应该退出游戏，而是返回到前一个场景中，比如在游戏状态返回后应该返回到菜单场景；如果当前处于菜单场景，按下返回键之后没有可返回的场景，此时方可退出游戏，场景是否可返回交由场景本身进行控制，即 previousScene()方法用于判断是否需要阻止返回。

对于每个场景而言，接口中定义的是通用的公共操作，但是对于不同的场景可能会只涉及其中的部分方法。显然场景直接实现接口是相对比较麻烦的，因而针对场景可以提供一个抽象类，对公共逻辑以及方法进行空的实现，这样场景实现我们的抽象类，仅需要关注自身需要实现的方法即可。创建抽象类并命名为“AbstractViewScene.java”。参考代码如下：

```
public abstract class AbstractViewScene implements ViewScene {
    private final MinesweeperView view;
    private boolean isStart = false;

    public AbstractViewScene(MinesweeperView view) {
        this.view = view;
    }

    public void onSizeChanged(int w, int h) { }
```

```
public void start() {
    this.isStart = true;
}

public void onDraw(Canvas canvas) {
    if (isStart) {
        this.drawScene(canvas);
    }
}

protected abstract void drawScene(Canvas canvas);

public void onTouchStart(MotionEvent event) { }

public void onTouchMove(MotionEvent event) { }

public void onTap(MotionEvent event) { }

public void onLongPress(MotionEvent event) { }

public void onTouchEnd(MotionEvent event) { }

public void stop() {
        this.isStart = false;
}

protected void nextScene(SceneType sceneType) {
        this.view.nextScene(sceneType);
}

public boolean previousScene() {
        return false;
}

protected void postInvalidate() {
        this.view.postInvalidate();
}

protected Context getContext() {
```

```
        return this.view.getContext();
    }

    protected Resources getResources() {
        return this.view.getResources();
    }
}
```

在抽象类中，定义了一个包含扫雷控件的构造方法，在接口方法的基础上额外对场景提供了重绘、获取上下文等方法。同时，新增一个标记 isStart 用于控制场景当前是否已经开始，只有在开始状态的场景，才会进行绘制。当一个涂层的任务结束后可以通过 nextScene()方法切换至下一场景，切换方法由扫雷控件提供。接下来实现扫雷控件的逻辑，创建自定义控件并命名为“MinesweeperView.java”。参考代码如下：

```
public class MinesweeperView extends View {
    // 场景数组
    private ViewScene scene;
    // 背景色
    private final int viewBg = Color.rgb(240, 240, 240);
    // 记录开始点击屏幕时间
    private long startTouchTime = 0;

    public MinesweeperView(Context context) {
        super(context);
        this.init();
    }

    public MinesweeperView(Context context, AttributeSet attrs) {
        super(context, attrs);
        this.init();
    }

    public MinesweeperView(Context context, AttributeSet attrs,
            int defStyleAttr) {
        super(context, attrs, defStyleAttr);
        this.init();
    }

    private void init() {
        this.nextScene(SceneType.LOAD);
    }
```

```
protected void onDraw(Canvas canvas) {
    super.onDraw(canvas);
    canvas.drawColor(this.viewBg);
    if (this.scene != null) {
        this.scene.onDraw(canvas);
    }
}

public boolean onTouchEvent(MotionEvent event) {
    if (this.scene != null) {
        int action = event.getAction();
        switch (action) {
            case MotionEvent.ACTION_DOWN:
                this.startTouchTime = System.currentTimeMillis();
                this.scene.onTouchStart(event);
                return true;
            case MotionEvent.ACTION_MOVE:
                this.scene.onTouchMove(event);
                return true;
            case MotionEvent.ACTION_UP:
                long delta = System.currentTimeMillis()
                        - this.startTouchTime;
                // 1 秒，认为是点击，否则为长按
                if (delta < 500) {
                    this.scene.onTap(event);
                } else {
                    this.scene.onLongPress(event);
                }
                this.scene.onTouchEnd(event);
                return true;
        }
        return super.onTouchEvent(event);
    }
    return super.onTouchEvent(event);
}

protected void onSizeChanged(int w, int h, int oldw, int oldh) {
    super.onSizeChanged(w, h, oldw, oldh);
```

```
        if (this.scene != null) {
            this.scene.onSizeChanged(w, h);
        }
    }

    public void nextScene(SceneType sceneType) {
        if (this.scene != null) {
            this.scene.stop();
        }
        this.scene = SceneFactory.createViewScene(sceneType, this);
        if (scene != null) {
            this.scene.start();
            this.scene.onSizeChanged(this.getWidth(), this.getHeight());
        }
        this.postInvalidate();
    }

    public boolean previousScene() {
        return this.scene != null && this.scene.previousScene();
    }
}
```

在扫雷控件中只需要向场景提供跳转、绘制等操作，相对而言逻辑比较清晰明确，不涉及具体游戏的操作逻辑，只需要将控件接收到的触摸等事件转发到对应场景即可。在用户点击屏幕时，为了便于场景的处理，除了基本的触摸、移动、抬起事件外，在扫雷控件中简单地将用户的触摸事件抽象出了轻击与长按操作，当用户触摸屏幕到抬起的时间小于500 ms 认为是轻击，否则认为是长按。

当需要切换场景时，首先将现有的场景停止，然后根据场景的类型创建对应的场景实现，再调用场景的 start()方法开始绘制新的场景。将场景的创建使用工厂模式进行封装，交由 SceneFactory 工厂类处理，创建工厂类并命名为“SceneFactory.java”。参考代码如下：

```
public class SceneFactory {
    public static ViewScene createViewScene(SceneType sceneType,
            MinesweeperView view) {
        switch (sceneType) {
            case GAME:
                return new GameViewScene(view);
            case LOAD:
                return new LoadViewScene(view);
            case RANKING_LIST:
                return new RankingListViewScene(view);
```

```
            case MENU:
                return new MenuViewScene(view);
        }
        return null;
    }
}
```

首次进入游戏后，应该进行资源加载，相关的操作应该交由资源加载场景，在扫雷控件的 init()方法中，可以直接调用 nextScene()方法将当前的场景进行切换。扫雷控件的主流程设计结束，下面进行具体场景的设计。

13.2.3 加载进度场景设计

加载进度场景主要用于对游戏中使用的资源进行预加载，然后在需要的时候直接使用，我们可以将游戏中使用的资源通过一个类进行持有，创建资源类并命名为“ResourceHolder.java”。参考代码如下：

```
public class ResourceHolder {
    private static Bitmap[] numbers;
    private static Bitmap openMine;
    private static Bitmap normalMine;
    private static Bitmap mine;
    private static Bitmap flag;

    public static Bitmap getNumber(int number) {
        if (number < 1 || number > numbers.length) {
            return null;
        }
        return numbers[number - 1];
    }

    ...static Getter/Setter
}
```

资源持有类比较简单，不再赘述。接下来创建加载进度场景，创建一个场景类并命名为“LoadViewScene.java”。参考代码如下：

```
public class LoadViewScene extends AbstractViewScene
        implements Runnable {

    private int resourceCount = 0;
    private int loadedCount = 0;
```

```
private Paint titlePaint = null;
private Paint loadingPaint = null;
private Rect titleRect = null;
private String titleStr = null;
private Rect loadingRect = null;
private String loadingStr = null;
private Rect progressRect = null;

public LoadViewScene(MinesweeperView view) {
    super(view);
}

public void start() {
    this.titlePaint = new Paint();
    this.titlePaint.setAntiAlias(true);
    this.titlePaint.setTypeface(Typeface
            .create(Typeface.SANS_SERIF, Typeface.BOLD_ITALIC));
    this.titlePaint.setColor(Color.BLACK);
    this.titlePaint.setTextSize(200);
    this.titleStr = this.getResources()
            .getString(R.string.app_name);
    this.titleRect = new Rect();
    this.loadingPaint = new Paint();
    this.loadingPaint.setAntiAlias(true);
    this.loadingPaint.setTypeface(Typeface
            .create(Typeface.SANS_SERIF, Typeface.NORMAL));
    this.loadingPaint.setTextSize(32);
    this.loadingStr = "资源加载中...";
    this.loadingRect = new Rect();
    this.progressRect = new Rect();
    super.start();
    new Thread(this).start();
}

public void onSizeChanged(int w, int h) {
    this.titlePaint.getTextBounds(this.titleStr, 0,
            this.titleStr.length(), this.titleRect);
    int top = (h - this.titleRect.height()) / 2 - 200;
```

```
        if (top < 0) {
            top = 0;
        }
        int width = this.titleRect.width();
        int height = this.titleRect.height();
        this.titleRect.left = (w - width) / 2;
        this.titleRect.right = this.titleRect.left + width;
        this.titleRect.top = top;
        this.titleRect.bottom = this.titleRect.top + height;
        this.loadingPaint.getTextBounds(this.loadingStr, 0,
                this.loadingStr.length(), this.loadingRect);
        width = this.loadingRect.width();
        height = this.loadingRect.height();
        this.loadingRect.left = (w - width) / 2;
        this.loadingRect.right = this.loadingRect.left + width;
        this.loadingRect.bottom = h - 120;
        this.loadingRect.top = this.loadingRect.bottom - height;
        double scaleWidth = w * 0.8;
        this.progressRect.left = (int) (w - scaleWidth) / 2;
        this.progressRect.top = h - 100;
        this.progressRect.right =
                (int) (this.progressRect.left + scaleWidth);
        this.progressRect.bottom = h - 80;
    }

    protected void drawScene(Canvas canvas) {
        // 9 和 22 修复字符串位置
        canvas.drawText(this.titleStr, this.titleRect.left - 9,
                this.titleRect.bottom - 22, this.titlePaint);
        canvas.drawText(this.loadingStr, this.loadingRect.left,
                this.loadingRect.bottom, this.loadingPaint);
        // 绘制加载进度条
        this.loadingPaint.setStyle(Paint.Style.STROKE);
        canvas.drawRect(this.progressRect, this.loadingPaint);
        this.loadingPaint.setColor(Color.BLUE);
        this.loadingPaint.setStyle(Paint.Style.FILL);
        int right = (int) (this.progressRect.left
                + (this.progressRect.right - this.progressRect.left)
                * (this.loadedCount * 1.0 / this.resourceCount));
```

```
    canvas.drawRect(this.progressRect.left, this.progressRect.top,
            right, this.progressRect.bottom, this.loadingPaint);
}

public void run() {
    //加载图片资源
    String[] numbers = {"m1", "m2", "m3", "m4", "m5", "m6", "m7", "m8"};
    this.resourceCount = numbers.length + 4;
    Bitmap[] bitmaps = new Bitmap[numbers.length];
    for (int i = 0; i < numbers.length; i++) {
        this.sleep();
        int id = this.getResources().getIdentifier(numbers[i],
                "drawable", this.getContext().getPackageName());
        bitmaps[i] = BitmapFactory.decodeResource(
                this.getResources(), id);
        this.growth();
    }
    ResourceHolder.setNumbers(bitmaps);

    this.sleep();
    ResourceHolder.setOpenMine(BitmapFactory.decodeResource(
            this.getResources(), R.drawable.open_mine));
    this.growth();

    this.sleep();
    ResourceHolder.setNormalMine(BitmapFactory.decodeResource(
            this.getResources(), R.drawable.normal_mine));
    this.growth();

    this.sleep();
    ResourceHolder.setMine(BitmapFactory.decodeResource(
            this.getResources(), R.drawable.mine));
    this.growth();

    this.sleep();
    ResourceHolder.setFlag(BitmapFactory.decodeResource(
            this.getResources(), R.drawable.flag));
    this.growth();
```

```
        this.sleep();
        this.nextScene(SceneType.MENU);
    }

    private void sleep() {
        try {
            Thread.sleep(200);
        } catch (InterruptedException e) {
            e.printStackTrace();
        }
    }

    private void growth() {
        this.loadedCount++;
        this.postInvalidate();
    }

    public void stop() {
        super.stop();
        this.titlePaint = null;
        this.titleStr = null;
        this.loadingPaint = null;
        this.loadingStr = null;
        this.progressRect = null;
    }
}
```

加载场景需要绘制游戏的名称以及加载进度。在 start()方法中对绘制过程中使用到的画笔等变量进行初始化，然后启动一个新的线程进行资源的加载。run()方法为真正的加载资源的方法，资源加载完成后将其设置到资源持有类的指定对象中。为了给用户一个资源加载过程的体验，在每次资源加载完成后，让线程休眠 200 ms 再继续进行后续的任务，这样就可以明显地看到加载进度条的变化。

在图像绘制的过程中涉及标题、加载进度条等位置的计算。当场景的尺寸确定后，内容的位置就可以确定，因此需要重写 onSizeChanged()方法，对需要绘制内容的位置进行计算；当场景尺寸改变时重新计算，这样就不会在每次场景绘制时进行计算，从而提升场景绘制的效率。

drawScene()方法为真正的加载场景内容绘制的方法。在该方法中，首先绘制游戏的标题，然后绘制加载进度相关信息，运行效果如图 13.7 所示。

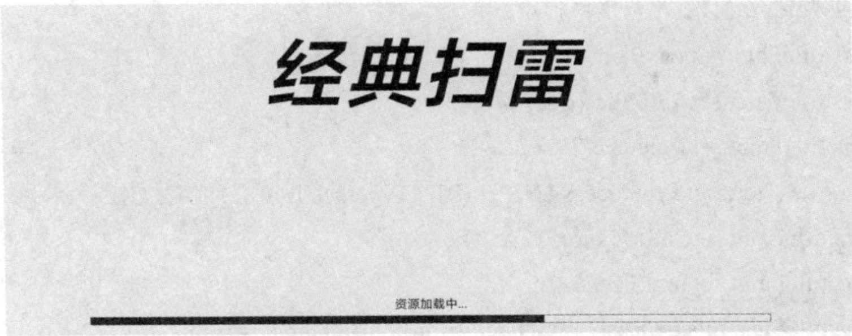

经典扫雷

资源加载中...

图 13.7　加载资源界面

在加载进度场景中，当所有的资源加载完成后，就可以结束当前场景，调用 nextScene()方法将场景切换至下一场景，即菜单场景。场景切换后会回调 stop()方法，在该方法中，对场景创建的变量进行销毁清理。

13.2.4　菜单场景设计

菜单场景主要用于游戏操作的导航，包括开始游戏、高分排行、退出等操作。和传统的直接在布局中添加诸如 Button 类的控件不同，在游戏开发中，界面中的内容是由基本开发者主动绘制出来的，因此需要自行处理用户的点击等事件。创建菜单场景并命名为“MenuViewScene.java”。参考代码如下：

```
public class MenuViewScene extends AbstractViewScene {

    private Paint titlePaint = null;
    private Rect titleRect = null;
    private String titleStr = null;

    private Paint menuPaint = null;
    private Rect startGameRect = null;
    private String startGameStr = null;
    private Rect rankingListRect = null;
    private String rankingListStr = null;
    private Rect quitRect = null;
    private String quitStr = null;

    private PointF touchPoint = null;

    public MenuViewScene(MinesweeperView view) {
        super(view);
    }
```

```
    public void start() {
        this.titlePaint = new Paint();
        this.titlePaint.setAntiAlias(true);
        this.titlePaint.setTypeface(Typeface
                .create(Typeface.SANS_SERIF, Typeface.BOLD_ITALIC));
        this.titlePaint.setColor(Color.BLACK);
        this.titlePaint.setTextSize(200);
        this.titleStr = this.getResources().getString(R.string.app_name);
        this.titleRect = new Rect();
        this.menuPaint = new Paint();
        this.menuPaint.setAntiAlias(true);
        this.menuPaint.setColor(Color.BLACK);
        this.menuPaint.setTypeface(Typeface
                .create(Typeface.SANS_SERIF, Typeface.NORMAL));
        this.menuPaint.setTextSize(64);
        this.startGameStr = "【开始游戏】";
        this.rankingListStr = "【高分记录】";
        this.quitStr = "【退    出】";
        this.startGameRect = new Rect();
        this.rankingListRect = new Rect();
        this.quitRect = new Rect();
        this.touchPoint = new PointF();
        super.start();
    }

    public void onSizeChanged(int w, int h) {
        this.titlePaint.getTextBounds(this.titleStr, 0,
                this.titleStr.length(), this.titleRect);
        int top = (h - this.titleRect.height()) / 2 - 200;
        if (top < 0) {
            top = 0;
        }
        int width = this.titleRect.width();
        int height = this.titleRect.height();
        this.titleRect.left = (w - width) / 2;
        this.titleRect.right = this.titleRect.left + width;
        this.titleRect.top = top;
        this.titleRect.bottom = this.titleRect.top + height;
```

```
        this.menuPaint.getTextBounds(this.startGameStr, 0,
                this.startGameStr.length(), this.startGameRect);
        this.menuPaint.getTextBounds(this.rankingListStr, 0,
                this.rankingListStr.length(), this.rankingListRect);
        this.menuPaint.getTextBounds(this.quitStr, 0,
                this.quitStr.length(), this.quitRect);
        top = this.titleRect.bottom + 100;
        width = this.startGameRect.width();
        height = this.startGameRect.height();
        this.startGameRect.left = (w - width) / 2;
        this.startGameRect.right = this.startGameRect.left + width;
        this.startGameRect.top = top;
        this.startGameRect.bottom = this.startGameRect.top + height;

        top = this.startGameRect.bottom + 40;
        width = this.rankingListRect.width();
        height = this.rankingListRect.height();
        this.rankingListRect.left = (w - width) / 2;
        this.rankingListRect.right = this.rankingListRect.left + width;
        this.rankingListRect.top = top;
        this.rankingListRect.bottom = this.rankingListRect.top + height;

        top = this.rankingListRect.bottom + 40;
        width = this.quitRect.width();
        height = this.quitRect.height();
        this.quitRect.left = (w - width) / 2;
        this.quitRect.right = this.quitRect.left + width;
        this.quitRect.top = top;
        this.quitRect.bottom = this.quitRect.top + height;
    }

    protected void drawScene(Canvas canvas) {
        // 9 和 22 修复字符串位置
        canvas.drawText(this.titleStr, this.titleRect.left - 9,
                this.titleRect.bottom - 22, this.titlePaint);
        // 判断是否触摸菜单
        if (this.touchPoint.x > 0 && this.touchPoint.y > 0) {
            this.menuPaint.setAlpha(50);
            if (this.checkTouchInRect(this.startGameRect)) {
```

```
            canvas.drawRect(this.startGameRect.left - 10,
                    this.startGameRect.top - 10,
                    this.startGameRect.right + 10,
                    this.startGameRect.bottom + 10, this.menuPaint);
        } else if (this.checkTouchInRect(this.rankingListRect)) {
            canvas.drawRect(this.rankingListRect.left - 10,
                    this.rankingListRect.top - 10,
                    this.rankingListRect.right + 10,
                    this.rankingListRect.bottom + 10, this.menuPaint);
        } else if (this.checkTouchInRect(this.quitRect)) {
            canvas.drawRect(this.quitRect.left - 10,
                this.quitRect.top - 10,
                this.quitRect.right + 10, this.quitRect.bottom + 10,
                this.menuPaint);
        }
    }
    this.menuPaint.setAlpha(255);
    //26 和 8 修复字符串位置
    canvas.drawText(this.startGameStr,
        this.startGameRect.left - 26,
        this.startGameRect.bottom - 8, this.menuPaint);
    canvas.drawText(this.rankingListStr,
        this.rankingListRect.left - 26,
        this.rankingListRect.bottom - 8, this.menuPaint);
    canvas.drawText(this.quitStr, this.quitRect.left - 26,
        this.quitRect.bottom - 8, this.menuPaint);
}

public void onTouchStart(MotionEvent event) {
    this.touchPoint.set(event.getX(), event.getY());
    this.postInvalidate();
}

public void onTouchMove(MotionEvent event) {
    this.touchPoint.set(event.getX(), event.getY());
    this.postInvalidate();
}

public void onTouchEnd(MotionEvent event) {
```

```
        this.touchPoint.set(0, 0);
        this.postInvalidate();
    }

    private boolean checkTouchInRect(Rect rect) {
        return this.touchPoint.x >= rect.left
                && this.touchPoint.x <= rect.right
                && this.touchPoint.y >= rect.top
                && this.touchPoint.y <= rect.bottom;
    }

    public void onTap(MotionEvent event) {
        if (this.checkTouchInRect(this.startGameRect)) {
            this.nextScene(SceneType.GAME);
        } else if (this.checkTouchInRect(this.rankingListRect)) {
            this.nextScene(SceneType.RANKING_LIST);
        } else if (this.checkTouchInRect(this.quitRect)) {
            new AlertDialog.Builder(this.getContext())
                    .setTitle("确认退出吗？")
                    .setPositiveButton("确定",
                            (dialog, which) -> System.exit(0))
                    .setNegativeButton("取消", null).show();
        }
    }

    public void stop() {
        super.stop();
        this.titlePaint = null;
        this.titleStr = null;
        this.menuPaint = null;
        this.startGameRect = null;
        this.startGameStr = null;
        this.rankingListRect = null;
        this.rankingListStr = null;
        this.quitRect = null;
        this.quitStr = null;
    }
}
```

和加载进度场景类似，在菜单场景中需要绘制游戏的名称以及菜单项，相近的方法不再赘述。在菜单场景中主要关心用户轻击的处理，即 onTap()方法。在该方法中需要对用户点击的位置进行判断，如果点击位置在菜单区域内则表示菜单的点击，则进入菜单对应的场景。为了在用户触摸菜单时给用户明显的交互，在 onTouchStart()、onTouchMove()方法中记录用户触摸移动的位置，当场景重绘时判断是否在菜单区域，如果在，则对菜单绘制阴影，当用户触摸结束后，重置记录的位置点坐标。运行效果如图 13.8 所示。

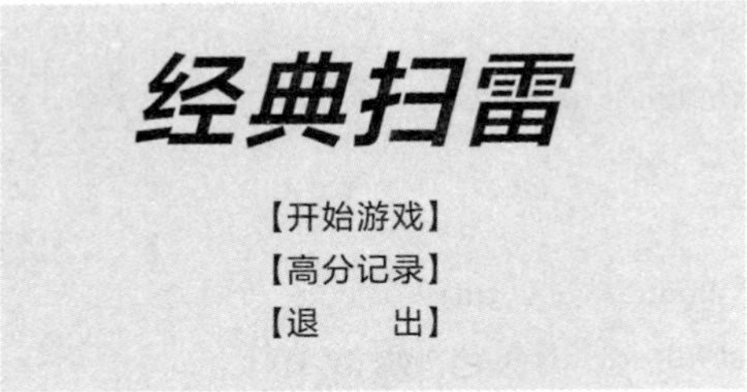

经典扫雷

【开始游戏】

【高分记录】

【退　出】

图 13.8　菜单界面

13.2.5　游戏场景设计

游戏场景为扫雷游戏的核心场景。和加载进度以及菜单场景一样，首先实现完整的代码，然后再来分析实现逻辑。创建游戏场景并命名为“GameViewScene.java”。参考代码如下：

```
public class GameViewScene extends AbstractScene {
    // 扫雷基本信息
    // 雷区行列数
    private final int MINE_TABLE_SIZE = 10;
    // 地雷数量
    private final int MINE_COUNT = 10;
    //游戏计数相关信息
    // 剩余可标记数量
    private int leftFlagCount = MINE_COUNT;
    //游戏开始时间
    private long startTime = 0;
    //游戏结束时间
    private long endTime = 0;
    //已排除雷区数
    private int debarMineCount = 0;
    //存储雷区信息的数组
    private MineField[][] mfs = null;
    //游戏中标记
    private Boolean playing = false;
```

```
// 绘制相关信息
//每个雷区宽高尺寸
private int mineFieldSize;
// 雷区
private Rect mineRect = null;
private Paint paint = null;
private Rect bitmapDrawRect = null;
private Handler handler;
public GameScene(MinesweeperView view) {
   super(view);
}

public void start() {
   this.paint = new Paint();
   this.paint.setAntiAlias(true);
   this.paint.setColor(Color.BLACK);
   this.paint.setTextSize(32);
   this.mineRect = new Rect();
   this.bitmapDrawRect = new Rect();
   this.handler = new Handler();
   super.start();
   this.startNewGame();
}

public void onSizeChanged(int w, int h) {
   double min = Math.min(w, h) - 40;
   this.mineFieldSize =
   (int) Math.floor(min / this.MINE_TABLE_SIZE);
   int left = (w - this.mineFieldSize * this.MINE_TABLE_SIZE) / 2;
   int top = (h - this.mineFieldSize * this.MINE_TABLE_SIZE) / 2;
   this.mineRect.set(left, top, left
         + this.MINE_TABLE_SIZE * this.mineFieldSize, top
         + this.MINE_TABLE_SIZE * this.mineFieldSize);
}

private void startNewGame() {
   this.initData();
   this.initMineFields();
   this.initMineLocation();
```

```
        this.postInvalidate();
    }

    private void initData() {
        this.playing = true;
        this.leftFlagCount = MINE_COUNT;
        this.startTime = 0;
        this.endTime = 0;
        this.debarMineCount = 0;
    }

    private void initMineFields() {
        //实例化雷区数组
        this.mfs =
                new MineField[this.MINE_TABLE_SIZE][this.MINE_TABLE_SIZE];
        //为数组中每个元素赋值
        for (MineField[] mineFields : this.mfs) {
            for (int j = 0; j < mineFields.length; j++) {
                mineFields[j] = new MineField();
            }
        }
    }

    private void initMineLocation() {
        //实例化随机数对象
        Random random = new Random();
        //随机产生雷的位置
        for (int i = 0; i < this.MINE_COUNT; i++) {
            int rowNum = random.nextint(this.MINE_TABLE_SIZE);
            int colNum = random.nextint(this.MINE_TABLE_SIZE);
            //当前位置不为雷
            if (!this.mfs[rowNum][colNum].isMine()) {
                //设置当前位置为雷
                this.mfs[rowNum][colNum].setIsMine(true);
                //初始化提示数字
                if (colNum > 0) {
                    //左边雷区
                    this.mfs[rowNum][colNum - 1].setMineNumSurround(
                            this.mfs[rowNum][colNum - 1]
```

```
                .getMineNumSurround() + 1);
    if (rowNum > 0) {
        //左上角雷区
        this.mfs[rowNum - 1][colNum - 1].setMineNumSurround(
                this.mfs[rowNum - 1][colNum - 1]
                        .getMineNumSurround() + 1);
    }
    if (rowNum < this.MINE_TABLE_SIZE - 1) {
        //左下角雷区
        this.mfs[rowNum + 1][colNum - 1].setMineNumSurround(
                this.mfs[rowNum + 1][colNum - 1]
                        .getMineNumSurround() + 1);
    }
}
if (colNum < this.MINE_TABLE_SIZE - 1) {
    //右边雷区
    this.mfs[rowNum][colNum + 1].setMineNumSurround(
            this.mfs[rowNum][colNum + 1]
                    .getMineNumSurround() + 1);
    if (rowNum > 0) {
        //右上角雷区
        this.mfs[rowNum - 1][colNum + 1].setMineNumSurround(
                this.mfs[rowNum - 1][colNum + 1]
                        .getMineNumSurround() + 1);
    }
    if (rowNum < this.MINE_TABLE_SIZE - 1) {
        //右下角雷区
        this.mfs[rowNum + 1][colNum + 1].setMineNumSurround(
                this.mfs[rowNum + 1][colNum + 1]
                        .getMineNumSurround() + 1);
    }
}
if (rowNum > 0) {
    //上边雷区
    this.mfs[rowNum - 1][colNum].setMineNumSurround(
            this.mfs[rowNum - 1][colNum]
                    .getMineNumSurround() + 1);
}
if (rowNum < this.MINE_TABLE_SIZE - 1) {
```

```
                //下边雷区
                this.mfs[rowNum + 1][colNum].setMineNumSurround(
                        this.mfs[rowNum + 1][colNum]
                        .getMineNumSurround() + 1);
            }
        } else {
            //如果当前位置已为雷
            i--;
        }
    }
}

protected void drawScene(Canvas canvas) {
    // 绘制左上角图例
    this.bitmapDrawRect.set(20, 20, 70, 70);
    canvas.drawBitmap(ResourceHolder.getMine(), null,
            this.bitmapDrawRect, null);
    canvas.drawText(String.valueOf(this.MINE_COUNT), 80, 55,
            this.paint);
    this.bitmapDrawRect.set(20, 90, 70, 140);
    canvas.drawText(String.valueOf(this.leftFlagCount),
            80, 125, this.paint);
    canvas.drawBitmap(ResourceHolder.getFlag(), null,
            this.bitmapDrawRect, null);
    //如果雷区不为空，绘制雷区
    if (this.mfs != null) {
        //循环每行雷区
        for (int i = 0; i < this.mfs.length; i++) {
            //得到每行雷区
            MineField[] mineFields = this.mfs[i];
            //循环每行中的每个雷区
            for (int j = 0; j < mineFields.length; j++) {
                //得到每个雷区
                MineField mf = mineFields[j];
                this.bitmapDrawRect.set(this.mineRect.left
                        + i * this.mineFieldSize, this.mineRect.top
                        + j * this.mineFieldSize, this.mineRect.left
                        + i * this.mineFieldSize + this.mineFieldSize,
                        this.mineRect.top + j * this.mineFieldSize
```

```
                    + this.mineFieldSize);
            //该区没被点击过
            if (!mf.isOpen()) {
                //在该区绘制普通图片
                canvas.drawBitmap(ResourceHolder.getNormalMine(),
                        null, this.bitmapDrawRect, null);
                //如果该区为标记雷区，在该区绘制标记图片
                if (mf.isFlag()) {
                    canvas.drawBitmap(ResourceHolder.getFlag(),
                            null, this.bitmapDrawRect, null);
                }
                //该区被点击过
            } else {
                //在该区绘制已点击图片
                canvas.drawBitmap(ResourceHolder.getOpenMine(),
                        null, this.bitmapDrawRect, null);
                //如果该区为雷，在该区绘制地雷图片
                if (mf.isMine()) {
                    canvas.drawBitmap(ResourceHolder.getMine(),
                            null, this.bitmapDrawRect, null);
                    //该区不为雷，在该区绘制提示数字图片
                } else if (mf.getMineNumSurround() > 0) {
                    canvas.drawBitmap(ResourceHolder.getNumber(
                            mf.getMineNumSurround()), null,
                            this.bitmapDrawRect, null);
                }
            }
        }
    }
  }
}

/**
  * 判断是否触摸地雷区域
  */
private Boolean touchInMineRect(MotionEvent event) {
  return event.getX() >= this.mineRect.left
        && event.getX() <= this.mineRect.right
        && event.getY() >= this.mineRect.top
```

```
            && event.getY() <= this.mineRect.bottom;
}

public void onTap(MotionEvent event) {
  if (this.playing && touchInMineRect(event)) {
    int colNum = (int) Math.floor((event.getY() -
        this.mineRect.top) / this.mineFieldSize);
    int rowNum = (int) Math.floor((event.getX() -
        this.mineRect.left) / this.mineFieldSize);
    if (this.debarMineCount == 0) {
      this.startTime = System.currentTimeMillis();
    }
    MineField mineField = this.mfs[rowNum][colNum];
    //如果已经添加标记，忽略
    if (mineField.isFlag()) {
      return;
    }
    //设置当前雷区状态为已点击
    mineField.setIsOpen(true);
    this.debarMineCount++;
    //如果当前雷区有雷
    if (mineField.isMine()) {
      //游戏结束，显示所有雷区
      this.showAllMine();
      this.endTime = System.currentTimeMillis();
      this.stopGame(false);
      //如果当前雷区没有雷
    } else {
      //查找周围无雷区域
      this.findNoMineArea(rowNum, colNum);
      //获胜
      if (this.debarMineCount ==
          this.MINE_TABLE_SIZE * this.MINE_TABLE_SIZE
          - this.MINE_COUNT) {
        this.endTime = System.currentTimeMillis();
        this.stopGame(true);
      }
    }
    this.postInvalidate();
```

```
        }
    }

    /**
     * 显示所有地雷
     */
private void showAllMine() {
        for (MineField[] mineFields : this.mfs) {
            for (MineField mineField : mineFields) {
                mineField.setIsOpen(true);
            }
        }
    }

/**
   * 寻找无雷的空区域
   */
   private void findNoMineArea(int rowNum, int colNum) {
      MineField mineField = this.mfs[rowNum][colNum];
      //如果当前雷区周围没有雷
      if (mineField.getMineNumSurround() == 0) {
         //设置当前雷区状态为已点击
         mineField.setIsOpen(true);
         //查找当前雷区四周的空雷区
         //Begin
         if (colNum > 0) {
            //左边雷区
            MineField mfl = this.mfs[rowNum][colNum - 1];
            //左边雷区为普通雷区
            if (!mfl.isOpen() && !mfl.isMine() && !mfl.isFlag()) {
               //左边雷区周围没有雷
               if (mfl.getMineNumSurround() == 0) {
                  //调用本方法递归查找
                  this.findNoMineArea(rowNum, colNum - 1);
               }
               //设置雷区状态为已点击
               mfl.setIsOpen(true);
               this.debarMineCount++;
            }
```

```
            }
            //以下三个方向寻找方法与上面寻找左边雷区方法相同
            if (colNum < this.MINE_TABLE_SIZE - 1) {
                //右边雷区
                MineField mfr = this.mfs[rowNum][colNum + 1];
                if (!mfr.isOpen() && !mfr.isMine() && !mfr.isFlag()) {
                    if (mfr.getMineNumSurround() == 0) {
                        this.findNoMineArea(rowNum, colNum + 1);
                    }
                    mfr.setIsOpen(true);
                    this.debarMineCount++;
                }
            }
            if (rowNum > 0) {
                //上边雷区
                MineField mfu = this.mfs[rowNum - 1][colNum];
                if (!mfu.isOpen() && !mfu.isMine() && !mfu.isFlag()) {
                    if (mfu.getMineNumSurround() == 0) {
                        findNoMineArea(rowNum - 1, colNum);
                    }
                    mfu.setIsOpen(true);
                    this.debarMineCount++;
                }
            }
            if (rowNum < this.MINE_TABLE_SIZE - 1) {
                //下边雷区
                MineField mfd = mfs[rowNum + 1][colNum];
                if (!mfd.isOpen() && !mfd.isMine() && !mfd.isFlag()) {
                    if (mfd.getMineNumSurround() == 0) {
                        findNoMineArea(rowNum + 1, colNum);
                    }
                    mfd.setIsOpen(true);
                    this.debarMineCount++;
                }
            }
            //End
        }
    }
```

```
public void onLongPress(MotionEvent event) {
    if (this.playing && touchInMineRect(event)) {
        int colNum = (int) Math.floor((event.getY()
                - this.mineRect.top) / this.mineFieldSize);
        int rowNum = (int) Math.floor((event.getX()
                - this.mineRect.left) / this.mineFieldSize);
        //得到当前雷区
        MineField mf = this.mfs[rowNum][colNum];
        //更改标记状态
        if (!mf.isOpen() && this.leftFlagCount >= 0) {
            if (!mf.isFlag() && this.leftFlagCount == 0) {
                return;
            }
            mf.setIsFlag(!mf.isFlag());
            if (mf.isFlag()) {
                this.leftFlagCount--;
            } else {
                this.leftFlagCount++;
            }
        }
        this.postInvalidate();
    }
}

private void stopGame(Boolean success) {
    if (success) {
        long useTime = (this.endTime - this.startTime) / 1000;
        Toast.makeText(this.getContext(), "恭喜您！共用时："
                + useTime + "秒", Toast.LENGTH_sHORT).show();
    } else {
        Toast.makeText(this.getContext(), "很遗憾，您失败了！",
                Toast.LENGTH_sHORT).show();
    }
    this.playing = false;
    this.handler.postDelayed(this::startNewGame, 5000);
}

public Boolean previousScene() {
    this.nextScene(SceneType.MENU);
```

```
            return true;
        }

        public void stop() {
            super.stop();
            this.playing = false;
            this.paint = null;
            this.mfs = null;
            this.mineRect = null;
            this.bitmapDrawRect = null;
            this.handler = null;
        }
    }
```

在游戏场景中，绘制等属性初始化完成后调用 startNewGame()方法。在该方法中，首先对基本数据进行重置操作，然后对地雷数组的数据进行初始化，随机分配地雷信息，同时对周边地雷数据进行计算，当准备工作完成后触发重新绘制，将最终的结果绘制在场景中，绘制效果如图 13.9 所示。

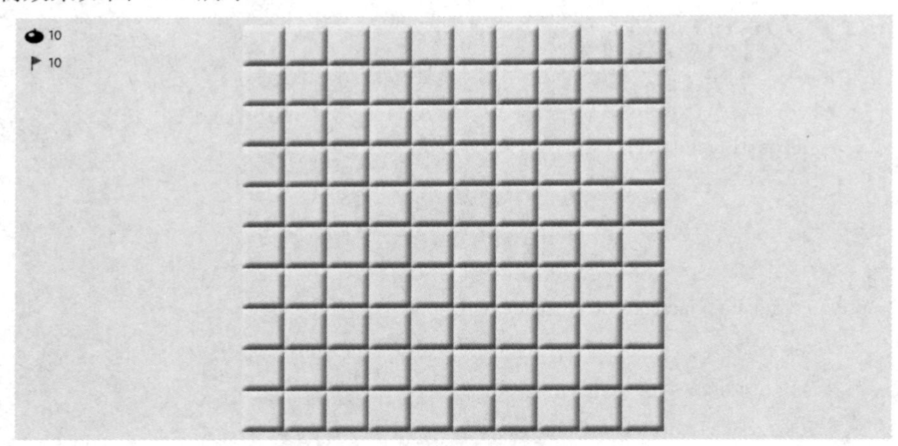

图 13.9 游戏界面

在场景的左上角显示当前游戏的地雷数量以及可以添加的标记数量。每当使用一个标记后，对应的标记数量会减少，反之会增加。当用户点击地雷区域时有两种操作模式，一种是轻击，一种是长按。

轻击表示用户选择了指定格子，对应游戏场景的 onTap()方法。首先根据用户轻击的位置计算出对应格子的坐标，然后判断格子的状态。如果该格子已经被轻击过，则不做任何处理，否则判断当前格子是否为地雷。根据 isMine()方法进行判断，如果刚好是地雷，则本局游戏结束，如果不是地雷，则更改格子状态并尝试查找周围空白的格子。

长按表示用户需要在指定的格子上面添加或移除标记，对应游戏场景的 onLongPress()方法。同样地，根据用户轻击的位置计算出对应格子的坐标，然后判断格子的状态。如果格子已经被选择过，则不允许添加标记，直接返回，否则将标记状态取反进行重新绘制。

当游戏结束之后，会调用 stopGame()方法。在该方法中根据传入的游戏结果通过 Toast 给用户对应的提示信息，然后借助 Handler 对象延迟 5 s 后重新开始一局新的游戏。因为在游戏场景下，如果用户按下返回键后，此时需要返回菜单场景，所以在游戏场景中需要重写 previousScene()方法并在该方法中将场景切换为菜单。至此核心的控件以及场景就设计完成了，接下来将控件添加到活动中，让其完整地运行。

13.2.6　主活动设计

主活动为游戏的入口，首先为活动设计布局资源，将自定义的扫雷控件添加到布局中，创建布局资源并命名为“activity_main.xml”。参考代码如下：

```
<?xml version="1.0" encoding="utf-8"?>
<LinearLayout
    xmlns:android="http://schemas.android.com/apk/res/android"
    android:layout_width="match_parent"
    android:layout_height="match_parent">
    <com.chapter.minesweeper.MinesweeperView
        android:id="@+id/minesweeperView"
        android:layout_width="match_parent"
        android:layout_height="match_parent" />
</LinearLayout>
```

接下来实现主活动的逻辑，创建活动并命名为“MainActivity.java”。参考代码如下：

```
public class MainActivity extends AppCompatActivity {
    private MinesweeperView minesweeperView;

    protected void onCreate(Bundle savedInstanceState) {
        super.onCreate(savedInstanceState);
        setContentView(R.layout.activity_main);
        this.minesweeperView = this.findViewById(R.id.minesweeperView);
    }

    public boolean onKeyDown(int keyCode, KeyEvent event) {
        if (keyCode == KeyEvent.KEYCODE_BACK) {
            if (this.minesweeperView.previousScene()) {
                return true;
            }
            new AlertDialog.Builder(this).setTitle("确认退出吗？")
                    .setPositiveButton("确定",
                            (dialog, which) -> System.exit(0))
                    .setNegativeButton("取消", null).show();
```

```
            return true;
        }
        return super.onKeyDown(keyCode, event);
    }
}
```

在活动中重写 onKeyDown()方法，当用户按下返回键时，将操作交由扫雷控件处理，如果不需要返回，则提示用户是否退出游戏。在游戏运行时是需要横屏全屏显示的，接下来我们继续创建全屏的主题资源，打开 themes.xml 添加如下内容：

```
<style name="Theme.NoTitleFullscreen" parent="Theme.Minesweeper">
    <item name="android:windowFullscreen">true</item>
    <item name="windowNoTitle">true</item>
    <item name="windowActionBar">false</item>
</style>
```

在清单文件中注册活动时修改活动主题与屏幕显示模式。

```
<activity
    android:name=".MainActivity"
    android:screenOrientation="landscape"
    android:theme="@style/Theme.NoTitleFullscreen">
    <intent-filter>
        <action android:name="android.intent.action.MAIN" />
        <category android:name="android.intent.category.LAUNCHER" />
    </intent-filter>
</activity>
```

运行程序观察实际运行效果，参考结果如图 13.10 所示。

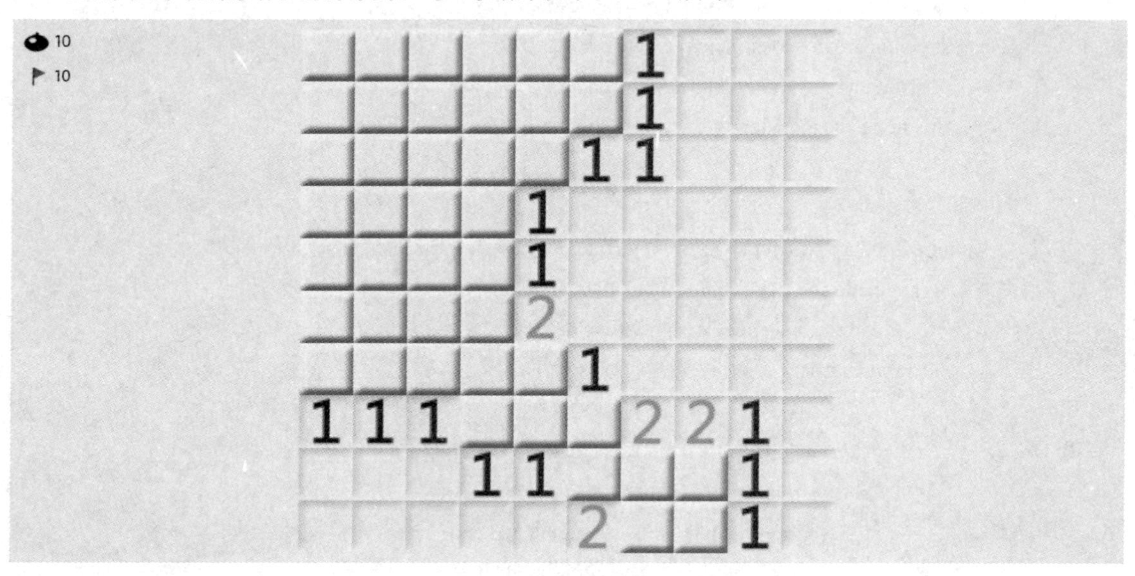

图 13.10　运行效果

13.2.7 思考：高分排行场景设计以及游戏音乐

在扫雷游戏中，已经完成了核心流程以及场景的设计，但是对于高分排行部分并没有描述。请读者思考如何在游戏结束后记录用户的成绩，需要考虑集中数据存储方式的区别，然后设计并实现高分排行场景。同时，对于大部分游戏而言都会有背景音乐，读者可结合多媒体章节内容丰富扫雷游戏，增加合适的背景音乐，比如游戏失败之后播放地雷的爆炸声音等。有兴趣的读者还可以将游戏音效的开启关闭的配置提取出来，增加一个游戏设置的场景，完成游戏的相关设置。

参 考 文 献

[1] SIERRA K，BATES B. Head First Java[M]. 北京：中国电力出版社，2007.

[2] BLOCH J. Effective Java[M]. 北京：机械工业出版社，2019.

[3] 史嘉权. 数据库系统概论[M]. 北京：清华大学出版社，2006.

[4] 陈昊鹏. Java 编程思想[M]. 北京：机械工业出版社，2007.

[5] 扶松柏，陈小玉. Java 开发从入门到精通[M]. 北京：人民邮电出版社，2016.

[6] 任玉刚. Android 开发艺术探索[M]. 北京：电子工业出版社，2015.

[7] 郭霖. 第一行代码：Android[M]. 北京：人民邮电出版社，2016.

[8] 邓凡平. 深入理解 Android(卷 2)[M]. 北京：机械工业出版社，2012.

[9] GOETZ B. Java 并发编程实战[M]. 北京：机械工业出版社，2012.

[10] 林学森. 深入理解 Android 内核设计思想[M]. 2 版(上下册). 北京：人民邮电出版社，2020.

[11] 王翠萍. Android Studio 应用开发实战详解[M]. 北京：人民邮电出版社，2019.

[12] 朱元波. Android 传感器开发与智能设备案例实战[M]. 北京：人民邮电出版社，2016.

[13] 王东华. 精通 Android 网络开发[M]. 北京：人民邮电出版社，2016.

[14] KURNIAWAN B. Java 和 Android 开发学习指南[M]. 2 版. 北京：人民邮电出版社，2019.

[15] 金泰延，等. Android 框架揭秘[M]. 北京：人民邮电出版社，2012.

[16] Android 开发者. https://developer.android.google.cn/.

[17] MEIER R. Android 4 高级编程[M]. 北京：清华大学出版社，2013.

[18] MARSICANO K，GARDNER B，PHILLIPS B，et al. Android 编程权威指南[M]. 北京：人民邮电出版社，2014.

[19] LOVE R. Linux 内核设计与实现[M]. 北京：机械工业出版社，2011.

[20] 何红辉，关爱民. Android 源码设计模式解析与实战[M]. 北京：人民邮电出版社，2015.